普通高等教育"十二五"规划教材

21 世纪大学计算机基础分级教学丛书

大学计算机基础

U0148491

马德骏　陈志铭　段翠萍　主编

科 学 出 版 社

北 京

内 容 简 介

本书是针对大学非计算机专业计算机基础课程编写的教材。全书分为基础篇、应用篇和提高篇。基础篇注重的是基本理论,内容包括计算机与信息化社会的发展、计算机基础知识、微型计算机系统、计算机网络基础、信息安全与社会责任。应用篇注重的是实际操作和应用,内容包括 Windows XP 的基本操作、Office 2003 基础和 Internet 网络应用。提高篇主要介绍了计算机软件方面的相关知识,内容包括算法和数据结构基础、程序设计基础、数据库设计基础、软件工程基础。

本书由从事多年计算机基础教学的教师编写,内容充实,力求通俗,注重实际应用,适合于分层教学,可作为各种层次的计算机基础课程的教材和参考书。

图书在版编目(CIP)数据

大学计算机基础/马德骏,陈志铭,段翠萍主编. 一北京:科学出版社,2011.8
(21 世纪大学计算机基础分级教学丛书)
普通高等教育"十二五"规划教材
ISBN 978-7-03-032049-0

Ⅰ.①大… Ⅱ.①马…②陈…③段… Ⅲ.①电子计算机－高等学校－教材
Ⅳ.①TP3

中国版本图书馆 CIP 数据核字(2011)第 163864 号

责任编辑:张颖兵/责任校对:梅　莹
责任印制:彭　超/封面设计:苏　波

科 学 出 版 社 出版
北京东黄城根北街 16 号
邮政编码:100717
http://www.sciencep.com

武汉市新华印刷有限责任公司印刷
科学出版社发行　各地新华书店经销

*

2011 年 8 月第 一 版　开本:787×1092　1/16
2011 年 8 月第一次印刷　印张:19 1/4
印数:1—8 000　字数:465 000

定价:34.50 元
(如有印装质量问题,我社负责调换)

前　言

Windows 撩开了计算机的窗口。更高、更快、更强的微处理器催促着信息社会进入了奔腾的时代。如今,耄耋老人、始龀儿童都能在计算机海洋里游刃有余。弹指之间大千世界尽收窗体,大海捞针如探囊取物。昔日的计算机"老鸟",在涉世不深的计算机"菜鸟"面前,常常是汗颜不已、自叹弗如。

大学计算机基础是各类大学非计算机专业学生的必修课程。近 20 年来,该课程的开设对于大学生整体计算机水平的普及和提高功不可没。随着信息技术的发展和计算机网络的普及,特别是计算机知识普及的下移,该课程内容、教学方式、实验设备等也都在不断地变化和提升。因此,大学计算机基础课程的教学内容的不断改革势在必行。

从我们调查了解的情况和教学实验的体会,目前新入学的大学生计算机的操作水平和某些应用方面的能力有了长足的进步,但大多数学生的基础理论缺乏或残缺不全,也存在少数对计算机知识以及应用基本不会的学生。针对这一现状,我们在总结多年大学计算机基础教学实践和博采众多大学计算机基础教材优点的基础上,编写了这本教材。教材由基础篇、应用篇和提高篇组成。基础篇有 5 章,主要介绍了大学生所应掌握的计算机的基本原理,基本概念,基本知识以及网络道德和社会责任。应用篇有 3 章,主要介绍了相对成熟的 Windows XP 的基本操作、Office 2003 基础和 Internet 网络应用。提高篇有 4 章,主要介绍了数据结构、程序设计、数据库以及软件工程的一些基本概念,许多内容只是一些结论,不可能展开。其目的是让读者对计算机软件方面的知识有进一步的了解,同时也可作为备考计算机等级考试同学的参考资料。

教材的第 1 章至第 8 章分别由陈志铭、李宁、郑敬、杨朝阳、马德骏、段翠萍、钟钰、毛薇编写;第 9 章至第 12 章分别由李民、魏敏、孙骏编写,最后由马德骏、陈志铭、段翠萍统稿、定稿。在教材大纲的制订和教材的编写中张建宏、王舜燕、马成前、李捷、汤练兵、李屾等提出了不少有益的建议和意见,在此深表谢意。

我们面对的读者有来自繁华都市的,也有来自"老少边穷"地区的;有部分对计算机的操作已驾轻就熟,有部分却还望洋兴叹。不同的程度、不同的地区、不同的家庭背景,对计算机的学习有着不同的要求,对教材、教学的感受截然不同。分层、分类、分级实施教学,并处理好"基础性"和"应用性"的关系,创造与计算机专业教学不同的、独有的教学模式,是目前大学计算机基础教学应有的做法,各专业、各层级可根据具体情况因材施教。所以,编写一本既与时俱进又差强人意的大学计算机基础教材,其实是一件可望而不可即的事情。作为责任,我们也只能是"丑媳妇不怕见公婆"了。

我们编织的不是一件新衣,而是一件"乞丐"服,它还有许多"漏洞"需要广大教师和读者去"打补丁"。恳请读者能与我们共同编织一件能遮挡和御寒的"乞丐"服,而不是真的成为一件"新衣"。

编　者

2011 年 5 月

目　　录

基　础　篇

应　用　篇

提　高　篇

基础篇

第1章 计算机与信息化社会的发展

计算机是新技术革命的一支主力,也是推动社会向现代化迈进的活跃因素。计算机科学与技术是第二次世界大战以来发展最快、影响最为深远的新兴学科之一。计算机产业已在世界范围内发展成为一种极富生命力的战略产业。

现代计算机是一种按程序自动进行信息处理的通用工具,它的处理对象是信息,处理结果也是信息。利用计算机解决科学计算、工程设计、经营管理、过程控制或人工智能等各种问题的方法,都是按照一定的算法进行的。这种算法是定义精确的一系列规则,它指出怎样以给定的输入信息经过有限的步骤产生所需要的输出信息。

信息处理的一般过程,是计算机使用者针对待解决的问题,事先编制程序并存入计算机内,然后利用存储程序指挥、控制计算机自动进行各种基本操作,直至获得预期的处理结果。计算机自动工作的基础在于这种存储程序方式,其通用性的基础则在于利用计算机进行信息处理的共性方法。

世界上第一台计算机诞生至今,已有 60 多年。计算机及其应用已渗透到人类社会生活的各个领域,有力地推动了整个信息化社会的发展。在 21 世纪,掌握以计算机技术为核心的信息技术的基础知识和应用能力,是现代大学生必备的基本素质。

1.1 计算机的发展

现代计算机问世之前,计算机的发展经历了机械式计算机、机电式计算机和萌芽期的电子计算机几个阶段。

早在 17 世纪,欧洲一批数学家就已开始设计和制造以数字形式进行基本运算的数字计算机。1642 年,法国数学家帕斯卡采用与钟表类似的齿轮传动装置,制成了最早的十进制加法器。1678 年,德国数学家莱布尼茨制成的计算机,进一步解决了十进制数的乘、除运算。

英国数学家巴贝奇在 1822 年制作差分机模型时提出一个设想,每次完成一次算术运算将发展为自动完成某个特定的完整运算过程。1834 年,巴贝奇设计了一种程序控制的通用分析机。这台分析机虽然已经描绘出有关程序控制方式计算机的雏形,但限于当时的技术条件而未能实现。到了 20 世纪 30 年代,物理学的各个领域经历着定量化的阶段,描述各种物理过程的数学方程,其中有的用经典的分析方法已很难解决。于是,数值分析受到了重视,研究出各种数值积分、数值微分,以及微分方程数值解法,把计算过程归结为巨量的基本运算,从而奠定了现代计算机的数值算法基础。

社会上对先进计算工具多方面迫切的需要,是促使现代计算机诞生的根本动力。进入 20世纪以后,各个科学领域和技术部门的计算困难堆积如山,已经阻碍了学科的继续发展。特别是第二次世界大战爆发前后,军事科学技术对高速计算工具的需要尤为迫切。在此期间,德国、美国、英国都在进行计算机的开拓工作,几乎同时开始了机电式计算机和电子计算机的研究。

1946 年 2 月美国宾夕法尼亚大学莫尔学院制成的大型电子数字积分计算机(ENIAC),最初专门用于火炮弹道计算,后经多次改进而成为能进行各种科学计算的通用计算机。这台完全采用电子线路执行算术运算、逻辑运算和信息存储的计算机,运算速度比继电器计算机快 1000 倍。这就是人们常常提到的世界上第一台电子计算机。但是,这种计算机的程序仍然是外加式的,存储容量也太小,尚未完全具备现代计算机的主要特征。

新的重大突破是由数学家冯·诺伊曼领导的设计小组完成的。1945 年 3 月他们发表了一个全新的存储程序式通用电子计算机方案——电子离散变量自动计算机(EDVAC)。随后于 1946 年 6 月,冯·诺伊曼等人提出了更为完善的设计报告《电子计算机装置逻辑结构初探》。同年 7～8 月,他们又在莫尔学院为美国和英国 20 多个机构的专家讲授了专门课程《电子计算机设计的理论和技术》,推动了存储程序式计算机的设计与制造。

1.1.1　计算机的发展阶段

ENIAC 的诞生标志着科学技术的发展进入了电子计算机时代。

纵观电子计算机的发展过程,人们普遍认为电子计算机的发展经历了 4 个时代,见表1.1,现在正在向第五代迈进。

表 1.1　计算机的发展阶段

分代	第一代 1946～1958 年	第二代 1959～1963 年	第三代 1964～1971 年	第四代 1972～至今
主机电子器件	电子管	晶体管	中小规模集成电路	大规模/超大规模集成电路
内存	水银延迟线	磁芯存储器	半导体存储器	半导体存储器
外存储器	穿孔卡片,纸带	磁带,磁盘	磁带,磁盘	磁盘、光盘等大容量存储器
处理速度/(指令数/秒)	几千条	几百万条	几千万条	数亿条以上

1. 第一代电子计算机

第一代电子计算机是电子管计算机时代(1946～1958 年),计算机主要用于科学计算。主存储器是决定计算机技术面貌的主要因素。当时,主存储器有水银延迟线存储器、阴极射线示波管静电存储器、磁鼓和磁心存储器等类型。其主要特征如下:

(1) 元器件。采用真空电子管(vacuum tube,如图 1.1 和图 1.2 所示)和继电器作为基本物理器件,内存储器采用水银延迟线,外存储器采用纸带、卡片、磁鼓和磁芯。

图 1.1　电子管　　　　　　图 1.2　工作中的电子管就像白炽灯泡

（2）特点。体积大、能耗高、速度慢、容量小、价格昂贵、寿命短、可靠性差。

（3）软件。用机器语言和汇编语言。

（4）应用范围。限于科学计算和军事研究。

2. 第二代电子计算机

第二代电子计算机是晶体管计算机时代（1959～1963 年），主存储器均采用磁心存储器，磁鼓和磁盘开始用作主要的辅助存储器。不仅科学计算用计算机继续发展，而且中、小型计算机，特别是廉价的小型数据处理用计算机开始大量生产。其主要特征如下：

（1）元器件。采用晶体管（transistor，如图 1.3 所示）作为基本物理器件。内存储器采用磁芯存储器，外存储增加了磁盘，开发了一些外部设备。

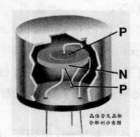

图 1.3　晶体管

（2）特点。计算机体积减小，成本降低，功能增强，可靠性提高；运算速度提高到每秒几十万次；存储容量扩大。

（3）软件。一些高级语言如 FORTRAN、COBOL 和 ALGOL 相继问世；出现了监控程序和管理程序。

（4）应用范围。科学计算、数据处理、事务管理和工业控制方面。

3. 第三代电子计算机

第三代电子计算机是中小规模集成电路计算机时代（1964～1971 年）。1964 年，在集成电路计算机发展的同时，计算机也进入了产品系列化的发展时期。半导体存储器逐步取代了磁心存储器的主存储器地位，磁盘成了不可缺少的辅助存储器，并且开始普遍采用虚拟存储技术。随着各种半导体只读存储器和可改写的只读存储器的迅速发展,以及微程序技术的发展和应用,计算机系统中开始出现固件子系统。其主要特征如下:

（1）元器件。采用中小规模集成电路（integrated circuit,IC;如1.4所示）作为基本物理器件。内存储器开始采用半导体存储器,取代了原来的磁芯存储器,使存储容量有了大幅度的增加,出现了大量的外部设备。

（2）特点。计算机系统结构有了很大改进,体积和耗电量有显著减小,可靠性大大提高,重量减轻,功能增强,成本进一步降低,寿命延长,运算速度达到每秒几百万次,存储容量进一步扩大。计算机

图 1.4　IC 芯片

向着标准化、多样化、通用化、系列化发展。

（3）软件。出现了许多程序设计语言,有了操作系统,软件配置进一步完善。

（4）应用范围。计算机广泛应用于各个领域。

4. 第四代电子计算机

第四代电子计算机称为大规模集成电路电子计算机,20 世纪 70 年代以后,计算机用集成电路的集成度迅速从中小规模发展到大规模、超大规模的水平,微处理器和微型计算机应运而生,各类计算机的性能迅速提高。随着字长 4 位、8 位、16 位、32 位和 64 位的微型计算机相继问世和广泛应用,对小型计算机、通用计算机和专用计算机的需求量也相应增长了。微型计算机在社会上大量应用后,一座办公楼、一所学校、一个仓库常常拥有数十台以至数百台计算机。实现它们互连的局部网随即兴起,进一步推动了计算机应用系统从集中式系统向分布式系统的发展。其主要特征如下:

（1）元器件。采用大规模集成电路（large scale integration,LSI）和超大规模集成电路（very large scale integration,VLSI）作为基本物理器件。内存储器芯片的集成度越来越高,磁盘容量越来越大,出现了光盘。各种使用方便的外部设备相继出现。

（2）特点。计算机制造和软件生产形成产业化;计算机技术与通信技术相结合,形成计算机网络化,出现了微型计算机。

（3）软件。操作系统更加完善,出现了分布式操作系统和分布式数据库系统。程序设计语言由非结构化程序设计语言,到结构化程序设计语言,到面向对象程序设计语言。

（4）应用范围。已经普及深入到各行各业之中。微型计算机落户到家庭。

5. 第五代电子计算机

第五代计算机是人类追求一种更接近人的人工智能计算机。它能理解人的语言,以及文字和图形,人无需编写程序,靠讲话就能对计算机下达命令,驱使它工作。它能将一种知识信息与有关的知识信息连贯起来,作为对某一知识领域具有渊博知识的专家系统,成为人们从事某方面工作的得力助手和参谋。新一代计算机是把信息采集存储处理、通信和人工智能结合在一起的智能计算机系统。它不仅能进行一般信息处理,而且能面向知识处理,具有形式化推理、联想、学习和解释的能力,将能帮助人类开拓未知的领域和获得新的知识。

1.1.2　计算技术在中国的发展

在人类文明发展的历史上,中国曾经在早期计算工具的发明创造方面写过光辉的一页。远在商代,中国就创造了十进制记数方法,领先于世界千余年。到了周代,发明了当时最先进的计算工具——算筹。这是一种用竹、木或骨制成的颜色不同的小棍。计算每一个数学问题时,通常编出一套歌诀形式的算法,一边计算,一边不断地重新布棍。中国古代数学家祖冲之,就是用算筹计算出圆周率在 3.141 592 6 和 3.141 592 7 之间。这一结果比西方早 1 000 年。

珠算盘是中国的又一独创,也是计算工具发展史上的第一项重大发明。这种轻巧灵活、携带方便、与人民生活关系密切的计算工具,最初大约出现于汉朝,到元朝时渐趋成熟。珠算盘不仅对中国经济的发展起过有益的作用,而且传到日本、朝鲜、东南亚等地区,经受了历史的考验,至今仍在使用。

中国发明创造指南车、水运浑象仪、记里鼓车、提花机等,不仅对自动控制机械的发展有卓越的贡献,而且对计算工具的演进产生了直接或间接的影响。例如,张衡制作的水运浑象仪,可以自动地与地球运转同步,后经唐、宋两代的改进,成为世界上最早的天文钟。

记里鼓车则是世界上最早的自动计数装置。提花机原理对计算机程序控制的发展有过间接的影响。中国古代用阳、阴两爻构成八卦,也对计算技术的发展有过直接的影响。莱布尼茨写过研究八卦的论文,系统地提出了二进制算术运算法则。他认为,世界上最早的二进制表示法就是中国的八卦。

经过漫长的沉寂,新中国成立后,中国计算技术迈入了新的发展时期,先后建立了研究机构,在高等院校建立了计算技术与装置专业和计算数学专业,并且着手创建中国计算机制造业。

1958 年和 1959 年,中国先后制成第一台小型和大型电子管计算机。20 世纪 60 年代中期,中国研制成功一批晶体管计算机,并配制了 ALGOL 等语言的编译程序和其他系统软件。60 年代后期,中国开始研究集成电路计算机。70 年代,中国已批量生产小型集成电路计算机。80 年代以后,中国开始重点研制微型计算机系统并推广应用;在大型计算机、特别是巨型计算机技术方面也取得了重要进展;建立了计算机服务业,逐步健全了计算机产业结构。

在计算机科学与技术的研究方面,中国在有限元计算方法、数学定理的机器证明、汉字信息处理、计算机系统结构和软件等方面都有所建树。在计算机应用方面,中国在科学计算与工程设计领域取得了显著成就。在有关经营管理和过程控制等方面,计算机应用研究和实践也日益活跃。

1.1.3　计算机的发展方向

1. 巨型化

巨型化是指计算机的运算速度更高、存储容量更大、功能更强。目前正在研制的巨型计算机其运算速度可达每秒百亿次。

2. 微型化

微型计算机已进入仪器、仪表、家用电器等小型仪器设备中,同时也作为工业控制过程的心脏,使仪器设备实现"智能化"。随着微电子技术的进一步发展,笔记本型、掌上型等微型计算机必将以更优的性能价格比受到人们的欢迎。

3. 网络化

随着计算机应用的深入,特别是家用计算机越来越普及,一方面希望众多用户能共享信息资源,另一方面也希望各计算机之间能互相传递信息进行通信。计算机网络是现代通信技术与计算机技术相结合的产物。计算机网络已在现代企业的管理中发挥着越来越重要的作用,如银行系统、商业系统、交通运输系统等。

4. 智能化

计算机人工智能的研究是建立在现代科学基础之上。智能化是计算机发展的一个重要方向,新一代计算机,将可以模拟人的感觉行为和思维过程的机理,进行"看"、"听"、"说"、"想"、"做",具有逻辑推理、学习与证明的能力。

1.1.4　计算机的分类

随着计算机技术的发展和应用的推动,尤其是微处理器的发展,计算机的类型越来越多样化。根据用途及其使用的范围,计算机可分为通用计算机和专用计算机。

通用计算机(general purpose computer)的特点是通用性强,具有很强的综合处理能力,能够解决各种类型的问题。专用计算机(special purpose computer)则功能单一,配有解决特定问题的软件、硬件,但能够高速、可靠地解决特定的问题。

从计算机运算速度和性能等指标来看,计算机主要可分为高性能计算机、微型计算机、工作站、服务器、嵌入式计算机等。

1.2　计算机的特点

1.2.1　运算速度快

电子计算机的工作基于电子脉冲电路原理,由电子线路构成其各个功能部件,其中电场的传播扮演主要角色。我们知道电磁场传播的速度是很快的,现在高性能计算机每秒能进行几百亿次以上的加法运算。如果一个人在一秒钟内能作一次运算,那么一般的电子计算机一小时的工作量,一个人得做100多年。很多场合下,运算速度起决定作用。例如,计算机控制导航,要求"运算速度比飞机飞的还快";气象预报要分析大量资料,如用手工计算需要十天半月,失去了预报的意义。而用计算机,几分钟就能算出一个地区内数天的气象预报。

1.2.2　计算精度高

电子计算机的计算精度在理论上不受限制,一般的计算机均能达到15位有效数字,通过一定的技术手段,可以实现任何精度要求。历史上有个著名数学家挈依列,曾经为计算圆周率 π,整整花了15年时间,才算到第707位。现在将这件事交给计算机做,几个小时内就可计算到 10 万位。

1.2.3　存储功能强

计算机中有许多存储单元,用以记忆信息。内部记忆能力,是电子计算机和其他计算工具的一个重要区别。由于具有内部记忆信息的能力,在运算过程中就可以不必每次都从外部去取数据,而只需事先将数据输入到内部的存储单元中,运算时即可直接从存储单元中获得数据,从而大大提高了运算速度。计算机存储器的容量可以做得很大,而且它记忆力特别强。

1.2.4　具有逻辑判断能力

人是有思维能力的。思维能力本质上是一种逻辑判断能力,也可以说是因果关系分析能力。借助于逻辑运算,可以让计算机做出逻辑判断,分析命题是否成立,并可根据命题成立与否做出相应的对策。例如,数学中有个"四色问题",说是不论多么复杂的地图,使相邻区域颜色不同,最多只需 4 种颜色就够了。100 多年来不少数学家一直想去证明它或者推翻它,却一直没有结果,成了数学中著名的难题。1976 年两位美国数学家终于使用计算机进行了非常复杂的逻辑推理验证了这个著名的猜想。

1.2.5　具有自动运行的能力

一般的机器是由人控制的,人给机器一个指令,机器就完成一个操作。计算机的操作也是受人控制的,但由于计算机具有内部存储能力,可以将指令事先输入到计算机存储起来,在计算机开始工作以后,从存储单元中依次去取指令,用来控制计算机的操作,从而使人们可以不必干预计算机的工作,实现操作的自动化。这种工作方式称为程序控制方式。

1.3　现代信息技术

半个多世纪以来,人类社会正由工业社会全面进入信息社会,其主要动力就是以计算机技术、通信技术和控制技术为核心的现代信息技术的飞速发展和广泛的应用。纵观人类社会发展史和科学技术发展史,信息技术在众多的科学群体中越来越显示出强大的生命力。随着科学技术的飞速发展,各种高新技术层出不穷,日新月异,但是最主要的、发展最快的仍然是信息技术。

1.3.1　信息社会的特征

以计算机的问世为主要标志、以信息技术为核心的信息革命(第二次产业革命),揭开了社会信息化的序幕。信息社会有以下几个显著特征:

1. 信息成为重要战略资源

在信息社会中,信息已成为社会各个领域不可缺少的重要资源。信息资源的获得、处理和利用,直接关系到各项工作的进程和结果。例如,在商务活动中,信息就是金钱和财富;在现代化战争中,信息资源的获取和利用程度可决定战局的胜负等。

2. 信息产业成为社会最重要的产业

在信息社会中,信息产业是国民经济的"倍增器",可对工农业生产的各传统行业进行改造,以提高各行业的生产效益。信息产业的产值已跃居各行业之首,成为社会最重要的产业。

3. 信息网络成为社会的基础设施

网络化是当前及今后计算机应用的主要方向。目前 Internet 的用户遍布全球,计算机网络作为信息社会的重要基础设施,其"触角"已深入到社会的各个角落,其影响已深入人心。"上网"已成为人们日常生活中最热门的话题之一。

1.3.2　信息与信息技术

1. 信息的定义

(1)几种影响较大的对信息的解释:①信息是可以减少或消除不确定性的内容;②信息是控制系统进行调节活动时,与外界相互作用、相互交换的内容;③信息是事物运动的状态和状态变化的方式。

(2)信息的主要特征。信息定义所揭示的是信息的本质属性,但信息本身还存在许多由本质属性派生而来的特性,其主要特性包括普遍性、客观性、时效性、传递性、共享性、可伪性、可存储性、可处理性等,它们大都从其一个侧面体现了信息的基本特点。

2. 信息的分类

分类是人们认识事物的一种有效方法,也是科学研究活动中常用的方法。由于信息在信息界和人类社会生产中存在和流动的范围极其广泛,所以对信息的分类也相对较复杂。不同学科领域的研究人员依据不同的分类标准,可对信息进行不同的划分。对信息进行分类常见的有内容和使用领域上、存在形式上、发展状态上、外化结果上、符号种类上、信息流通方式上、信息论方法上、价值观念上 8 种方法。下面简要列举几种分类

(1)按信息内容与使用的领域划分。如果按信息内容与使用的领域划分,则可将信息分为经济信息、政务信息、文教信息、科技信息、管理信息、军事信息等。

(2)按符号种类划分。如果按符号种类划分,则可将信息分为语言信息和非语言信息。语言信息是指语言符号,它是最重要、最基本的信息沟通工具,能表达最抽象的思想、最复杂的感情以及最丰富的内容。非语言信息主要是指表情、手势、拥抱等所显示的信息。

(3)按流通方式划分。如果按流通方式划分,则可将信息分为可传递信息和非传递信息。可传递信息是指通过各种媒体,如报纸、广播、电视、书籍等,进行传播的信息。非传递信息是指不进行传递的信息,如日记、机密文件等。

(4)按信息论方法划分。如果按信息论方法划分,则可将信息分为未知信息和冗余信息。未知信息是指根据信息论可以消除事物"不确定性"的信息。冗余信息是指借助语言符号传递信息时仅起构句等语法作用而非直接消除"不确定性"的那些语言信息。

3. 信息技术

（1）信息技术的概念。信息技术（information technology，IT）是主要用于管理和处理信息所采用的各种技术的总称。它主要是应用计算机科学和通信技术来设计、开发、安装和实施信息系统及应用软件。它也常被称为信息和通信技术（information and communications technology，ICT），主要包括传感技术、计算机技术和通信技术。

（2）信息技术的发展。信息时代的到来，是以现代化电子信息技术的出现和发展，即人们利用信息的方法和手段的根本变化作为前提和条件的。它包括：①通信技术，为了达到联系的目的，使用电或电子设施，传送语言、文字、图像等信息的过程、就是通常所说的通信；②光纤通信技术，就是利用半导体激光器或者发光二极管，把电信号转变为光信号，经过光导纤维传输，再用探测器把光信号还原为电信号，从而实现通信，被称为现代社会的高速公路；③计算机技术，计算机发展史可以被看作是人们创造设备来收集和处理日益复杂的信息的过程，到今天的超级计算机，人们创造了功能日益强大的设备来促进信息处理的过程，目前人们正在研究各种新的计算机，例如生物计算机、光计算机（并行处理）等，其运算速度将更高，存储容量也更大；④信息高速公路，在信息技术领域，信息高速公路已成为全球性的热门话题，被许多国家作为技术制高点而竞相角逐，成为第二次信息革命的标志。

（3）信息技术的特点。信息技术的技术特性有数字化、网络化、高速化、智能化、个人化。

4. 现代信息技术

现代信息技术包括 ERP，GPS，RFID 等，现代信息技术是一个内容十分广泛的技术群，它包括微电子技术、光电子技术、通信技术、网络技术、感测技术、控制技术、显示技术等。

1.4　计算机的应用

计算机及其应用已经渗透到人类社会的各个领域，正改变着人们传统的工作、学习和生活方式，推动着社会的发展。未来计算机将进一步深入人们的生活，将更加人性化，更加适应人们的生活，改变人类现有的生活方式。数字化生活可能成为未来生活的主要模式，人们离不开计算机，计算机也将更加丰富多彩。归纳起来，计算机的应用主要有下面几种类型。

1.4.1　科学计算

科学计算即是数值计算，科学计算是指应用计算机处理科学研究和工程技术中所遇到的数学计算。在现代科学和工程技术中，经常会遇到大量复杂的数学计算问题，这些问题用一般的计算工具来解决非常困难，而用计算机来处理却非常容易，如高能物理、工程设计、地震预测、气象预报、航天技术等。由于计算机具有高运算速度和精度以及逻辑判断能力，出现了计算力学、计算物理、计算化学、生物控制论等新的学科。

1.4.2　数据处理

数据处理是对数据的采集、存储、检索、加工、变换和传输。数据是对事实、概念或指令的一种表达形式,可由人工或自动化装置进行处理。数据的形式可以是数字、文字、图形或声音等。数据经过解释并赋予一定的意义之后,便成为信息。数据处理的基本目的是从大量的、可能是杂乱无章的、难以理解的数据中抽取并推导出对于某些特定的人们来说是有价值、有意义的数据。数据处理是系统工程和自动控制的基本环节。数据处理贯穿于社会生产和社会生活的各个领域。数据处理技术的发展及其应用的广度和深度,极大地影响着人类社会发展的进程。

1.4.3　电子商务

电子商务(electronic commerce)的定义:以电子及电子技术为手段,以商务为核心,把原来传统的销售、购物渠道移到互联网上来,打破国家与地区有形无形的壁垒,使生产企业达到全球化,网络化,无形化,个性化、一体化。

1.4.4　过程控制

过程控制又称实时控制,指用计算机实时采集检测数据,按最佳值迅速地对控制对象进行自动控制或自动调节。

1.4.5　CAD/CAM/CIMS

CAD 即计算机辅助设计(computer aided design)利用计算机及其图形设备帮助设计人员进行设计工作。

CAM 计算机辅助制造(computer aided manufacturing),计算机辅助制造的核心是计算机数值控制(简称数控),是将计算机应用于制造生产过程的过程或系统。

CIMS 是 computer(contemporary) integrated manufacturing systems 的缩写;直译就是计算机(现代)集成制造系统。

1.4.6　多媒体技术

多媒体技术就是把声、图、文、视频等媒体通过计算机集成在一起的技术,即通过计算机把文本、图形、图像、声音、动画和视频等多种媒体综合起来,使之建立起逻辑连接,并对它们进行采样量化、编码压缩、编辑修改、存储传输和重建显示等处理。

1.4.7　虚拟现实

虚拟现实(virtual reality,VR)又译作灵境、幻真,是近年来出现的高新技术,也称灵境技术或人工环境。虚拟现实是利用电脑模拟产生一个三维空间的虚拟世界,提供使用者关于视觉、听觉、触觉等感官的模拟,让使用者如同身历其境一般,可以及时、没有限制地观察三度空间内的事物。

虚拟现实是人们通过计算机对复杂数据进行可视化、操作以及实时交互的环境。与传统的计算机人-机界面,如键盘、鼠标器、图形用户界面以及流行的 Windows 等相比,虚拟现实无论在技术上还是思想上都有质的飞跃。传统的人-机界面将用户和计算机视为两个独立的实体,而将界面视为信息交换的媒介,由用户把要求或指令输入计算机,计算机对信息或受控对象作出动作反馈。虚拟现实则将用户和计算机视为一个整体,通过各种直观的工具将信息进行可视化,形成一个逼真的环境,用户直接置身于这种三维信息空间中自由地使用各种信息,并由此控制计算机。

1.4.8　人工智能

人工智能(artificial intelligence,AI)是研究使计算机来模拟人的某些思维过程和智能行为,如学习、推理、思考、规划等的学科,主要包括计算机实现智能的原理、制造类似于人脑智能的计算机,使计算机能实现更高层次的应用。人工智能将涉及计算机科学、心理学、哲学和语言学等学科。

1.5　现代信息技术的应用

1.5.1　ERP 的应用

企业资源计划系统(enterprise resource planning,ERP),是指建立在信息技术基础上,以系统化的管理思想,为企业决策层及员工提供决策运行手段的管理平台。ERP 系统集中信息技术与先进的管理思想于一身,成为现代企业的运行模式,反映时代对企业合理调配资源,最大化地创造社会财富的要求,成为企业在信息时代生存、发展的基石。

我们可以从管理思想、软件产品、管理系统三个层次给出它的定义:①是由美国著名的计算机技术咨询和评估集团(Garter Group Inc.)提出的一整套企业管理系统体系标准,其实质是在 MRP II(manufacturing resources planning,制造资源计划)基础上进一步发展而成的面向供应链(supply chain)的管理思想;②是综合应用了客户机/服务器体系、关系数据库结构、面向对象技术、图形用户界面、第四代语言(4GL)、网络通信等信息产业成果,以 ERP 管理思想为灵魂的软件产品;③是整合了企业管理理念、业务流程、基础数据、人力物力、计算机硬件和软件于一体的企业资源管理系统。

具体来讲,ERP 与企业资源的关系、ERP 的作用以及与信息技术的发展的关系等可以表述如下。

1. 企业资源与 ERP

厂房、生产线、加工设备、检测设备、运输工具等都是企业的硬件资源,人力、管理、信誉、融资能力、组织结构、员工的劳动热情等就是企业的软件资源。企业运行发展中,这些资源相互作用,形成企业进行生产活动、完成客户订单、创造社会财富、实现企业价值的基础,反映企业在竞争发展中的地位。

ERP 系统的管理对象便是上述各种资源及生产要素,通过 ERP 的使用,使企业的生产过程能及时、高质地完成客户的订单,最大限度地发挥这些资源的作用,并根据客户订单及生产状况做出调整资源的决策。

2. 调整运用企业资源

企业发展的重要标志便是合理调整和运用上述的资源,在没有 ERP 这样的现代化管理工具时,企业资源状况及调整方向不清楚,要做调整安排是相当困难的,调整过程会相当漫长,企业的组织结构只能是金字塔形的,部门间的协作交流相对较弱,资源的运行难以比较把握,并做出调整。信息技术的发展,特别是针对企业资源进行管理而设计的 ERP 系统正是针对这些问题设计的,成功推行的结果必使企业能更好地运用资源。

3. 信息技术对资源管理作用的阶段发展过程

计算机技术特别是数据库技术的发展为企业建立管理信息系统,甚至对改变管理思想起着不可估量的作用,管理思想的发展与信息技术的发展是互成因果的环路。而实践证明信息技术已在企业的管理层面扮演越来越重要的角色。

信息技术最初在管理上的运用,也是十分简单的,主要是记录一些数据,方便查询和汇总,而现在发展到建立在全球 Internet 基础上的跨国家、跨企业的运行体系,粗略可分作如下阶段:

(1) MIS 系统阶段(management information system)。企业的信息管理系统主要是记录大量原始数据、支持查询、汇总等方面的工作。

(2) MRP 阶段。企业的信息管理系统对产品构成进行管理,借助计算机的运算能力及系统对客户订单、在库物料、产品构成的管理能力,实现依据客户订单,按照产品结构清单展开并计算物料需求计划。实现减少库存,优化库存的管理目标。

(3) MRP II 阶段。在 MRP 管理系统的基础上,系统增加了对企业生产中心、加工工时、生产能力等方面的管理,以实现计算机进行生产排程的功能,同时也将财务的功能囊括进来,在企业中形成以计算机为核心的闭环管理系统,这种管理系统已能动态监察到产、供、销的全部生产过程。

(4) ERP 阶段。进入 ERP 阶段后,以计算机为核心的企业级的管理系统更为成熟,系统增加了包括财务预测、生产能力、调整资源调度等方面的功能。配合企业实现及时制(just in time,JIT)管理、质量管理和生产资源调度管理及辅助决策的功能。成为企业进行生产管理及决策的平台工具。

(5) 电子商务时代的 ERP。Internet 技术的成熟为企业信息管理系统增加与客户或供应商实现信息共享和直接的数据交换的能力,从而强化了企业间的联系,形成共同发展的生存链,体现企业为达到生存竞争的供应链管理思想。ERP 系统相应实现这方面的功能,使决策者及业务部门实现跨企业的联合作战。

由此可见,ERP 的应用的确可以有效地促进现有企业管理的现代化、科学化,适应竞争日益激烈的市场要求,它的导入,已经成为大势所趋。

1.5.2　GPS 的应用

GPS(global positioning system)即全球定位系统,它最初只是运用于军事领域,目前已被广泛应用于交通、测绘等许多行业。利用定位技术结合无线通信技术(GSM 或 CDMA)、地理信息管理技术(GIS)等高新技术,实现对车辆的监控;经过 GSM 网络的数学通道,将信号输送到车辆监控中心;监控中心通过差分技术换算位置信息,然后通过 GIS 将位置信号用地图语言显示出来,最终可通过服务中心实现车辆的定位导航、防盗反劫、服务救援、远程监控、轨迹记录等功能。

国外 GPS 已被广泛应用于公交、地铁、私家车等各方面。目前,国内 GPS 的应用还处于萌芽状态,但发展势头迅猛。交通运输行业已充分意识到它在交通信息化管理方面的优势。

GPS 行业在未来 10 年的市场增长率预计在 45% 以上,物流行业将是未来 GPS 应用的主要市场。以我国现在 1 000 万辆货运车的状况来看,市场潜力也将是巨大的。车载应用市场的增长率,有可能达到 50%。

GPS 系统最初是由美国陆海空三军于 20 世纪 70 年代联合研制的,它的主要目的是为陆、海、空三大领域提供实时、全天候和全球性的导航服务,用于情报收集、核爆监测和应急通讯等一些军事目的,是美国独霸全球战略的重要部署。GPS 系统历经 20 余年的研究实验,耗资 300 亿美元,直到 1994 年 3 月全球覆盖率高达 98% 的 24 颗 GPS 卫星星座才正式布设完成。现在 GPS 系统的应用不仅局限在军事领域内了,而是发展到汽车导航、大气观测、地理勘测、海洋救援、载人航天器防护探测等各个领域。

GPS 导航仪的运行还需要一个汽车导航系统。光有 GPS 系统还不够,它只能够接收 GPS 卫星发送的数据,计算出用户的三维位置、方向以及运动速度和时间方面的信息,没有路径计算能力。用户手中的 GPS 接收设备要想实现路线导航功能还需要一套完善的包含硬件设备、电子地图、导航软件在内的汽车导航系统。

GPS 导航仪硬件包括芯片、天线、处理器、内存、屏幕、按键、扬声器等组成部分。但就目前情况看来,市场中的 GPS 汽车导航仪在硬件上的差距并不大,内置的软件地图也已很难分出谁好谁坏,现在我国有八家地图公司从事导航地图软件的测绘与开发,如四维图新、凯立德、道道通、城际通等,经过几年的不断开发完善,都已能提供相当好的导航地图软件。

总结一下,一部完整的 GPS 汽车导航仪是由芯片、天线、处理器、内存、显示屏、扬声器、按键、扩展功能插槽、地图导航软件 9 个主要部分组成。

判断 GPS 导航仪的优劣,导航仪所能接收到的 GPS 卫星数量和路径规划能力是关键。导航仪所能接收到的有效卫星数量越多,说明它当前的信号越强,导航工作的状态也就越稳定。如果一台导航仪经常搜索不到卫星或者在导航过程中频繁地中断信号影响了正常的导航工作,那它首先质量就不过关更谈不上优劣了。

1.5.3　RFID 的应用

RFID(radio frequency identification)射频识别是一种非接触式的自动识别技术,它通过射频信号自动识别目标对象并获取相关数据,识别工作无须人工干预,可工作于各种恶劣环境。RFID 技术可识别高速运动物体并可同时识别多个标签,操作快捷方便。短距离射频产品不怕油渍、灰尘污染等恶劣的环境,可在这样的环境中替代条码,例如用在工厂的流水线上跟踪物体。长距射频产品多用于交通上,识别距离可达几十米,如自动收费或识别车辆身份等。

习　题　1

一、单选题

1. 世界上第一台电子数字计算机 ENIAC 诞生于（　　）年。
   A. 1950　　　　　　　B. 1946　　　　　　　C. 1951　　　　　　　D. 1949
2. 第四代电子计算机主要采用（　　）元器件制造的。
   A. 晶体管　　　　　　　　　　　　　B. 电子管
   C. 大规模集成电路　　　　　　　　　D. 中、小规模集成电路
3. 现代广泛使用的计算机被称为（　　）计算机。
   A. 第一代　　　　　　B. 第二代　　　　　　C. 第三代　　　　　　D. 第四代
4. 提出"存储程序"式计算机的是（　　）。
   A. 帕斯卡　　　　　　B. 莱布尼茨　　　　　C. 巴贝奇　　　　　　D. 冯·诺伊曼

二、简答题

1. 简述计算机的特点。
2. 简述计算机有哪些应用？
3. 信息社会的特征有哪些？
4. 信息技术的主要特征有哪些？

第 2 章   计算机基础知识

2.1   计算机系统的组成与工作原理

一个完整的电子计算机系统(简称计算机)是由硬件(系统)和软件(系统)两大部分组成的。目前几乎所有的计算机都是数字式计算机(digital computer),即计算机处理的数据都是二进制数。

2.1.1   计算机系统组成

计算机中的板、线、元件、芯片、设备通称为硬件,或者说硬件是计算机中看得见、摸得着的物理器件。计算机硬件由运算器、控制器、存储器、输入设备和输出设备五个基本部件组成。这些部件之间的关系如图 2.1 所示。

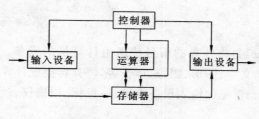

图 2.1   基本部件

1. 运算器

运算器(arithmetic logic unit,ALU)也称算术逻辑单元,是计算机进行算术和逻辑运算的部件,是计算机进行各种数据信息加工的场所,是计算机的核心部件。计算机在存储、传输、处理信息时,一个信息单元的二进制数码组称为字(word),是信息交换、加工、存储的基本单元。计算机的运算部件能直接处理的二进制数据的位数称为字长,字长不仅表示计算机的精度,也反映计算机的处理能力。常用的字长有 8 位、16 位、32 位和 64 位等。字长越大,计算机一次处理信息的能力就越强,精度就越高,运算速度就越快。

2. 控制器

控制器(control unit,CU)是计算机的控制中心,整个计算机要在控制器的控制下才能正常工作。其作用是统一指挥、控制和协调计算机内部各部件的正确运行,使机器内的数据、信息按预先规定的目的和步骤(即程序)有条不紊地工作。

在现代计算机中,往往将运算器和控制器集中在一个集成电路芯片内,称为中央处理器(central processing unit,CPU)。

3. 存储器

存储器（memory）是计算机中存放程序和数据的器件。存储器可分为内部存储器（简称内存或主存）和外部存储器（简称外存或辅存）两大类。内存储器用来存储计算机当前运行时现场要使用的信息，而外存储器用来存储计算机当前运行时暂时不使用，但必须保存的信息。当需要某一程序或数据时，首先应调入内存，然后运行。

一个二进制位（bit）是构成存储器的最小单位。实际上，存储器是由许许多多个二进制位的线性排列构成的。为了存取到指定位置的数据，通常将每8位二进制位组成一个存储单元，称为字节（Byte，简记为 B），并给每个字节编上一个号码，称为地址（address）。

存储器可容纳的二进制信息量称为存储容量。目前，度量存储容量的基本单位是字节。此外，常用的存储容量单位还有 KB，MB，GB 和 TB，它们之间的关系如下：

$$1 \text{ B} = 8 \text{ bits}$$
$$1 \text{ KB} = 2^{10} \text{ B} = 1024 \text{ B}$$
$$1 \text{ MB} = 2^{10} \text{ KB} = 2^{20} \text{ B}$$
$$1 \text{ GB} = 2^{10} \text{ MB} = 2^{20} \text{ KB} = 2^{30} \text{ B}$$
$$1 \text{ TB} = 2^{10} \text{ GB} = 2^{20} \text{ MB} = 2^{30} \text{ KB} = 2^{40} \text{ B}$$

4. 输入设备

输入设备（input device）是将外界的信号传送给计算机的设备。其任务是接受操作者给计算机提供的原始信息，如文字、图形、图像、声音等，将其转换成计算机能识别的形式，并按规定的格式保存在存储器中。常见的输入设备有键盘、鼠标、扫描仪、触摸屏等。

5. 输出设备

输出设备（output device）是将计算机运算和处理的结果传送给外界的设备。输出设备将计算机处理的结果转换成人们习惯接受的信息形式。常见的输出设备有显示器、打印机等。

2.1.2　计算机工作原理

计算机的基本工作原理是由美籍匈牙利科学家冯·诺伊曼于1946年首先提出来的，它的思想可概括为以下三点：①计算机硬件由运算器、控制器、存储器、输入设备和输出设备5个基本部件组成；②计算机采用二进制来表示指令和数据；③计算机采用"存储程序"方式，自动逐条取出指令并执行程序。

指令（instruction）是一组二进制代码，控制器发出相应控制信号去控制计算机完成各种任务。指令由操作码和操作数组成。操作码（operation code）用来指明指令的操作类型及要完成的功能。操作数（operand）是参与运算的数。程序（program）是指令的有序集合。软件（software）是程序和数据的集合。

冯·诺伊曼机工作原理是，计算机一经启动，就能按照程序指定的逻辑顺序把指令从存储器中读取并逐条执行，自动完成指令规定的操作：①把程序指令逐条取入控制器；②在控制器输入命令的作用下,把需要的原始数据通过输入设备送入计算机;③向存储器和运算器发出存数、取数和运算命令,并把计算结果存放在存储器内;④在控制器发出的取数和输出命令的作用下,通过输出设备输出计算结果。

2.2　数制及数制间的转换

2.2.1　数　制

数制也称计数制,是指用一组固定的符号和统一的规则来表示数值的方法。按进位的方法进行计数,称为进位计数制。

在进位计数制中有数位、基数和位权三个要素。一般情况下,在采用进位计数的数字系统中,如果用 R 个基本符号(即数码或数符)表示数值,则称其为基 R 数制(radix-R number system),R 成为该数制的基(radix)。相对于十进制而言,计数规则为"逢 R 进一,借一当 R"。

$R=10$ 为十进制,可使用 $0,1,2,\cdots,9$ 共 10 个数符。

$R=2$ 为二进制,可使用 $0,1$ 共 2 个数符。

$R=8$ 为八进制,可使用 $0,1,2,\cdots,7$ 共 8 个数符。

$R=16$ 为十六进制,可使用 $0,1,2,\cdots,9,A,B,C,D,E,F$ 共 16 个数符。

数位是指数码在一个数中所处的位置(记为 n,n 为整数)。

在某种进位计数制中,每个数位上的数码所代表的数值的大小,等于在这个数位上的数码乘上一个固定的数值,这个固定的数值就是这种进位计数制中该数位上的位权。

如数 101.1,在不同进位数制中所表示的数的大小不同,如图 2.2 所示。

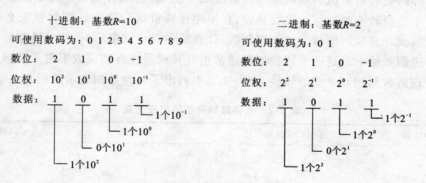

图 2.2　不同进位制中数的表示

在 $R(R\geqslant2,R$ 为整数)进位计数制中,任意数 N(不考虑其正负)的通用表达式为

$$N=A_nA_{n-1}\cdots A_1A_0.A_{-1}A_{-2}\cdots A_{-m}\quad 或$$

$$N=A_n\times R^n+A_{n-1}\times R^{n-1}+\cdots+A_0\times R^0+A_{-1}\times R^{-1}+\cdots+A_{-m}\times R^{-m}$$

式中,R 为基数;$A_i(i\in[-m,n])$ 为该进位制使用的某个数码,$0\leqslant A_i\leqslant R-1$;小数点左边数码个数为 $n+1$,小数点右边数码个数为 m。

在计算机中,广泛采用的是只有数码 0 和 1 组成的二进制数,而不使用人们习惯的十进制数,原因如下:①二进制数在物理上最容易实现,硬件成本低;②用来表示二进制数的编码、计数、加减运算规则简单,易于实现;③二进制数的两个符号"1"和"0"正好与逻辑命题的两个值

"真"和"假"相对应,为计算机实现逻辑运算和程序中的逻辑判断提供了便利的条件。

在计算机中,只能是二进制,但是二进制表示一个数比较冗长,且不易读写,因此在表示计算机信息时,常用八进制和十六进制。表 2.1 是计算机信息表示中常用的几种进位数制。

表 2.1　计算机中常用的几种进制数的表示

进制	二进制	八进制	十进制	十六进制
规则	逢二进一	逢八进一	逢十进一	逢十六进一
基数	$R=2$	$R=8$	$R=10$	$R=16$
数符	0,1	0,1,$\cdots$,7	0,1,$\cdots$,9	0,1,$\cdots$,9,A,B,C,D,E,F
位权	2^i	8^i	10^i	16^i
形式表示	B(Binary)	O(Octal)	D(Decimal)	H(Hexadecimal)

注:其中 i 为整数。

在具体表示数据时,不同进制的数据可以用不同的数字下标或后缀字母表示。如

一个八进制数 573.4 可记作 $(573.4)_8$ 或 573.4O;

一个二进制数 110.01 可记作 $(110.01)_2$ 或 110.01B;

一个十六进制数 8A6.D 可记作 $(8A6.D)_{16}$ 或 8A6.DH;

一个十进制数 962.5 可记作 $(962.5)_{10}$ 或 962.5D,或直接记作 962.5。

2.2.2　数制间的转换

将数由一种数制转换成另一种数制称为数制间的转换。由于计算机采用二进制,但用计算机解决实际问题时对数值的输入输出通常使用十进制,这就有一个十进制向二进制转换或由二进制向十进制转换的过程。也就是说,在使用计算机进行数据处理时首先必须把输入的十进制数转换成计算机所能接受的二进制数;计算机在运行结束后,再把二进制数转换为人们所习惯的十进制数输出。这两个转换过程通常由计算机系统自动完成不需人们参与。

为方便理解数制相互之间的转换,在表 2.2 中列出了几种数制表示的相互关系。

表 2.2　几种数制表示的相互关系

十进制数	二进制数	八进制数	十六进制数
0	0	0	0
1	1	1	1
2	10	2	2
3	11	3	3
4	100	4	4
5	101	5	5
6	110	6	6
7	111	7	7
8	1000	10	8
9	1001	11	9

续表

十进制数	二进制数	八进制数	十六进制数
10	1010	12	A
11	1011	13	B
12	1100	14	C
13	1101	15	D
14	1110	16	E
15	1111	17	F

1. 十进制数转换成 R 进制数

从十进制数转换成其他进制数，需要把整数部分和小数部分分别进行处理。首先我们讨论十进制数转换成 R 进制数的方法。

1）十进制整数转换成 R 进制整数

设十进制整数 $N_{(10)} = a_n \cdots a_1 a_{0(R)}$，由 R 进制整数按位展开公式的形式

$$N_{(10)} = a_n \cdots a_1 a_{0(R)} = (a_n R^n + \cdots + a_1 R + a_0)_{(R)}$$
$$= ([\cdots[(0 + a_n)R + \cdots + a_2]R + a_1]R + a_0)_{(R)} \tag{2.1}$$

将（2.1）式除以 R，商为整数 $\{\cdots[(0 + a_n)R + a_{n-1}]R + \cdots + a_2\}R + a_1$，余数为 a_0；所得商再除以 R，商为整数 $\{\cdots[(0 + a_n)R + a_{n-1}]R + \cdots\}R + a_2$，余数为 a_1；以此类推，直至商为 0，余数为 a_n。

因而，将一个十进制整数转换为 R 进制数的转换规则为，除以 R 取余数，直到商为 0 时结束。所得余数序列，先得到的余数为低位，后得到的余数为高位。

将（2.1）式中 R^i 按十进制运算法则计算，则（2.1）式的逆过程就是将 R 进制整数转换为十进制整数的过程。

例 2.1　将十进制数 37 转换成二进制数。

在转换过程中我们用基数 2 连续除整数商，并取余数。直到商为 0 时停止，然后将余数从下往上按顺序书写，得到二进制数 100101，即 $(37)_{10} = (100101)_2$，如图 2.3 所示。

图 2.3　十进制整数转换成二进制数

2）十进制小数部分转换 R 进制小数

设十进制纯小数 $M_{(10)} = 0.a_{-1} \cdots a_{-m(R)}$，由 R 进制小数按位展开公式的形式

$$M_{(10)} = 0. \, a_{-1} \cdots a_{-m(R)} = (a_{-1}R^{-1} + a_{-2}R^{-2} + \cdots + a_{-m}R^{-m})_{(R)}$$
$$= ([a_{-1} + (a_{-2} + \cdots + (a_{-m})/R \cdots)/R]/R)_{(R)} \tag{2.2}$$

将(2.2)式乘以 R ，得整数部分为 a_{-1} ，小数部分为 $(a_{-2} + \cdots + a_{-m}/R \cdots)/R$ ；小数部分再乘以 R ，得整数部分为 a_{-2} ，小数部分为 $(\cdots + a_{-m}/R \cdots)$ ；以此类推，直至小数部分为 0 或转换到所要求的精确度为止。

因而，将一个十进制小数转换为 R 进制数的转换规则为，乘以 R 取整数，直到余数为 0 时或达到精确度时结束。所得整数序列，先得到的整数为高位，后得到的整数为低位。

将(2.2)式中 R^i 按十进制运算法则计算，则(2.2)式的逆过程就是将 R 进制纯小数转换为十进制纯小数的过程。

例 2.2　把十进制数 0.6875 及 0.78 转换成二进制小数。

把 0.6875 乘以 2 所得乘积 1.3750 写在 0.6875 的下面。接着，对上述乘积的小数部分 0.375 继续乘以 2，直到乘积中的小数部分为 0 为止。最后，从上到下依次记下左侧各乘积的整数部分，即为所求，如图 2.4(a)所示。于是得 0.6875 = (0.1011)₂。

把 0.78 乘以 2 所得乘积 1.56 写在 0.78 的下面。接着，对上述乘积的小数部分 0.56 继续乘以 2，直到达到所要求的精度（假设精确到小数点后 6 位）为止。最后，从上到下依次记下左侧各乘积的整数部分，即为所求，如图 2.4(b)所示。于是得 0.78 = (0.110001)₂。

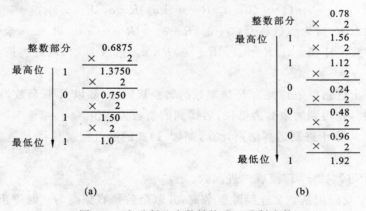

图 2.4　十进制纯小数转换成二进制小数

由此可见，十进制数转换成二进制数时，任何整数可以精确地转换为对应的二进制数。但小数有可能不能精确转换为对应的二进制。不能精确转换的小数是密集的，能精确转化的小数是稀疏的。这是产生计算机运算误差的主要原因之一。

综合整数和小数的转换方法，可以将任意十进制数转换成 R 进制数。

2. R 进制数转换成十进制数

二进制、八进制、十六进制数都可转换成等量的十进制数。将该数按其基数的指数形式写出多项式，然后用十进制运算法则计算就可以很容易完成这一转换。例如：

$(1101.1)_2 = (1 \times 2^3 + 1 \times 2^2 + 0 \times 2^1 + 1 \times 2^0 + 1 \times 2^{-1})_{10} = (13.5)_{10}$

$(50.6)_8 = (5 \times 8^1 + 0 \times 8^0 + 6 \times 8^{-1})_{10} = (40.75)_{10}$

$(4B.E1)_{16} = (4 \times 16^1 + 11 \times 16^0 + 14 \times 16^{-1} + 1 \times 16^{-2})_{10} = (75.87890625)_{10}$

3. 八进制数、十六进制数与二进制数之间的转换

由于 $2^3 = 8, 2^4 = 16$，所以 1 位八进制数相当于 3 位二进制数，1 位十六进制数相当于 4 位二进制数，这样使得八进制数、十六进制数与二进制数的相互转换十分方便。

八进制数转换成二进制数时，只要将八进制数的每 1 位改成等值的 3 位二进制数，即"1 位变 3 位"。

例 2.3　$(1234.567)_8$ 转换成二进制数。

$$
\begin{array}{ccccccc}
1 & 2 & 3 & 4 & . & 5 & 6 & 7 \\
\downarrow & \downarrow & \downarrow & \downarrow & & \downarrow & \downarrow & \downarrow \\
001 & 010 & 011 & 100 & . & 101 & 110 & 111
\end{array}
$$

即得 $(1234.567)_8 = (1010011100.101110111)_2$。

二进制数转换成八进制数时，以小数点为界，整数部分从右往左，每 3 位一组，最左边不足 3 位时，左边添 0 补足至 3 位；小数部分从左往右，每 3 位一组，最右边不足 3 位时，右边添 0 补足至 3 位；然后将每组的 3 位二进制数用相应的八进制数表示出来，即"3 位变 1 位"。

例 2.4　将 $(1011010101.1111)_2$ 转换成八进制数。

$$
\begin{array}{cccccc}
001 & 011 & 010 & 101 & . & 111 & 100 \\
\downarrow & \downarrow & \downarrow & \downarrow & & \downarrow & \downarrow \\
1 & 3 & 2 & 5 & . & 7 & 4
\end{array}
$$

即得 $(1011010101.1111)_2 = (1325.74)_8$。

类似八进制和二进制之间的转换方法，用"1 位变 4 位"可将十六进制数转换成二进制数，用"4 位变 1 位"可将二进制数转换成十六进制数。

例 2.5　将 $(29C.1A)_{16}$ 转换成二进制数。

$$
\begin{array}{ccccc}
2 & 9 & C & . & 1 & A \\
\downarrow & \downarrow & \downarrow & & \downarrow & \downarrow \\
0010 & 1001 & 1100 & . & 0001 & 1010
\end{array}
$$

即得 $(29C.1A)_{16} = (1010011100.0001101)_2$。

例 2.6　将 $(1011010101.1111)_2$ 转换成十六进制数。

$$
\begin{array}{cccc}
0010 & 1101 & 0101 & . & 1111 \\
\downarrow & \downarrow & \downarrow & & \downarrow \\
2 & D & 5 & . & F
\end{array}
$$

即得 $(1011010101.1111)_2 = (2D5.F)_{16}$。

2.3　数据在计算机中的表示与编码

计算机中可直接表示和使用的数据分为两大类，即数值数据和非数值数据。其中非数值数据又称符号数据。数值数据用来表示数量的多少，它包括定点小数、整数和浮点数等类型。它们通常都带有表示数值正负的符号位，而符号数据则用于表示一些符号标记，如英文字母、

数字、标点符号、运算符号、汉字、图形、语言信息等。由于在计算机中,这些数据都是用二进制编码的,所以,这里提到的数据的表示,实质上是它们在计算机中的组成格式和编码方法。

2.3.1 数值数据的表示与编码

1. 数值数据的表示

数值数据在计算机内有定点数和浮点数两种表示方法。

1）定点数

通常定点数的小数点是隐含的,小数点在数中的位置是固定不变的。由于约定在固定的位置,小数点就不再使用记号".”来表示。通常定点数有纯小数(或称定点小数)和整数两种表示法。

（1）定点小数。定点小数是指小数点准确固定在符号位之后(隐含),符号位右边的第一位数是最高位数。一般表示为

$$X = X_S . X_{-1} X_{-2} \cdots X_{-n}$$

其中,X 为用定点数表示的数;X_S 为符号位;X_{-1} 到 X_{-n} 为数据位,对应的权为 $2^{-1}, 2^{-2}, \cdots,$ 2^{-n}。若采用 $n+1$ 个二进制位表示定点小数,则取值范围为 $|X| \leqslant 1 - 2^{-n}$,其存储格式如图 2.5所示。

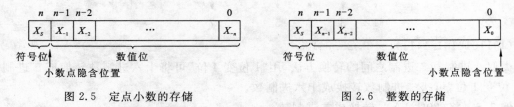

图 2.5 定点小数的存储　　　　图 2.6 整数的存储

（2）整数。整数的小数点在最低数据位的右边。对于有符号的整数,一般表示为

$$X = X_S X_n X_{n-1} \cdots X_0$$

其中,X 为整数;X_S 为符号位;X_n 到 X_0 为数据位,对应的权为 $2^n, 2^{n-1}, \cdots, 2^0$。对于用 $n+1$ 个二进制位表示的带符号的二进制整数,其取值范围为 $|X| \leqslant 2^n - 1$,其存储格式如图 2.6所示。

2）浮点数

浮点数是指小数点在数据中的位置可以根据实际情况左右移动的数据。

一个任意实数,在计算机内部可以用指数(为整数)和尾数(为纯小数)来表示,用指数和尾数表示实数的方法称为浮点表示法。

浮点数分阶码和尾数两部分,通常表示为

$$X = M \cdot R^E$$

其中,X 为浮点数;M 为尾数(fraction);E 为阶码(exponent);R 为阶的基数。

一个机器浮点数由阶码、尾数及其符号位组成。尾数部分用定点小数表示,给出有效数字的位数,决定了浮点数的表示精度;阶码部分用整数形式表示,指明小数点在数据中的位置,决定了浮点数的表示范围。在计算机内部存储示意如图 2.7 所示。其中,对于阶符和数符,用“1”表示“-”号、用“0”表示“+”号。

E_s	E	M_s	M
阶符 (1位)	阶码 (n位)	数符 (1位)	尾数 (m位)

图 2.7　浮点数的存储（其中 m,n 均为整数）

浮点数的精度和表示范围都远远大于定点数，但是在运算规则上定点数比浮点数简单，易于实现。因此，一台计算机中究竟采用定点表示还是浮点表示，要根据计算机的使用条件来确定。一般在高档微机以上的计算机中同时采用定点、浮点表示，视具体情况进行选择应用，而单片机中多采用定点表示。

2. 数值数据的编码

我们经常遇到的数是有正负之分的，一般用"＋"或"－"符号简单地附加上去，以体现数的正负区别；而在计算机中，数的符号与一般的符号表示法不同，并且在某些情况下同数值位一道参加运算操作。为了妥善地处理好这些问题，就产生了把符号位和数字位一起编码来表示相应的数的各种表示方法，如原码、补码、反码、移码等。下面将研究符号数在计算机中的表示法。为了简便起见，将以整数为例，并设机器字长为 8 位。

1）真值和机器码

在计算机中，数值数据的符号也被"数字化"了。符号数在计算机中的一种简单表示方法就是：用最高位存放符号，正号用"0"表示，负号用"1"表示。例如：

　　　　＋53 的二进制值为＋110101　　机器数表示为 00110101

　　　　－53 的二进制值为－110101　　机器数表示为 10110101

为了区别原来的数与它在计算机中的表示形式，通常，称表示一个数值数据的机内编码为机器数，而它所代表的实际值称为机器数的真值。

2）原码

在上面提到的符号数的表示方法，即正数的符号位为 0，负数的符号位为 1，其他位用二进制数表示数的绝对值，这是一种最简单的表示方法，即为原码表示法。例如：

　　　　＋102 的二进制真值为＋1100110　　原码为 01100110

　　　　－102 的二进制真值为－1100110　　原码为 11100110

可见两个符号相异，绝对值相同的数的原码，除了符号位以外，其他位都是一样的。

原码简单易懂，而且与真值的转换方便。但若是两个异号数相加（或两个同号数相减），就要做减法。做减法就会有借位的问题，很不方便。为了简化运算逻辑电路，加快运算速度，将加法运算与减法运算统一起来，就引进了反码和补码。

3）反码

正数的反码与其原码相同，负数的反码为其原码除符号位外的各位按位取反（即 0 改为 1，1 改为 0）。例如：

　　　　＋79 的二进制真值为＋1001111　　原码为 01001111　　反码为 01001111

　　　　－79 的二进制真值为－1001111　　原码为 11001111　　反码为 10110000

可以看出，负数的反码与负数的原码有很大的区别。反码通常只用作求补码过程中的中间形式。可以验证，一个数的反码的反码就是其原码。

4）补码

正数的补码与其原码相同,负数的补码为其反码在最低位加1。例如:

　　　　+23 的原码为 00010111　　　反码为 00010111　　　补码为 00010111

　　　　-23 的原码为 10010111　　　反码为 11101000　　　补码为 11101001

同样可以验证,一个数的补码的补码就是其原码。

引入补码后,加减法运算都可以统一用加法运算来实现,符号位也视为数值参与处理,且两数和的补码等于两数补码的和。因此,在许多计算机系统中都采用补码来表示带符号的数。例如:

$$102-79=102+(-79)=23$$

用原码相减:01100110-01001111=00010111

用补码相加:01100110+10110001=00010111

由于一个字节只有 8 位,所以高位自然丢失,可见用原码相减和用补码相加所得的结果是相同的,都是 23 的补码 00010111。

当然在不同的计算机中还有其他形式的编码。

2.3.2　字符数据的表示与编码

现代计算机不仅处理数值领域的问题,而且处理大量非数值领域的问题。这样一来,必然要引入文字、字母以及某些专用符号,以便表示文字语言、逻辑语言等信息。最常见的信息符号是字符(英文字母、阿拉伯数字、标点符号及一些特殊符号等)符号,为了便于识别和统一使用,国际上对字符符号的代码作了一些标准化的规定。目前计算机中使用得最广泛的西文字符集及其编码是 ASCII(American Standard Code for Information Interchange 美国国家信息交换码)。

1. ASCII 编码

ASCII 码是一种 7 位编码,它在内存中必须占全一个字节。若用 $b_7 b_6 b_5 b_4 b_3 b_2 b_1 b_0$ 表示,其中 b_7 恒为 0,其余 7 位为 ASCII 码值,这 7 位可以给出 128 个编码,表示 128 个不同的字符。其中 95 个编码,对应着计算机终端能键入并且可以显示的 95 个字符,打印机设备也能打印这 95 个字符,如大小写各 26 个英文字母,0~9 这 10 个数字符,通用的运算符和标点符号+、-、*、/、>、=、<等。另外的 33 个字符,其编码值为 0~31 和 127,则不对应任何一个可以显示或打印的实际字符,它们被用作控制码,控制计算机某些外围设备的工作特性和某些计算机软件的运行情况。具体的 ASCII 编码见表 2.3。

表 2.3　ASCII 字符编码表

$b_6 b_5 b_4$		000	001	010	011	100	101	110	111
$b_3 b_2 b_1 b_0$		0	1	2	3	4	5	6	7
…0000	0	NUL	DLE	SP	0	@	P	`	p
…0001	1	SOH	DC1	!	1	A	Q	a	q
…0010	2	STX	DC2	”	2	B	R	b	r

续表

$b_3b_2b_1b_0$ ＼ $b_6b_5b_4$		000	001	010	011	100	101	110	111
		0	1	2	3	4	5	6	7
…0011	3	ETX	DC3	#	3	C	S	c	s
…0100	4	EOT	DC4	$	4	D	T	d	t
…0101	5	END	NAK	%	5	E	U	e	u
…0110	6	ACK	SYN	&	6	F	V	f	v
…0111	7	BEL	ETB	,	7	G	W	g	w
…1000	8	BS	CAN	(	8	H	X	h	x
…1001	9	HT	EM	)	9	I	Y	i	y
…1010	A	LF	SUB	*	:	J	Z	j	z
…1011	B	VT	ESC	+	;	K	[	k	{
…1100	C	FF	FS	,	<	L	\	l	|
…1101	D	CR	GS	—	=	M	]	m	}
…1110	E	SO	RS	.	>	N	ˆ	n	~
…1111	F	SI	US	/	?	O	—	o	DEL

　　表中编码符号的排列次序为 $b_7b_6b_5b_4b_3b_2b_1b_0$，其中 b_7 恒为 0，表中未给出。为制表方便，把一个字节分成高低两部分，其中 $b_7b_6b_5b_4$ 为高半字节，$b_3b_2b_1b_0$ 为低半字节。若按十六进制编码，可见数字符号 0～9 对应的 ASCII 码分别为 $(30)_{16}$～$(39)_{16}$；英文大写字母 A～Z 对应的 ASCII 码分别是 $(41)_{16}$～$(5A)_{16}$，英文小写字母 a～z 对应的 ASCII 码分别是 $(61)_{16}$～$(7A)_{16}$，大小写字母正好相差 $(20)_{16}$。在这种编码系统中，一般规定按字符的 ASCII 码值的大小来决定字符的大小。

　　在一般情况下，记住每个字符的 ASCII 码值是比较困难的，但应记住不同字符的排列顺序。几个关键的编码值和顺序为控制字符、空格 $(20)_{16}$、阿拉伯数字（数字 0 为 $(30)_{16}$）、英文大写字母（字母 A 为 $(41)_{16}$）、英文小写字母（字母 a 为 $(61)_{16}$）。

　　除 ASCII 码外，还有另外一些编码，比如使用 8 个比特来表示每个符号的 ANSI（American Nation Standards Institute，美国国家标准协会）码，IBM 为它的大型机开发的 EBCDIC（extended binary-coded decimal interchange code，扩充的二-十进制交换码）码，16 位编码的 Unicode（universal multiple octet coded character set）码。

　　Unicode 是一组 16 位编码，可以表示 65 536 个不同的字符。从原理上来说，Unicode 可以表示现在正在使用的、或者已经没有使用的任何语言中的字符。对于国际商业和通信来说，这种编码方式是非常有用的，因为在一个文件中可能需要包含有汉语、英语和日语等不同的文字。并且，Unicode 还适合于软件的本地化，也就是针对特定的国家修改软件。使用 Unicode，软件开发人员可以修改屏幕的提示、菜单和错误信息来适合于不同的语言和地区。微软和苹果公司的操作系统中都支持 Unicode。

2. 字符串

　　字符串是指连续的一串字符。通常方式下，它们占用主存中连续的多个字节，每个字节存一个字符。

许多软件有比较字符串大小的功能。所谓比较字符串大小,就是将两个字符串从左到右逐个比较,若两个字符串中的字符完全相同,则称两个字符串相等;若不相同,则比较两个字符串直至第一个不同的字符为止,并以第一个不同的字符的大小来决定字符串的大小。例如,字符串"they">"them","98">"200"。

3. 汉字编码

随着电子计算机在国内各行各业的推广应用,对汉字信息处理的要求极为迫切。尤其在办公信息自动化、事务管理等数据处理领域,几乎都离不开对汉字信息的处理。然而,汉字信息的输入/输出和处理西文信息相比要复杂得多。如果这个问题解决得不好,势必会影响计算机的推广应用,各行各业就不可能实现现代化的管理,所以汉字信息处理技术显得十分重要。

在用计算机处理汉字时,必须先将汉字代码化,即对汉字进行编码。由于西文的基本符号比较少,编码比较容易,在一个计算机系统中,输入、内部处理、存储和输出都可以使用同一代码。而汉字种类繁多,编码比西文符号困难,在一个汉字处理系统中,输入、内部处理、存储和输出对汉字代码的要求不尽相同,所以在汉字系统中存在着多种汉字代码。一般来说,在系统内部的不同地方可根据具体环境使用不同的汉字代码,这些代码组成一个汉字代码体系。汉字在计算机系统中的处理过程可用图 2.8 来表示。

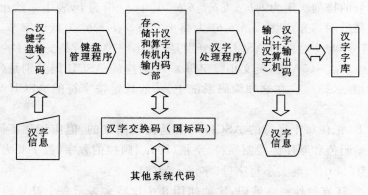

图 2.8　汉字处理过程

1) 汉字输入码

汉字输入码是为了将汉字输入计算机而编制的代码,也称为汉字的外码。它是用户利用键盘进行输入汉字的一种代码,这种代码位于人-机界面之间。

汉字输入编码方案很多,其表示形式大多用字母、数字或符号。输入码的长度也不同,多数为四个字节。一般汉字输入码可分为以下 4 类:数码,如电报码、国标码等;音码,如全拼码、简拼码、双拼码等;形码,如五笔字型等;音形码,主要有智能 ABC、搜狗输入法等。

2) 汉字交换码

汉字交换码又称国标码。《信息交换用汉字编码字符集·基本集》是我国于 1980 年制定的国家标准 GB 2312—1980,代号为国标码,是国家规定的用于汉字信息处理使用的代码的依据。

GB 2312—1980 中规定了信息交换用的 6763 个汉字和 682 个非汉字图形符号(包括几种

外文字母、数字和符号）的代码。GB 2312—1980 在使用简体中文的地区是强制使用的中文编码。

　　GB 2312—1980 标准规定每个汉字（图形符号）采用双字节表示，每个字节只用低 7 位（字节的最高位为 0）。当表示某个汉字的 2 个字节处在低数值时（0～31），系统很难判定是两个 ASCII 控制码还是一个汉字的国标码，因此，在计算机内部，汉字编码全部采用机内码表示。

　　3）汉字机内码

　　汉字的机内码是供计算机系统内部进行存储、加工处理、传输统一使用的代码，又称为汉字内码。外码的种类很多，它们需通过加载的汉字输入驱动程序将其转换成机器的内码才能保存起来，即无论采用哪种外码输入汉字，存入计算机内部都一律转换成内码。

　　ASCII 码与汉字同属一类，都是文字信息。系统很难辨别连续的 2 个字节代表的是 2 个 ASCII 字符还是 1 个汉字。为了避免 ASCII 码和国标码同时使用时产生二义性问题，大部分汉字系统一般都采用将 GB 2312—1980 国标码每个字节高位置"1"作为汉字机内码。这样既解决了汉字机内码与西文机内码之间的二义性，又使汉字机内码与国标码具有极简单的对应关系。

　　计算机处理字符数据时，当遇到最高位为 1 的字节，便可将该字节连同其后续最高位也为 1 的另一个字节看作是一个汉字机内码；当遇到最高位为 0 的字节，则可看作一个 ASCII 码西文字符，这样就实现了汉字、西文字符的共存与区分。

　　GBK 是 GB 2312—1980 的扩展，全称《汉字内码扩展规范》（GBK），英文名称 Chinese Internal Code Specification。GBK 向下与 GB 2312 编码兼容，向上支持 ISO 10646.1 国际标准，是前者向后者过渡过程中的一个承上启下的标准。ISO 10646 是国际标准化组织 ISO 公布的一个编码标准，是一个包括世界上各种语言的书面形式以及附加符号的编码体系，它与 Unicode 组织的 Unicode 编码完全兼容。GBK 也采用双字节表示，总计 23 940 个码位，共收入 21 886 个汉字和图形符号，其中汉字（包括部首和构件）21 003 个，图形符号 883 个。这是现阶段 Windows 和其他一些中文操作系统的缺省字符集，但并不是所有的国际化软件都支持该字符集。

　　2000 年 3 月 17 日，国家信息产业部和国家质量技术监督局联合颁布了 GB 18030—2000 《信息技术信息交换用汉字编码字符集基本集的扩充》。它是在原来 GB 2312—1980 编码标准和 GBK 编码标准的基础上进行扩充，在新标准中采用了单、双、四字节混合编码，收录了 27 000多个汉字和藏、蒙、维吾尔等主要的少数民族文字，总的编辑空间超过了 150 万个码位。新标准适用于图形字符信息的处理、交换、存储、传输、显示、输入和输出，并直接与 GB 2312—1980 信息处理交换码所对应的事实上的内码标准相兼容。所以，新标准与现有的绝大多数操作系统、中文平台兼容，能支持现有的各种应用系统。

　　Unicode 是国际组织制定的可以容纳世界上所有文字和符号的字符编码方案。Unicode 扩展自 ASCII 字元集，采用两个字节表示一个字符，这使得 Unicode 能够表示世界上所有的书写语言中可能用于电脑通讯的字元、象形文字和其他符号，尤其是简化了汉字的处理过程。Unicode 目前已经有 5.0 版本。世界上有一大批计算机、语言学等科学家专门研究 Unicode，到了现在 Unicode 标准已经不单是一个编码标准，还是记录人类语言文字资料的一个巨大的数据库，同时从事人类文化遗产的发掘和保护工作。随着互联网的迅速发展，进行数据交换的需求越来越大，不同的编码体系的互不兼容，越来越成为多媒体信息交换的障碍，由于多种语言共存的文档不断增多，Unicode 被越来越多的应用系统所支持，比如 Windows NT 从底层支持 Unicode。

4）汉字输出码

为了能显示和打印汉字，必须存储汉字的字形，将汉字代码与汉字字形存储的地址一一对应，以便输入代码，找到字形，输出到设备。汉字输出码即汉字字形码，又称汉字字模码，是表示汉字字形的字模数据，通常使用的字形描述方法有点阵字形和矢量字形（用曲线描述轮廓，精度高、字形可变，如 Windows 中的 TrueType）。

图 2.9　点阵方式汉字

所谓点阵方式是把汉字离散化，用一个点阵来表示。点阵的每个点位只有两种状态：有笔画（1）或无笔画（0）。每一点格是存储器中一个位（bit），如图 2.9 中"我"字的 16×16 点阵，有笔画的用 1 表示，无笔画的用 0 表示。

用点阵表示字形时，汉字字形码一般指确定汉字字形的点阵代码。它是汉字的输出形式，随着汉字字形点阵和格式的不同，汉字字形码也不同。常用的字形点阵有 16×16 点阵、24×24 点阵、48×48 点阵等。点阵越大分辨率越高，字形越美观。字形点阵的信息量是很大的，占用存储空间也很大。

一台具体的计算机的交换码可以和输入码、内部码、输出码一致，也可以不一致，这同样取决于汉字信息处理系统设计与应用的具体情况。但是，在一般情况下，一台计算机的输入码、内部码和输出码是随着计算机的不同而不同的，而交换码就必须整齐统一，才便于与其他的计算机进行信息交换。

2.3.3　图形及图像的表示

在日常生活中，人们对图形（graphics）和图像（image）的概念不作区分，但在计算机中，图形和图像是两种不同的数字化表示方法：图形是矢量图形；图像是位图图像。图形和图像在计算机中的创建、加工处理、存储和表现方式是完全不同的。这两种表示方法各有所长，在很多应用场合它们相互补充，在一定的条件下能相互转换。

1. 图像

图像是由扫描仪、摄像机等输入设备捕捉实际的画面产生的数字图像，由像素点阵构成的位图，就是将一张图分割成若干行若干列，行数为图像的高度，列数为图像的宽度，行与列的交叉构成一个个点（像素，pixel），每个像素点包含着反映画面某点明暗与颜色变化的细节等信息。

图像除了可以表达真实的相片，也可以表现复杂绘画的某些细节，具有灵活和富于创造力等特点。但在打印输出和放大时，容易发生失真。

在计算机中，每个像素的灰度或颜色信息用一组二进制数表示，这组二进制数的位数称为像素深度，也称图像深度、颜色深度（即一幅位图图像中最多能使用的颜色数）。颜色深度简单说就是最多支持多少种颜色。一般是用"位"来描述的。

颜色深度有 1 位、4 位、8 位、24 位和 32 位。如果一个图片支持 256 种颜色，就需要 8 位二进制数来表示 256 种状态，颜色深度就是 8 位。图像深度超过 1 670 万种颜色数的图像，称为 24 位或真彩色图像,即每个像素需要 24 个比特(3 个字节),它可以达到人眼分辨的极限。在 24 位图像深度的基础上增加了 256 阶颜色的灰度的图像,规定其为 32 位色,少量显卡能达到 36 位色。深度越深,反映图像的颜色总数就越大,图像色彩就越逼真。另外,若一幅图像被分割得的愈细,愈能完整地表示图像所包含的各个部分的颜色、明暗度等信息。颜色深度越大,图片占的空间越大。

图像文件一般数据量比较大,其占用数据空间计算方法为

比特数＝图像宽度×图像高度×图像深度　　　　字节数＝比特数÷8。

需要说明一点的是,在位图文件中,除描述图像中各像素的数据外,还包含有图像调色板和分辨率等辅助数据,这就是位图文件占用的存储空间比上述公式计算结果略大的缘故。

位图图像通常用于现实中的图像,其数据文件格式较多。比如照相机里面的相片一般是 JPG 格式的,全名是 JPEG,支持 24 位颜色,是与平台无关的格式,支持最高级别的压缩,不过,这种压缩是有损耗的。JPEG 不适用于所含颜色很少、具有大块颜色相近的区域或亮度差异十分明显的较简单的图片。BMP 也是使用非常广的图像文件格式,与硬件设备无关,不采用其他任何压缩。BMP 文件的图像深度可选 1 位、4 位、8 位及 24 位。由于 BMP 文件格式是 Windows 环境中交换与图有关的数据的一种标准,因此在 Windows 环境中运行的图形图像软件都支持 BMP 图像格式。由 CompuServe 开发的 GIF 格式是一种在网络上非常流行的图像文件格式,是一种压缩位图格式,支持透明背景图像,适用于多种操作系统,"体型"很小,网上很多小动画都是 GIF 格式,但 GIF 只能显示 256 色。网络通信中因受带宽制约,在保证图片清晰、逼真的前提下,网页中不可能大范围的使用文件较大的 BMP,JPG 格式文件,GIF 格式文件虽然文件较小,但其颜色失色严重,不尽人意,一种新兴的网络图像格式 PNG 格式图片因其高保真性、透明性及文件体积较小等特性,被广泛应用于网页设计、平面设计中,能精确的压缩 24 位或是 32 位的彩色图像,是目前保证最不失真的格式。

计算机中的数字化图像,可利用工具软件如 Microsoft Paint(画图),PC Paintbrush, Adobe Photoshop 或 Micrografx Picture Publisher 等位图软件(或绘画软件)来创作生成,也可通过硬件设备如图像扫描仪、摄像机、数码照相机等采集产生。不同格式的图像文件可以利用软件工具来相互转换,比如可以用 Photoshop 将 JPG 格式文件转换成其他格式的图像文件。

2. 图形

图形是一种抽象化的图像,是对图像依据某个标准进行分析而得到的结果,它不直接描述数据的每一点,而是描述产生这些点的过程及方法。因此,称之为矢量图形,更一般地称之为图形。

矢量图形是以一种指令的形式存在的,这些指令描述一幅图中所包含的直线、圆、弧线、矩形的大小和形状,也可以用更为复杂的形式表示曲面、光照、材质等效果。在计算机上显示一幅图时,首先要解释这些指令,然后将它们转变成屏幕上显示的形状和颜色。由于大多数情况下不用对图上的每一个点进行量化保存,所以需要的存储量很小,但这是以计算机显示过程中还原图像的运算时间为代价的。图形具有以下特性:图形是对图像进行抽象的结果;图形的矢量化使得有可能对图中的各个部分分别进行控制;图形的产生需要时间。

目前图形生成方法绝大多数采用交互式(interactive),操作人员使用交互设备控制和操作模型的建立以及图形的生成过程,模型及其图形可以边生成、边形成、边修改,直到产生了符合

要求的模型和图形。

　　绘制矢量图的软件有二维(2D)和三维(3D)两种。在微机平台上制作二维图形较常见的软件有 CorelDraw 等。制作三维图形常见的软件有 3D MAX,AutoCAD 等,这些软件多被应用在工程和建筑设计上。

　　AutoCAD 中的图形文件有 DIF 文件格式,它以 ASCII 方式存储图形,表现图形在尺寸大小方面十分精确,可以被 CorelDraw,3DS 等大型软件调用编辑。DXF 格式也是 AutoCAD 中的矢量文件格式,同样它也是以 ASCII 码方式存储文件,在表现图形的大小方面十分精确。CDR 文件格式是所有 CorelDraw 应用程序均能使用的图形文件。SVG 格式文件可以算是目前最热门的图像文件格式,SVG 是基于 XML 的,能制作出空前强大的动态交互图像。支持 SVG 的手机,允许用户查看高质量的矢量图形及动画,同时,由于 SVG 采用文本传输,尺寸也会非常小,速度将会更快。目前,市面上多款品牌智能手机均提供此服务。

3. 图形与图像的关系

　　图形与图像是两个不同的概念,应注意加以区别。但有时,我们又把两者统称为图形或图像。

　　图形是矢量的概念。它的基本元素是图元,也就是图形指令;而图像是位图的概念,它的基本元素是像素。图像显示更逼真些,而图形则更加抽象,仅有线、点、面等元素。图形的显示过程是依照图元的顺序进行的;而图像的显示过程是按照位图中所安排的像素顺序进行的,与图像内容无关。图形可以进行变换且无失真;而图像变换则会发生失真。例如当图像放大时边界会产生阶梯效应,即通常说的"锯齿"。图形能以图元为单位单独进行属性修改、编辑等操作;而图像则不行,因为在图像中并没有关于图像内容的独立单位,只能对像素或图像块进行处理。

　　图形实际上是对图像的抽象。在处理与存储时均按图形的特定格式进行,一旦上了屏幕,它就与图像没有什么两样了。在抽象过程中,会丢失一些原型图像信息。换句话说,图形是更加抽象的图像。

　　总之,图形和图像各有优势,用途各不相同,两者相辅相成,谁也不能取代谁。

2.3.4 声音的表示

　　计算机可以记录、存储和播放声音,如发音、音乐等。音频(audio)有时也泛称声音,除语音、音乐外还包括各种音响效果。数字化后,计算机中保存声音文件的格式有多种,常用的有两种:波形音频文件和数字音频文件。

1. 波形音频

　　波形音频文件是真实声音数字化后的数据文件。存储在计算机上波形音频文件有许多种类。目前较流行的音频文件有 WAV,MP3,WMA,MID 等。

　　WAV 为微软公司开发的一种声音文件格式,是录音时用的标准的 Windows 文件格式,具有很高的音质。

　　MP3(MPEG audio layer 3),是当今较流行的一种数字音频编码和有损压缩格式,它设计用来大幅度地降低音频数据量,而对于大多数用户来说重放的音质与最初的不压缩音频相比没有明显的下降。和 WAV 格式相比，它将音乐以 1:10 甚至 1:12 的压缩率，压缩成容量较小的文件，换句话说，能够在音质丢失很小的情况下把文件压缩到更小的程度，而且还非常好的保持了原来的音质。正是因为 MP3 体积小、音质高的特点使得 MP3 格式几乎成为网上音乐的代名词。每分钟音乐的 MP3 格式只有 1 MB 左右大小，这样每首歌的大小只有 3-4 兆字节。使用 MP3 播放器对 MP3 文件进行实时的解压缩（解码），这样，高品质的 MP3 音乐就播放出来了。

WMA（Windows media audio），它是微软公司推出的与 MP3 格式齐名的一种新的音频格式。由于 WMA 在压缩比和音质方面都超过了 MP3，更是远胜于 RA（Real audio），即使在较低的采样频率下也能产生较好的音质。现在几乎绝大多数在线音频试听网站都使用的是 WMA 格式，WMA 解码比起 MP3 较为复杂，因此许多山寨手机及有名的低端品牌手机都不支持 WMA 音频格式。

要记录和播放波形文件，需要使用音乐软件，比如 Windows 的录音机应用程序、MediaPlayer、千千静听等。

此外，不同的音频格式之间也可以相互转化，比如用千千静听就可以将 MP3 格式的文件转换为 WAV 格式。

2. MIDI 音乐

MIDI（musical instrument digital interface）乐器数字接口，是 20 世纪 80 年代初为解决电声乐器之间的通信问题而提出的。MIDI 传输的不是声音信号，而是音符、控制参数等指令，它指示 MIDI 设备要做什么，怎么做，如演奏哪个音符、多大音量等。MIDI 是一种电子乐器之间以及电子乐器与电脑之间的统一交流协议。很多流行的游戏、娱乐软件中都有不少以 MID，RMI 为扩展名的 MIDI 格式音乐文件。

MIDI 文件是一种描述性的"音乐语言"，它将所要演奏的乐曲信息用字节进行描述。譬如在某一时刻，使用什么乐器，以什么音符开始，以什么音调结束，加以什么伴奏等，也就是说 MIDI 文件本身并不包含波形数据，所以 MIDI 文件非常小巧。MIDI 声音尚不能做到在音质上与真正的乐器完全相似，在质量上还需要进一步提高。MIDI 也无法模拟出自然界中其他非乐曲类声音，MIDI 所适应的范围只是电声乐曲或模拟其他乐器的乐曲。

MIDI 目前在专业音乐范围内得到了广泛的应用，比如电视晚会的音乐编导可以用 MIDI 功能辅助音乐创作，或按 MIDI 标准生成音乐数据传播媒介，或直接进行乐曲演奏；如果在计算机上装备了高级的 MIDI 软件库，可将音乐的创作、乐谱的打印、节目编排、音乐的调整、音响的幅度、节奏的速度、各声部之间的协调、混响由 MIDI 来控制完成。

2.3.5 数字动画及数字视频的表示

动态图像是由多幅连续的、顺序的图像序列构成，序列中的每幅图像称为一"帧"。如果每一帧图像是由人工或计算机生成的图形时，该动态图像就称为动画；若每帧图像为计算机产生的具有真实感的图像，则称为三维真实感动画，二者统称动画；若每帧图像为实时获取的自然景物图像时，就称为动态影像视频，简称动态视频或视频（video）。现在，包括模式识别在内的先进技术允许把捕捉的视频和动画结合在一起，形成了混合运动图像。动态图像演示常常与声音媒体配合进行，二者的共同基础是时间连续性。

1. 数字动画

计算机动画的原理和传统动画是基本相同的,但采用了数字化的技术,计算机处理后的动画,它的运动效果、画面色调、纹理、光影效果等可以不断地改变,最终输出多种样式。根据运动的控制方式,可以将动画分为实时动画和逐帧动画。从视觉空间来分,计算机动画可以分为二维动画和三维动画。

实时动画也称为算法动画,它是采用各种算法来实现运动物体的运动控制。在实时动画中,计算机对输入的数据进行快速地处理,在人眼察觉不到的时间间隔里在屏幕上输出播放。人们见得比较多的实时动画是电玩游戏中的动画,在操作游戏时,人与机的交互完全是实时快速的。实时动画对硬件的要求很高,一般与动画的质量、运动的复杂度有关。大型的 3D 游戏,如现在流行的网络游戏对于计算机的显卡和内存容量要求很高。

逐帧动画是由多帧内容不同而又相互联系的画面连续播放而形成的视觉效果。例如,Flash 中实现的动画,文件扩展名为 swf(shockwave format)。SWF 格式的动画图像能够用比较小的体积来表现丰富的多媒体形式。在图像的传输方面,不必等到文件全部下载才能观看,而是可以边下载边看,因此特别适合网络传输,特别是在传输速率不佳的情况下,也能取得较好的效果。SWF 如今已被大量应用于 Web 网页进行多媒体演示与交互性设计。此外,SWF 动画是基于矢量技术制作的,因此不管将画面放大多少倍,画面不会因此而有任何损害。SWF 格式作品以其高清晰度的画质和小巧的体积,受到了越来越多网页设计者的青睐,也越来越成为网页动画和网页图片设计制作的主流,目前已成为网上动画的事实标准。

二维画面是平面上的画面。无论画面的立体感有多强,终究只是在二维空间上模拟真实的三维空间效果。二维动画是对手工传统动画的一个改进。就是可将事先手工制作的原动画逐帧输入计算机,由计算机帮助完成绘线上色的工作,并且由计算机控制完成记录工作。目前,二维动画制作软件比较经典的有 Ulead 公司的 GIF Animator 软件和 Adobe 公司的 Photoshop 和 Flash 软件。

三维动画又称 3D 动画,是近年来随着计算机软硬件技术的发展而产生的一种新兴技术。三维动画软件在计算机中首先建立一个虚拟的世界,设计师在这个虚拟的三维世界中按照要表现的对象的形状尺寸建立模型以及场景,再根据要求设定模型的运动轨迹、虚拟摄影机的运动和其他动画参数,最后按要求为模型赋上特定的材质,并打上灯光。当这一切完成后就可以让计算机自动运算,生成最后的画面。三维动画技术模拟真实物体的方式使其成为一个有用的工具。由于其精确性、真实性和无限的可操作性,目前被广泛应用于医学、教育、军事、娱乐等诸多领域。在影视广告制作方面,这项新技术能够给人耳目一新的感觉,因此受到了众多客户的欢迎。常用的三维动画使用软件有 AutoCAD,3D Studio MAX,Maya 等。

2. 数字视频

数字视频就是先用摄像机之类的视频捕捉设备,将外界影像的颜色和亮度信息转变为电信号,再记录到储存介质,如录像带、DVD 光盘。目前,视频格式可以分为适合本地播放的本地影像视频和适合在网络中播放的网络流媒体影像视频两大类。尽管后者在播放的稳定性和播放画面质量上可能没有前者优秀,但网络流媒体影像视频的广泛传播性使之正被广泛应用于视频点播、网络演示、远程教育、网络视频广告等互联网信息服务领域。

1）本地影像视频

生活中接触较多的 VCD、多媒体 CD 光盘中的动画等都是影像文件。影像文件不仅包含了大量图像信息，同时还容纳大量音频信息。所以，影像文件的尺寸较大，动辄就是几 MB 甚至几十 MB。

我们经常用到的 VCD 光盘中用于播放的文件格式是 MPEG/MPG/DAT 格式，扩展名为 dat。MPEG（Moving Pictures Experts Group 动态图像专家组）是运动图像压缩算法的国际标准，现已被几乎所有的计算机平台共同支持。MP3 音频文件也是 MPEG 音频的一个典型应用。

另外，我们在一些游戏、教育软件的片头、多媒体光盘中，也可以经常看见扩展名为 avi 的视频文件，AVI（audio video interleaved，音频视频交错）格式是由 Microsoft 公司开发的一种数字音频与视频文件格式，允许视频和音频交错在一起同步播放。

2）流式视频

随着 Internet 的快速发展，很多视频数据要求通过网络来进行实时传输，但由于视频文件的体积往往比较大，而现有的网络带宽却往往比较"狭窄"。客观因素限制了视频数据的实时传输和实时播放，于是一种新型的流式视频（streaming video）格式应运而生了。这种流式视频采用一种"边传边播"的方法，避免了用户必须等待整个文件从 Internet 上全部下载完毕才能观看的缺点。

Real Networks 公司开发的 RM（Real media）流媒体视频文件格式一开始就定位在视频流应用方面，可以说是视频流技术的始创者。由 Microsoft 公司推出的 ASF（advanced streaming format）格式，也是一个在 Internet 上实时传播多媒体的技术标准。RM 和 ASF 格式可以说各有千秋，通常 RM 视频更柔和一些，而 ASF 视频则相对清晰一些。目前被包括 Apple Mac OS，Microsoft Windows 95/98/NT/2003/XP/VISTA，甚至 Windows 7 在内的所有主流电脑平台支持的音频、视频文件格式是由 Apple 公司开发的 MOV（QuickTime）格式，用于存储常用数字媒体类型。当选择 QuickTime 作为"保存类型"时，动画也可保存为.mov 文件。QuickTime 能够通过 Internet 提供实时的数字化信息流、工作流与文件回放功能。利用 QuickTime player 就可以进行 MOV 视频制作。

不同的场合我们需要不同的文件格式，可以利用一些工具进行转换。比如可以利用超级解霸将 VCD 转化为 AVI 文件，再用 Real Producer 将标准的 AVI 文件转化为 RM 文件。

2.4　多媒体技术

多媒体技术（multimedia technology）是利用计算机对文本、图形、图像、声音、动画、视频等多种信息综合处理、建立逻辑关系和人机交互作用的技术。真正的多媒体技术所涉及的对象是计算机技术的产物，而其他的单纯事物，如电影、电视、音响等，均不属于多媒体技术的范畴。

2.4.1　多媒体技术概述

媒体（medium）在计算机行业里有两种含义：其一是指传播信息的载体，如语言、文字、图像、视频、音频等；其二是指存储信息的载体，如 ROM，RAM，磁带，磁盘，光盘等，目前，主要的载体有 CD-ROM，VCD 和网页等。多媒体是近年出现的新生事物，正在飞速发展和完善之中。

我们所提到多媒体技术中的媒体主要是指前者，就是利用电脑把文字、图形、影像、动画、声音及视频等媒体信息都数字化，并将其整合在一定的交互式界面上，使电脑具有交互展示不同媒体形态的能力。它极大地改变了人们获取信息的传统方法，符合人们在信息时代的阅读方式。

多媒体技术的发展改变了计算机的使用领域，使计算机由办公室、实验室中的专用品变成了信息社会的普通工具，广泛应用于工业生产管理、学校教育、公共信息咨询、商业广告、军事指挥与训练，甚至家庭生活与娱乐等领域。

1. 多媒体技术的基本特征

多媒体是融合两种以上媒体的人-机交互式信息交流和传播媒体，具有多样性、集成性、交互性、实时性、数字化的特点。

总之，多媒体技术是一门基于计算机技术的，包括数字信号的处理技术、音频和视频技术、多媒体计算机系统（硬件和软件）技术、多媒体通信技术、图像压缩技术、人工智能和模式识别等的综合技术，是一门处于发展过程中且备受关注的高新技术。

2. 多媒体技术的应用

伴随着半导体制造技术、计算机技术、网络技术、通信技术等各相关产业的发展，多媒体技术也不断进步和发展，其应用领域已十分广泛，涉及教育与训练、商业与咨询、多媒体电子出版物、游戏与娱乐、广播电视、通信领域、虚拟现实等方面。它不仅覆盖了计算机的绝大部分应用领域，同时还开拓了许多新的应用领域。

目前，多媒体技术正向着高分辨化、高速度化、操作简单化、高维化、智能化和标准化的方向发展，它将集娱乐、教学、通信、商务等功能于一身，对它的应用几乎渗透到社会生活的各个领域，从而标志着人类视听一体化的理想生活方式即将到来。

3. 多媒体计算机系统组成

多媒体计算机是指能对多媒体信息进行获取、编辑、存取、处理、加工和输出的一种交互式的计算机系统。多媒体计算机系统一般由多媒体硬件系统、多媒体操作系统、媒体处理系统工具和用户应用软件组成。

（1）多媒体硬件系统包括计算机硬件、声音/视频处理器、多种媒体输入/输出设备及信号转换装置、通信传输设备及接口装置等。其中，最重要的是根据多媒体技术标准而研制生成的多媒体信息处理芯片和板卡、光盘驱动器等。

（2）多媒体操作系统又称为多媒体核心系统（multimedia kernel system），具有实时任务调度、多媒体数据转换和同步控制对多媒体设备的驱动和控制，以及图形用户界面管理等。

（3）媒体处理系统工具，或称为多媒体系统开发工具软件，是多媒体系统重要组成部分。

（4）用户应用软件。根据多媒体系统终端用户要求而定制的应用软件或面向某一领域的用户应用软件系统，它是面向大规模用户的系统产品。

2.4.2　流媒体

流媒体(stream media)是指采用流式传输方式在网络上传输的多媒体文件。流式传输方式是将音频、视频和 3D 等多媒体文件经特殊压缩分成若干个压缩包,放在网站服务器上,让用户一边下载一边观看、收听,而不需要等整个压缩文件下载到自己机器后才可以观看的网络传输技术。

该技术先在用户端的电脑上创造一个缓冲区,播放前预先下载一段资料作为缓冲,当网络实际连线速度小于播放所耗用资料的速度时,播放程序就会取用这一小段缓冲区内的资料,避免播放的中断,也使得播放品质得以维持。流媒体的播放方式不同于网上下载,网上下载需要将音视频文件下载到本地机再播放,而流媒体可以实现边接收、边解压、边播放、边下载、边观看,这就是流媒体的特点所在。

1. 流媒体文件格式

目前利用流媒体技术在网络上可以以流式方式播放标准媒体文件,如 mp3,wav,mpg,mov,aif,avi 等格式文件,但其播放效率和播放质量不高。因此,通常将标准媒体文件格式转换为流式文件格式,使其适合在网络上边下载、边播放。目前常用的流媒体文件格式有 asf,rm,ra,swf 等。

2. 流式传输

流媒体实现的关键技术就是流式传输。流式传输定义很广泛,现在主要指通过网络传送媒体(如视频、音频)的技术总称。其特定含义为通过 Internet 将影视节目传送到 PC 机。实现流式传输有实时流式传输(real time streaming)和顺序流式传输(progressive streaming)两种方法。一般说来,如视频为实时广播,或使用流式传输媒体服务器,或应用如 RTSP 的实时协议,即为实时流式传输,如使用 HTTP 服务器,文件即通过顺序流发送。采用哪种传输方法依赖于用户需求。当然,流式文件也支持在播放前完全下载到硬盘。

互联网的迅猛发展和普及为流媒体业务发展提供了强大市场动力,流媒体业务正变得日益流行。流媒体技术广泛用于多媒体新闻发布、在线直播、网络广告、电子商务、视频点播、远程教育、远程医疗、网络电台、实时视频会议等互联网信息服务的方方面面。

目前流行的流媒体主流平台有 Real 公司开发的 Real Networks、微软公司开发的 Windows Media、苹果公司开发的 QuickTime。

2.4.3　数据压缩技术

尽管可以使用有效的编码方案来表示字符、图像和声音,但是包含这些数据的文件十分巨大。一秒钟的视频需要 9 M 空间,一幅全屏的位图需要 307 200 个字节,45 分钟的波形声音文件可能需要 475 M 空间。大文件需要大量的存储空间,容易形成磁盘碎片,从而降低计算机硬盘的利用率,并且需要很长的传输时间。如果可以减少文件的大小而不丢失数据,就可以避免这些问题。数据压缩就是对数据重新进行编码,以减少所需存储空间。数据压缩是可逆的,因此数据可以恢复成原状。数据压缩的逆过程有时也称为解压缩、展开等。

当数据压缩之后,文件的大小变小了。压缩的数量称为压缩比。例如,压缩比为 20∶1 表示压缩后的文件是原始文件 1/20。数据压缩技术可以用到文字、图像、声音和视频数据。有些压缩技术需要特殊的计算机硬件,而另一些技术则完全由软件实现。常用的有磁盘压缩和文件压缩两种数据压缩技术。

1. 磁盘压缩

磁盘压缩是把文件压缩后放到特定的硬盘卷上。硬盘卷是一个有唯一名字的磁盘或区域,作为一个分离的磁盘。磁盘压缩会创建一个压缩卷来包含重新编码过的数据,以便使存储空间的使用更为有效。当你想使用磁盘压缩卷上的文件,计算机会自动把文件展开到原始大小。当你将一个文件存储到压缩卷上时,计算机会自动进行压缩。

要压缩一个磁盘,必须使用磁盘压缩实用程序。流行的磁盘压缩实用程序包括 FreeSpace 等压缩工具;各种版本的 Windows 操作系统也包括了磁盘压缩实用程序,如 Windows 2000 中的 drvspace.exe。

不过,对于现在的大容量硬盘来说,正常情况下硬盘空间已经足够使用,压缩软件的作用似乎不大。

2. 文件压缩

文件压缩是把一个或多个文件压缩成一个单独的较小文件。和磁盘压缩创建压缩卷不同,文件压缩创建一个压缩文件。WinZIP 和 WinRAR 是压缩和解压缩方面两个流行的共享软件。压缩文件的优点在于可以有选择地进行压缩,并把它们放到一个移动存储设备中,或上载、或用电子邮件发出等。

文件压缩的一个变通方法是自展开可执行文件,它包含有压缩后的数据和展开它需要用到的软件,这些文件以 exe 为扩展名。运行一个自展开可执行文件时,会自动展开它所包含的数据,这能节省你寻找压缩软件、定位要展开的文件和运行展开文件功能的时间。使用文件压缩工具,有些文件的压缩比较高。然而,对于那些本来就使用压缩编码方法形成的文件,很难进行再压缩。

(1) 文本文件压缩。一般在文本文件中包含有许多重复的单词和空格,利用单词的重复性,压缩软件可以把文本文件压缩到原始大小的 1/2 以下。

(2) 图形、图像文件压缩。图像数据的表示中存在着大量的冗余。如果把那些图像数据中存在的冗余数据去除,那么就可以使原始图像数据极大地减少,从而解决图像数据量巨大的问题。随着图像处理应用的日益发展,各种图像压缩的软硬件产品已很普遍。在基本不影响图像质量的前提下,压缩比达到 10∶1 到 50∶1 已属平常。为了使不同厂商的产品具有兼容性,各公司都非常重视建立通用的图像压缩标准,常用的压缩编码标准有 JPEG 标准、JPEG 2000 标准等。

(3) 视频文件压缩。常用的为 MPEG 标准,包括 MPEG 视频、MPEG 音频和 MPEG 系统(视频、音频同步)三个部分,MP3 音频文件就是 MPEG 音频的一个典型应用,而 Video CD (VCD),Super VCD(SVCD),DVD(digital versatile disk)则是全面采用 MPEG 技术所产生出来的新型消费类电子产品。目前,MPEG 标准主要有 MPEG-1,MPEG-2,MPEG-4,MPEG-7 及 MPEG-21 等。比如 MP3 是 MPEG-1 Layer 3 的音频数据压缩技术;MP4 使用的是 MPEG-2 AAC(advanced audio coding)技术。

习　题　2

一、选择题

1. 两个二进制数 01010100 与 10010011 之和为（　　　）。
   A. 00010000　　　　　B. 11010111　　　　　C. 11100111　　　　　D. 11000111

2. 下列各种数制的数中,最大的数是（　　　）。
   A. $(1001011)_2$　　　B. $(75)_{10}$　　　　　C. $(72)_8$　　　　　D. $(4F)_{16}$

3. 十进制数 215 转换成二进制数是（　1　）,转换成八进制数是（　2　）,转换成十六进制数是（　3　）。
   (1) A. 11101011　　　B. 11101010　　　　C. 10100001　　　　D. 11010111B
   (2) A. 327　　　　　　B. 268. 75　　　　　C. 252　　　　　　D. 326
   (3) A. 137　　　　　　B. C6　　　　　　　C. D7　　　　　　　D. EA

4. 将二进制数 1100100 转换成十进制数是（　1　）,转换成八进制数是（　2　）,转换成十六进制数是（　3　）。
   (1) A. 101　　　　　　B. 100　　　　　　　C. 110　　　　　　　D. 99
   (2) A. 123　　　　　　B. 144　　　　　　　C. 80　　　　　　　D. 800
   (3) A. 64　　　　　　B. 63　　　　　　　　C. 100　　　　　　　D. A2

5. 十进制数 0.7109375 所对应的二进制数是（　　　）。
   A. 0. 1011001　　　　B. 0. 0100111　　　　C. 0. 1011011　　　　D. 0. 1010011

6. 将二进制数 101111101.0101 转换成八进制数是（　　　）。
   A. 155. 11　　　　　B. 555. 21　　　　　C. 575. 24　　　　　D. 155. 21

7. 计算机西文字符常用（　　　）编码方式。
   A. ASCII　　　　　　B. HTML　　　　　　C. 二进制　　　　　D. BCD

8. 以下属于图像文件的格式是（　　　）。
   A. MIDI　　　　　　B. WAVE　　　　　　C. BMP　　　　　　D. MP2/MP3

二、填空题

1. _____编码使用 7 位来表示 128 个符号,包括大写字母、小写字母、数字、控制代码和标点符号。

2. 两位二进制可表示_____种不同的状态。

3. 无论是西文字符还是中文字符,在机内一律用_____编码来表示。

4. 用较小的字节模式来替换字符序列重复出现来压缩文本文件的技术称为_____。

5. 完成下列数制转换
   $(110111101)_2 = ($_____$)_8 = ($_____$)_{16}$
   $(4A0B)_{16} = ($_____$)_2 = ($_____$)_8$
   $(1000110. 00101)_2 = ($_____$)_8 = ($_____$)_{16}$
   $(372. 25)_{10} = ($_____$)_2 = ($_____$)_{16}$
   $(3052. 421)_8 = ($_____$)_2 = ($_____$)_{16}$

三、判断题

1. 所有的十进制小数都能完全准确地转换成有限位二进制小数。　　　　　　（　　）
2. "a">"A"　　　　　　　　　　　　　　　　　　　　　　　　　　　　　（　　）
3. "THEY">"TWO"　　　　　　　　　　　　　　　　　　　　　　　　　（　　）
4. bmp,wmf,dxf 和 tif 是位图文件的扩展名。　　　　　　　　　　　　　　（　　）
5. 用 WAV 格式来存储 10 分钟的音乐需要的空间比用 MIDI 格式存储的 10 分钟的音乐更大。　　　　　　　　　　　　　　　　　　　　　　　　　　　　　　　　　　　　　　（　　）
6. 在相同的条件下,位图所占的空间比矢量小。　　　　　　　　　　　　　（　　）
7. 位图可以用画图程序获得、用荧光屏上直接抓取、用扫描仪或视频图像抓取设备从照片抓取、购买现成的图片库。　　　　　　　　　　　　　　　　　　　　　　　　　　　（　　）

四、简答题

1. 在中、西文兼容的计算机中,计算机怎样区别西文字符与汉字字符?
2. 单色图形(两种颜色)下,每个像素用一个比特来表示,16 色彩色显示时,每个像素需要 4 个比特来表示。对于四种颜色的图形,每个像素需要多少个比特呢?
3. 描述位图图形和矢量图形的区别。
4. 写出下列各数的原码、反码、补码(设机器的字长为 8 bit):
$$76 \qquad -43 \qquad 126 \qquad -27$$

第3章　微型计算机系统的组成

一个完整的微型计算机系统是由硬件系统和软件系统两大部分构成的。

3.1　微型计算机硬件系统

由于绝大多数个人使用的计算机都是微型计算机，所以微型计算机往往也称为个人计算机（personal computer，PC），或称为个人电脑。微型计算机硬件系统的组成，如图 3.1 所示。

在微型计算机中，运算器、控制器合称为 CPU 即中央处理单元，而且 CPU 集成在一个芯片上，也称为微处理器（microprocessor，MP）；微处理器里，数据是存放在寄存器（register）中的。

存储器分为主存储器（main memory）和辅助存储器（secondary storage 或 auxiliary memory）。主存储器也称为内部存储器，简称内存或主存；辅助存储器也称为外部存储器，简称外存或辅存。

输入设备和输出设备以及辅助存储器合称为外部设备（peripheral），简称外设。

主存储器的速度与微处理器的速度是匹配的，所以可以直接与微处理器相连；而由于外部设备速度相对慢很多、信号形式多样性以及电压值变化等原因，外设要通过 I/O（输入/输出）接口（interface）与微处理器相连。

上述部件通过总线（bus）连接在一起。总线是计算机各种功能部件之间传送信息的公共通信干线，它是由导线组成的传输线束。在图 3.1 中，地址总线（address bus）传送地址信号，数据总线（data bus）传送数据，而控制总线（control bus）传送各种控制信号。

图 3.1 是一个原理框图，在目前的面向个人的微型计算机系统工业产品中，图 3.1 的具体实现如图 3.2 所示。

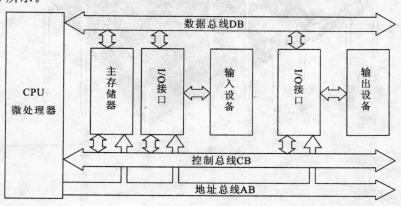

图 3.1　微型计算机硬件系统的组成

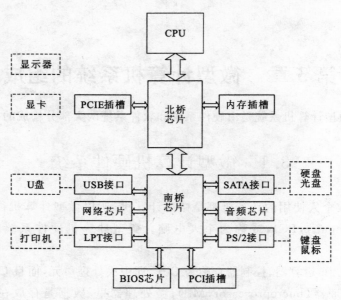

图 3.2　个人计算机硬件结构框图

3.1.1　主板

在个人计算机商品中,图 3.2 中的实线部分通常是做在一块印刷电路板(PCB)上的,这块印刷电路板就称为主板(mainboard 或 motherboard),图 3.3 是一块主板实物照片。

目前世界上最大的主板生产厂家是中国台湾的华硕、技嘉和微星公司。

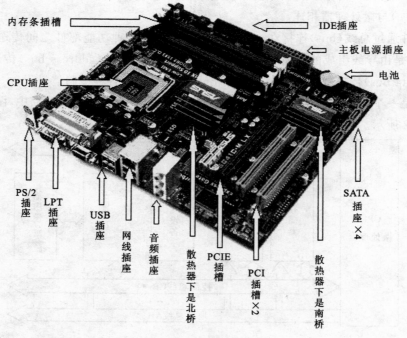

图 3.3　主板

3.1.2　CPU

CPU(central processing unit)是微型计算机系统的大脑,也称为微处理器,如图 3.4 所示。

图 3.4　微处理器

CPU 中实际读取指令和执行指令的那部分电路称为 CPU 的核(core)。将两个或两个以上的 CPU 核集成在一片半导体芯片上就形成了一片多核 CPU。传统的 CPU 都是单核的,如 Intel 的 Pentium。可以简单地说,多核 CPU 就是在一个芯片上集成了多个单核 CPU,如 Intel 的 Core i7 就是 4 核 CPU。多核是 CPU 的发展趋势。

衡量 CPU 性能的主要指标如下:

(1) 结构,一般来讲多核 CPU 的性能比单核 CPU 的要强。

(2) 字长,即 CPU 一次可以处理的二进制数的位数。

(3) 主频,即 CPU 的工作频率,主频越高,CPU 的速度就越快。第一批 IBM PC 所用的 CPU 是 Intel 的 8088,其主频为 4.77 MHz,而现在的 CPU 的主频可达到 4 GHz 以上。

目前大部分个人计算机中使用的 CPU 都是美国 Intel 公司和 AMD 公司生产的。中国国产的 CPU 是龙芯系列。智能手机也是微型计算机系统,目前主流智能手机中使用的 CPU 都是由美国 ARM 公司的微处理器发展出来的。

3.1.3　芯片组

个人计算机中,CPU 与其他部件的联系是通过两个芯片进行的,这两个芯片的作用就像桥梁,其中一个芯片位于原理图(图 3.2)的上部(北面)而称为北桥(north bridge);而另一个芯片位于图的下部(南面)而称为南桥(south bridge)。北桥南桥合称芯片组(chipset)。一般来说,芯片组的名称就是以北桥芯片的名称来命名的,例如英特尔 P35 芯片组的北桥芯片是 P35,如图 3.5 所示。

图 3.5　北桥和南桥芯片

在图 3.3 中的主板中,由于北桥南桥发热大,在芯片上装了散热器。

同一 CPU 可以搭配不同芯片组,由此构成的计算机性能和价格可以差异很大。

有些 CPU 和北桥封装在一起,所以有些主板上只看得到南桥芯片。

3.1.4　总线与接口

总线和接口中数据传送的方式有两种:并行(parallel)——在某一时刻可以同时传送多位二进制数据;串行(serial)——在某一时刻只能传送一位二进制数据。

个人计算机中总线和接口的种类繁多,普通用户目前主要了解以下几个:

(1) PCI(peripheral component interconnect)总线。它用来连接一些扩展卡,如声卡、硬盘还原卡等。

(2) PCIE(PCI express)总线。它主要用来连接显卡。

(3) IDE(integrated drive electronics)接口,也称为 PATA(parallel advanced technology attachment)接口。它用于连接硬盘、光盘驱动器等,目前正趋于淘汰。

(4) SATA(serial advanced technology attachment)接口。它用于连接硬盘、光盘驱动器等,比 IDE 接口的速度快得多,正在取代 IDE。目前,SATA 有 SATA 1.0,SATA 2.0,SATA 3.0 三种规格,数值越大,传输数据的速度越快。

(5) USB(universal serial bus)接口。它用于连接 U 盘、移动硬盘、数码相机等移动设备。USB 目前有 USB 1.1,USB 2.0,USB 3.0 三种规格,数值越大,传输数据的速度越快。

(6) IEEE1394 接口,又名火线(firewire)接口。它是苹果 PC 的标准配置,用于连接移动设备。

(7) PS/2 接口。它在传统的 IBM 系列个人计算机中用于连接鼠标、键盘。现在的鼠标、键盘也可通过 USB 接口连接。

(8) LPT 接口。它在传统的 IBM 系列个人计算机中用于连接打印机。现在的打印机也可通过 USB 接口连接。

3.1.5　GPU 和显卡

GPU(graphics processing unit)是专用的图形图像处理器,相当于 PC 中的第二 CPU。传统的 CPU 具有一定的图形处理功能,但性能比较差;现在的 PC 中,用显卡(video card 或 display adapter 或 graphics card)来实现强大的图形图像处理功能,GPU 就是显卡的大脑,如图 3.6 所示。

目前大部分个人计算机中使用的 GPU 都是美国 Nvidia 和 AMD 公司(Ati 公司)生产的。

图 3.6　GPU 和独立显卡

1. 显卡的一般工作过程

显示数据离开 CPU 后,一般通过 4 个步骤才会到达显示屏:

(1) 从总线进入 GPU 进行处理;

(2) 从 GPU 进入显存(video RAM);

(3) 从显存进入 DAC(digital analog converter)将数字信号转换成模拟信号;

(4) 从 DAC 进入显示器,完成数据的显示。

2. 显卡与显示器连接的接口

(1) VGA(video graphics array)接口,也叫 D-Sub 接口,传送模拟图像数据。

(2) DVI(digital visual interface),即数字视频接口,可直接传送数字图像数据,效果比 VGA 好。

(3) HDMI(high definition multimedia interface)接口,可以同时传输数字图像和音频信号。

3. 集成显卡

GPU 放在主板上,通常是与北桥封装在一起(如 Intel 的 82G965)或者与 CPU 封装在一起(如 Intel Core i3)。这种主板上的显示电路部分就称为集成显卡。受半导体工艺的限制,集成显卡的 GPU 性能比较差,很难胜任三维动画、大型游戏这一类的任务。

4. 独立显卡

将 GPU、显示存储器及相关控制电路制作在一块独立的印刷电路板上(图 3.6),再插入主板的相应插槽中,这就是独立显卡。一般来讲,独立显卡上 GPU 的性能比集成显卡的性能强很多。

5. 多显卡并联

如果一个独立显卡还不能完成图像处理任务,可以将两块或两块以上的显卡并联使用。Nvidia 公司的并联技术称为 SLI,而 AMD 公司的并联技术称为 Crossfire。

3.1.6　内存

内存(main memory)是由半导体器件构成的存储器,它读写数据的速度很快(纳秒级),与 CPU 的速度基本匹配,因此,正在运行的程序总是放在内存中。

内存芯片里有很多存放二进制数的存储单元,如果说内存是一家旅馆,那么存储单元就是旅馆的房间。与旅馆的房间类似,内存的每一个存储单元都有独立的门牌号码——地址。当 CPU 要写入数据到内存的某一存储单元,或从该单元读出数据时,它先要通过地址总线产生该单元的地址,再通过控制总线开门,然后才能写入或读出数据。一般地,内存的一个存储单元存放 8 位二进制数,也就是说内存的容量为 512 M 时,意味着该内存有 512 M 个存储单元,即它可存放 512 MB 或 512 M×8=4 096 Mb 的二进制数。

内存总体上可分为随机存取存储器(random access memory,RAM)和只读存储器(read only memory,ROM)两大类。内存储器的工业产品是集成电路芯片。在 PC 中,作为内存的 ROM 芯片一般只有一片,用于存放 BIOS;其他绝大部分程序和数据都是放在 RAM 中的,所以通常我们说的"内存"指的是 RAM。多片 RAM 芯片被焊在一个长条形的印刷电路板上构成内存条(如图 3.7 所示)一个或多个内存条插入主板上的内存插槽中构成内存主体。

图 3.7　内存条

1. RAM

RAM 的特点是可快速地存入或取出数据,但是一旦停电,其中的数据全都丢失。RAM 有静态 RAM(static RAM,SRAM)和动态 RAM(dynamic RAM,DRAM)两种。

1) SRAM

SRAM 用触发器来保存二进制数,速度快,但价格昂贵。在 PC 中,SRAM 主要用于两个地方:

(1) 高速缓存(Cache)。为了缓和 CPU 与主存储器之间速度的矛盾,在 CPU 和主存储器之间设置一个缓冲性的高速存储部件,它的工作速度接近 CPU 的工作速度,但其存储容量比主存储器小得多。它存储的是 CPU 当时需要的一部分程序和数据。有些 CPU 内有高速缓存,称为片内缓存。

(2) CMOS。PC 主板上有一片 CMOS SRAM 芯片,往往被简称为"CMOS"。CMOS 是 complementary metal-oxide semiconductor(互补金属氧化物半导体)的缩写,CMOS SRAM 即用 CMOS 工艺制造的 SRAM。CMOS 电路的优点之一就是功耗很低,因此通常把 PC 的一些设置参数保存在主板上的一片 CMOS SRAM 芯片里。PC 关机后,由主板上的可充电电池给 CMOS SRAM 供电,由于 CMOS SRAM 耗电极小,其中的数据可保存很长时间。

2) DRAM

DRAM 用电容来保存二进制数,简单地说就是电容上电压的高低表示"1"、"0",其结构比 SRAM 简单,所以 DRAM 的集成度更高。由于有漏电流,而且该电容的容量非常小,所以电容中的电荷很快便会漏光,这样就必须每隔约 2 ms 对电容充一次电,这个过程称为"刷新"(refresh),这也就是"动态"RAM 的名字的来历。DRAM 速度比 SRAM 慢,但便宜、集成度高,所以现在计算机里面用的主存主要是 DRAM。DRAM 芯片的具体结构有多种,目前常用的主要是 DDR SDRAM(double data rate synchronous DRAM),往往简写成 DDR。

2. ROM

ROM 虽称为只读存储器,但这并不意味着不能写入数据。它的特点是,停电后其中的数据不会丢失,但写入数据的速度相对读出的速度慢得多,因此它不能取代 RAM。ROM 有以下几种:

(1) 掩膜 ROM(mask ROM)。普通用户不能往里面写入数据,只能把要写入的数据交给半导体工厂,后者将用户提供的数据刻在掩膜 ROM 芯片中,而用户不能将其中的信息擦除。

(2) PROM(programmable ROM),即可编程 ROM。ROM 使用起来非常不方便,于是出现了 PROM,允许普通用户自己一次性地写入数据,一旦信息被写入 PROM 后,数据也将被永久性地融刻其中了,其他方面与上面介绍的 ROM 就没有什么两样了。也就是说即使写入了错误的数据,也无法修改,只能再买一个新的 PROM 重新写入。

(3) EPROM(Erasable Programmable Rom),即可擦写、可编程 ROM。它可以通过特殊的装置(通常是紫外线)反复擦除其中的信息,并重写,这就比 PROM 方便多了。擦除 EPROM 中的信息需要的时间很长(在很多情况下超过 15 min),而且要拿到紫外灯下照射也不方便,因此 EEPROM 被开发了出来。

(4) EEPROM(electrically erasable programmable rom),也称 E^2PROM,即电可擦除、可编程 ROM,可以使用电流来对其进行擦除。EEPROM 既可读又可写,而且无供电时也不会丢失其中的数据,那不是可以取代 RAM? 其实不然,因为 EEPROM 的写入时间比读出时间长得多,而且写入和擦除需要高电压,比如从某些 EEPROM 芯片中读出数据使用+5 V 电压,而写入和擦除需要+21 V 电压。

(5) 闪存 flash memory,是一种 EEPROM,但结构上做了改进。写入速度比以前的 EEPROM 提高很多,但相对于其读取速度仍然较慢,而且使用寿命不长,目前尚不能取代 RAM。

在通常情况下,ROM 往往是指上述 Mask ROM 或 PROM,这两种存储器与其他三种的最大区别是"不能重复写入";但在分类时,上述 5 种存储器都归入 ROM。

人们常常把一些程序或数据(如 BIOS)存放(称为"固化")在上述 5 种 ROM 芯片中,这些程序或数据就不会被人为地随意改变了。这样的 ROM 也称为固件(firmware,通俗地理解就是"固化的软件")。

3.1.7　外存

1. 机械硬盘

机械硬盘(hard disk)往往简称硬盘,它是计算机系统中最重要的一种外部存储设备。在硬盘里存放着计算机系统工作时必不可少的程序(如操作系统)和重要数据。今天的微型计算机一般都至少配备了一台硬盘,它通常是固定在机箱中,通过 IDE 接口或 SATA 接口与主板相连。

机械硬盘的原理是,硬盘中的盘片表面涂敷有磁性介质,磁头通过电磁感应来写入或读取数据。工作时,主轴带动磁盘绕盘心旋转,而磁盘片表面上的磁头沿径向移动,这样使得磁头能够移动到各盘片表面的任一点读写数据;机械硬盘的磁头不与盘片接触,所以盘片可以高速旋转,速度可达到每分钟 7200 转或更高。由于磁头与盘片间的距离非常小(微米级),很小的灰尘都会引起故障,因此机械硬盘的盘片及其驱动器都必须密封在一个坚固的金属壳里,如图3.8 所示。

盘片

磁头

图 3.8　机械硬盘外观和内部

　　由于硬盘的容量非常大,把所有的数据都放在一个盘上不便于管理,所以常常把硬盘划分为若干分区(partition),每个分区都可以当成独立的逻辑硬盘来使用。这样,就可以把不同类的数据放在不同的分区中,还可以让不同的分区使用不同的操作系统。

　　操作系统用盘符来表示相应的外存。早期的 PC 的标准配置有两个软盘,用盘符 A:和B:来代表它们;若再配有一个硬盘,则其盘符为 C:,若还有其他外存,如光盘、U 盘等,则它们的盘符就按英文字母表顺延。现在软盘已经淘汰,但这个习惯沿用下来,即整个 PC 外存的盘符从 C:(表示硬盘)开始。如果把硬盘分为两个分区,就有了两个独立的逻辑硬盘C:和D:。

2. 固态硬盘

　　由于机械硬盘中的磁头和盘片要做机械运动,因此其读写速度很难提高。随着闪存技术的进步,固态硬盘(solid state disk,SSD)就应运而生。固态硬盘内并没有“盘”,数据是存放在闪存芯片中的,如图 3.9 所示。因此,固态硬盘的读写速度要比机械硬盘快得多。与机械硬盘类似,固态硬盘一般固定在机箱中,通过 IDE 或 SATA 接口与主板连接,但也有些固态硬盘可直接插在 PCIE 插槽里。

图 3.9　固态硬盘外观和内部

　　目前固态硬盘尚不能完全取代机械硬盘,原因是,前者的价格是后者的数倍;而且闪存的使用寿命不如磁盘。

3. 移动硬盘

如果机械硬盘或固态硬盘不固定在机箱内,就成了便携性的大容量存储器,即移动硬盘(mobile hard disk)。移动硬盘一般通过 USB 或 IEEE1394 接口与机箱中的主板传输数据。

4. 光盘

光盘存储系统由光盘驱动器和光盘存储器(简称光盘)组成。根据光盘介质的不同,可以用不同的方法将数据写入光盘。而读取光盘中的数据的方法是一样的:光盘插入驱动器后,驱动器中的激光头发射激光到光盘上,通过检测反射光的强弱变化来读取光盘上的二进制数据。

1) CD(compact disc)光盘存储系统

(1) CD-ROM(compact disc-read only memory)。这种光盘中的数据是在工厂中用机器压制进去的,以后再无法擦除改写,因此是一种 ROM。

(2) CD-R(compact disc-recordable)。CD-R 系统的驱动器也称为刻录机,普通用户可以用它将数据写入 CD-R 盘片。当刻录 CD-R 盘片的时候,刻录机会发出高功率的激光,改变 CD-R 盘片有机染料层的特性,实现数据的写入;刻录机读出数据时,用低功率激光。CD-R 盘片中的数据无法擦除,即它只能写入一次,是 WORM(write once read many),所以 CD-R 也称为 CD-WO。

(3) CD-RW(compact disc-rewritable)。CD-RW 盘片中的数据可以反复擦除、再写入。

2) DVD(digital video disc 或 digital versatile disc)光盘存储系统

CD 光盘的容量只有约 650 MB;DVD 光盘的容量则要大很多。

(1) DVD 系统提高容量的方法:DVD 驱动器中的激光波长更短,盘片上数据的密度可以很高;光盘正、反两面都存储数据,每一面存放两层数据。

(2) DVD 光盘格式:①DVD-5,简称 D5,单面单层数据,即光盘只有一面存放一层数据,最大容量 4.7 GB;②DVD-9,简称 D9,单面双层数据,即光盘只有一面存放两层数据,最大容量 8.5 GB;③DVD-10,简称 D10,双面单层数据,即在光盘的两面各有一层数据,最大容量 9.7 GB;④DVD-18,简称 D18,双面双层数据,即在光盘的两面各有两层数据,最大容量 17 GB。

(3) 与 CD 类似,DVD 也有 DVD-ROM、DVD-R 和 DVD-RW。

3) 蓝光(blu-ray)光盘存储系统

通常来说波长越短的激光,能够在单位面积上记录或读取更多的信息。传统 DVD 用激光头发出红色激光(波长为 650 nm)来读取或写入数据;而近几年发展起来的蓝光光盘存储系统利用波长较短(405 nm)的蓝色激光读取和写入数据,并因此而得名。一个单层的蓝光光盘(blu-ray Disc,BD)的容量为 25 或 22 GB,足够记录一个长达 4 小时的高清晰电影。双层更可以达到 46 GB 或 54 GB 容量,足够记录一个长达 8 小时的高清晰电影。

5. 闪存盘

闪存盘也称 U 盘(USB flash drive 或 USB flash disk),它用闪存做存储器,通过 USB 接口读写数据,体积小巧,携带方便,已经成为必备的移动存储设备。

3.1.8 键盘与鼠标

键盘(keyboard)和鼠标(mouse)是现代计算机必备的标准输入设备。传统上个人计算机的键盘和鼠标是插入 PS/2 接口的,现在的键盘和鼠标也可以插入 USB 接口,与接口之间可以是电线连接也可以以无线方式连接。在后一种方式下,键盘或鼠标发射无线电信号,而其相应的信号接收器则插在 PS/2 或 USB 接口上。

1. 键盘

普通键盘是从英文打字机键盘衍变而来的。整个键面上有 101,102 或 105 个键,就其功能而言,可分为 4 个区域,分别是主键盘区、小键盘区、光标控制键区和功能键区。

2. 鼠标

鼠标是一种手持的坐标定位装置,其作用主要类似于键盘上的光标键,但比光标键使用更方便、功能更强大。目前市面上的鼠标基本上都是光电式鼠标,它像一部简易数码相机,底部的发光二极管照射鼠标所在的物体表面,如桌面或鼠标垫,安装在底部的光电传感器拍摄其下方的图像;鼠标一旦移动,其新位置的图像与原位置的图像不一样,通过对图像上的特征点的分析,便可感知鼠标移动的方向和距离。

3.1.9 触摸屏

触摸屏(touch screen)作为一种较新的电脑输入设备,是目前最简单、方便、自然的一种人-机交互方式。触摸屏的应用范围非常广阔,主要是公共信息的查询,如电信局、税务局、银行等部门的业务查询;此外还应用于工业控制、军事指挥、电子游戏、点歌点菜、多媒体教学等,尤其是目前已成为手机的标准输入设备。从技术原理来说,触摸屏可分为以下几个基本种类。

1. 电阻触摸屏

电阻触摸屏的主要部分是一块与显示器表面非常匹配的电阻薄膜屏,当手指触摸屏幕时电阻发生变化,使得 X 和 Y 两个方向上的电流产生相应变化,控制器侦测到这一变化后计算出(X,Y)的位置。

2. 电容式触摸屏

电容式触摸屏是一块 4 层复合玻璃屏,玻璃屏的内表面和夹层各涂有一层 ITO(氧化铟锡),由于人体电场,用户和触摸屏表面形成以一个耦合电容,手指从接触点吸走一个很小的电流。这个电流分从触摸屏的 4 角上的电极中流出,并且流经这 4 个电极的电流与手指到 4 角的距离成正比,控制器通过对这 4 个电流比例的精确计算,得出触摸点的位置。

3. 红外线式触摸屏

红外触摸屏在显示器屏幕四边排布红外发射管和红外接收管,一一对应形成横竖交叉的红外线矩阵。用户在触摸屏幕时,手指就会挡住经过该位置的横竖两条红外线,因而可以判断出触摸点在屏幕的位置。

4. 表面声波触摸屏

安装在触摸屏角上的声波发生器能发送一种高频声波跨越屏幕表面,当手指或其他能够吸收或阻挡声波能量的物体触摸屏幕时,途经手指部位的声波能量被部分吸收,接收器收到的信号会产生衰减,根据信号变化可以确定坐标位置。

3.1.10　显示器

显示器(display 或 monitor)也称监视器,是 PC 机所必需的输出设备,用来显示计算机的输出信息。

1. CRT 显示器

CRT(cathode ray tube)显示器的原理是电子束经高压加速轰击屏幕中的荧光粉发光,它体积大、耗电大且其电子束可能对健康不利,目前已基本淘汰;但这种显示器是主动发光的,其色彩比 LCD 显示器的要丰富和真实。

2. LCD 显示器

LCD(liquid crystal display)显示器即液晶显示器,就是使用了"液晶"(liquid crystal)作为材料的显示器,它比 CRT 显示器更轻巧更省电。

液晶分子不发光,LCD 显示器的光来自背光,即其后背的发光器件(荧光灯管或 LED 发光二极管)所发出的光。在彩色 LCD 面板中有成千上万的液晶单元就像 CRT 中的荧光粉;液晶分子在电压的控制下发生偏转,由此可改变背光的光强;相邻三个单元为一组构成一个像素,三个单元的表面各分别贴有红、绿、蓝滤光片,当背光为白光时,三个单元分别发出红、绿、蓝三色光,即每个像素中都拥有红、绿、蓝(R,G,B)三原色,这样就可以产生丰富的色彩。

3.1.11　音频系统

个人计算机的音频系统(audio system)包括声卡、耳机、音箱以及话筒等,属于常用的输入/输出设备。

1. 声卡

由于自然界的声音是模拟信号,而计算机处理的是数字信号,所以自然界的声音要经过模拟/数字转换(A/D)才能进入计算机;而计算机内的数字音频要经过数字/模拟转换(D/A)才能进入音箱或耳机被人们听见。声卡(sound card)的主要作用就是 A/D,D/A 转换,还有一些信号处理功能。

(1) 板载声卡(集成声卡)。音频处理芯片及相关电路都制作在主板上,这样的声卡就是板载声卡或集成声卡。

(2) 独立声卡、外置声卡。板载声卡的性能相对较差,追求高品质声音的用户可选用独立声卡或外置声卡,俗称"解码器",如图 3.10 所示。独立声卡在机箱里,可插入 PCI 或 PCIE 插槽；外置声卡的外观是个盒子，放在机箱外，通过光纤或同轴电缆或 USB 接口与主板连接。

图 3.10 独立声卡（左）和外置声卡

2. 多声道音频（Multi Channel Audio）

（1）2.0 声道（立体声）。对同一声音用左右两个独立的话筒录制存储为一个文件，播放时用左右两个不同音箱播放文件中左右两个话筒录制的不同部分，从而达到了很好的声音定位效果。从左（右）话筒到左（右）音箱，就像一条声音通道，即声道，所以立体声就是双声道（2.0 声道）。这种技术在音乐欣赏中显得尤为有用，听众可以清晰地分辨出各种乐器来自的方向，从而使音乐更富想象力，更加接近于临场感受。

（2）2.1 声道。除了左右两个音箱外，还增加一个音箱专门加强播放两个声道中 100 Hz 以下的声音，以使低音更加震撼。一般用 0.1 表示低音声道，因为这不是一个完整的声道，所以这样的系统是 2.1 声道的。专门播放低音的音箱称作低音炮（subwoofer）。

（3）多声道。要想获得身临其境的感觉（尤其在电影和游戏中），仅两声道还不够，这时就要用多声道系统，如 5.1 声道（图 3.11）或 7.1 声道甚至 9.2 声道系统（有两个低音炮）等。

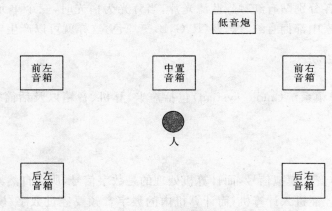

图 3.11 5.1 声道音响系统

立体声或多声道声音的播放，除了用音箱外，还可用耳机。

3.1.12 打印机

打印机 Printer 是标准的输出设备，其种类繁多，目前个人用户使用的主要有喷墨打印机和激发打印机两种。

1. 喷墨打印机

喷墨打印机的原理是将墨水通过特殊的喷头喷在纸上形成图案或文字。其特点是打印无噪声、色彩鲜艳;但其耗材(墨水),比较贵。

2. 激光打印机

激光打印机的原理是利用静电将碳粉吸附在纸上而形成图案或文字。其特点是打印噪声较小、速度快,所以几乎成为必备的办公用具;但彩色激光打印机的价格较昂贵。

3.2　微型计算机软件系统

如前所述,指令就是使控制计算机完成相应任务的一组二进制代码,指令的有序集合就是程序,软件就是程序和数据的集合。一般地,软件可分为系统软件(system software)和应用软件(application software)两大类。系统软件包括 BIOS、操作系统、程序设计语言及其处理程序、数据库管理系统等。应用软件是为多种应用目的而编制的程序及相关数据。

3.2.1　BIOS

BIOS(basic input/output system,基本输入输出系统)含有主板搭配的各种设备的驱动程序和初始化程序。PC 的主板上都有一个 ROM 芯片存放 BIOS,有的 BIOS 芯片是 EEPROM。这一方面会让主板遭受诸如 CIH 病毒的袭击;另一方面也方便用户们不断从 Internet 上更新BIOS 的版本,来获取更好的性能及对 PC 最新硬件的支持。

在微型计算机启动时,首先运行的是 BIOS 程序,它主要有以下功能:

(1) 计算机刚接通电源时对硬件部分检测,也叫做加电自检(power on self test,POST),包括对 CPU、内存、主板、CMOS 存储器、接口、显卡、硬盘子系统及键盘等测试,一旦在自检中发现问题,系统将给出提示信息或鸣笛警告。

(2) 初始化,包括创建中断向量、设置寄存器、对一些外部设备进行初始化等。

(3) 完成上述工作后,BIOS 从硬盘引导操作系统启动进入内存。以后计算机就在操作系统的控制下,BIOS 的任务也就完成了。

3.2.2　操作系统

操作系统(operating system)是一种系统软件,它负责管理计算机系统中的各种资源并控制各类程序的运行,是计算机硬件和软件及用户之间的接口。打开计算机就开始运行程序,进入工作状态。计算机运行的第一个程序就是操作系统。为什么首先运行操作系统,而不直接运行像 WPS,Word 这样的应用程序呢? 操作系统是应用程序与计算机硬件的中间人,没有操作系统的统一安排和管理,计算机硬件没有办法执行应用程序的命令。操作系统为计算机硬件和应用程序提供了一个交互的界面,为计算机硬件选择要运行的应用程序,并指挥计算机的各部分硬件的基本工作。

　　计算机发展到今天,从个人计算机到巨型计算机系统,毫无例外都配置一种或多种操作系统。操作系统管理和控制计算机系统中的所有软、硬件资源,是计算机系统的灵魂和核心。除此之外,它还为用户使用计算机提供一个方便灵活、安全可靠的工作环境。

　　没有任何软件支持的计算机称为裸机(bare machine),它仅仅构成了计算机系统的物质基础,而实际呈现在用户面前的计算机系统是经过若干层软件改造的计算机。裸机在最里层,它的外面是操作系统,经过操作系统提供的资源管理功能和方便用户的各种服务功能将裸机改造成功能更强,使用更方便的机器,通常称之为虚拟机(virtual machine)。因此,引入操作系统的目的可从三方面来考察:

　　(1) 从系统管理人员的观点来看,操作系统是计算机资源的管理者。

　　(2) 从用户的观点来看,引入操作系统是为了给用户使用计算机提供一个良好的界面,以使用户无需了解许多有关硬件和系统软件的细节,就能方便灵活地使用计算机。

　　(3) 从发展的观点看,引入操作系统是为了给计算机系统的功能扩展提供支撑平台,使之在追加新的服务和功能时更加容易和不影响原有的服务与功能。

1. 操作系统的分类

1) 按使用环境和对作业处理方式来分类

　　(1) 批处理操作系统(单道批处理、多道批处理),如 DOS/VSE。早期的一种供大型计算机使用的操作系统。可对用户作业成批处理,期间勿需用户干预,分为单道批处理系统和多道批处理系统。

　　(2) 分时处理操作系统,如 Unix。分时系统是指在一台主机上连接了多个终端,使多个用户共享一台主机,即是一个多用户系统。分时系统把 CPU 及计算机其他资源进行时间上的分割,分成一个个"时间片",并把每一个时间片分给一个用户,使每一个用户轮流使用一个时间片。因为时间片很短,CPU 在用户之间转换得非常快,因此用户觉得计算机只在为自己服务。

　　(3) 实时操作系统,如 VRTX。实时系统是以加快响应时间为目标的,它对随机发生的外部事件作出及时的响应和处理。由于实时系统一般为专用系统,用于实时控制和实时处理,与分时系统相比,其交互能力较简单。

2) 按硬件结构来分类

　　(1) 网络操作系统,如 Netware。网络操作系统是为网络用户提供所需各种服务的软件和有关规程的集合。其目的是让网络上各计算机能方便、有效地共享网络资源。

　　(2) 分布式操作系统,如 Amoeba。分布式系统是以计算机网络为基础的,它的基本特征是处理上的分布,即功能和任务的分布。分布式操作系统的所有系统任务可在系统中任何处理机上运行,自动实现全系统范围内的任务分配并自动调度各处理机的工作负载。

　　(3) 多媒体操作系统,如 Amiga。具有一般操作系统的功能外,还具有多媒体底层扩充模块,支持高层多媒体信息的采集、编辑、播放和传输等处理功能的系统。

3) 按使用方式分类

　　(1) 单用户单任务操作系统,如 DOS。在该类操作系统控制下,一台计算机同时只能有一个用户在使用,该用户一次只能提交一个作业,一个用户独自享用系统的全部硬件和软件资源。

　　(2) 单用户多任务操作系统,如 Windows。这种操作系统也是为单个用户服务的,但它允许用户一次提交多项任务。例如,一边在"画图"软件中作图,一边让计算机播放音乐,这时两个程序都已被调入内存储器中处于工作状态。

（3）多用户多任务操作系统，如 UNIX。这种操作系统同时为多个用户服务的，而且它允许各用户一次提交多项任务。

4）按用户界面分类

（1）字符界面（text user tnterface，TUI）操作系统，如 DOS。用户看到的界面是字符，没有图形，不支持鼠标，只能键入字符命令，如图 3.12 所示。字符界面占用资源相对较低，但操作相对枯燥、复杂。

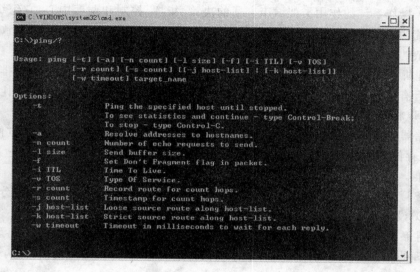

图 3.12　TUI

（2）图形界面（graphical user interface，GUI）操作系统，如 Windows。界面可显示文字、图形、图像，支持鼠标或触摸屏，如图 3.13 所示。图形界面易于理解和操作，但系统资源占用相对较高。

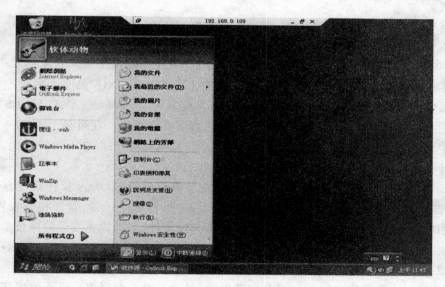

图 3.13　GUI

5）按寻址范围分类

按寻址范围,即操作系统管理的内存最大容量分类。可分为 16 位、32 位、64 位操作系统等。比如,Windows 7 操作系统有 32 位和 64 位两个版本。32 位 Windows 7 的寻址范围是 2^{32}B,而 64 位 Windows 7 的寻址范围是 2^{64}B。

2. 操作系统的功能

操作系统是为了提高计算机工作效率而编写的一种软件,是计算机硬件和应用软件之间的一种接口。操作系统的作用类似城市交通的决策、指挥、控制和调度中心,它组织和管理整个计算机系统的硬件和软件资源,在用户和程序之间分配系统资源,使之协调一致地、高效地完成各种复杂的任务。按照资源的类型,操作系统分成了 5 大功能模块:

（1）处理机管理。处理机管理的主要任务是对处理机(CPU)进行全面的安排和调度,并对其运行进行有效的控制和管理。CPU 的速度比存储器、外部设备要快得多,要让 CPU 充分发挥作用,可以将 CPU 按一定策略轮流为某些程序或某些外设服务。

（2）存储器管理。存储器管理的主要任务是为程序运行提供良好的环境,方便用户使用存储器,提高存储器的利用率。存储器管理具有内存分配、内存保护、内存回收、地址映射和内存扩充等功能。

（3）设备管理。设备管理的基本任务是按照用户的要求,按照一定的算法,分配、管理输入/输出(I/O)设备,以保证系统有条不紊地工作。

（4）文件系统管理。计算机中的信息是以文件形式存放在外存(如磁盘、光盘、U 盘等)中。文件管理的主要任务是对用户文件和系统文件进行管理,方便用户使用信息,并保证文件的安全性。

（5）作业管理。作业(job)是指用户在一次算题过程中或一次事务处理过程中,要求计算机系统所做工作的集合。作业管理包括作业调度和作业控制。

3. 微型计算机常用操作系统

（1）DOS(disk operating system),是微软(Microsoft)公司开发的、早期微型计算机使用最广泛的操作系统,CCDOS 及 SPDOS 和 UCDOS 等为汉化 DOS 操作系统。

（2）UNIX,是世界上应用最为广泛的一种多用户多任务操作系统。它原本是 1969 年美国 BELL 实验室为小型机设计的,目前已用在各类计算机上。UNIX 是一个多用户多任务的分时操作系统,系统本身采用 C 语言编写,它具有结构紧凑、功能强、效率高、使用方便和可移植性好等优点,被国际上公认为是一个十分成功的通用操作系统。在世界上 UNIX 占据着操作系统的主导地位,它的应用极为广泛,从各种微型计算机到工作站、中小型计算机、大型计算机和巨型计算机,都运行着 Unix 操作系统及其变种。

（3）Linux,是一个遵循标准操作系统界面的免费操作系统。Linux 操作系统有一个基本内核,一些组织和厂商将内核与应用程序、文档包装起来,再加上设置、管理和安装程序,构成供用户使用的套件。中国政府于 1999 年发布的指导性文件《当前优先发展的高技术产业化重点领域指南》中确定,基于 Linux 的操作系统平台及其集成应用环境软件是我国高新技术发展的重点领域之一。

（4）Windows,是微软(Microsoft)公司开发的,是一个具有图形用户界面的多任务的操作系统。Windows 系统有多个版本,如 Windows XP,Windows 7 等。

（5）Mac OS X,是 Apple(苹果)公司基于 UNIX 开发的操作系统,主要用于 Apple 公司的麦金塔电脑(Macintosh,Mac)。

（6）目前智能手机使用的操作系统主要有:①Android(安卓)是 Google 公司开发的基于 Linux 平台的开源手机操作系统;②iOS(原名 iPhone OS)是由苹果公司为 iPhone 开发的操作系统,它主要是给 iPhone 使用的;③Windows Phone 是微软公司开发的智能手机操作系统;④Symbian(塞班)是由诺基亚、摩托罗拉、爱立信等共同投资成立的 Symbian 公司开发的手机操作系统。

3.2.3　程序设计语言及其处理程序

程序设计语言(programming language)及其处理程序是人与计算机之间交流信息的工具。程序设计语言分为低级语言和高级语言(算法语言)两大类。低级语言有机器语言(二进制代码语言)、汇编语言(符号语言)两种。

1. 机器语言

机器语言(machine language)是计算机系统能直接识别的、不需要翻译、直接供机器使用的程序设计语言。机器语言中的每一条语句(机器指令)实际是一条二进制形式的指令代码,它由操作码和操作数组成。它的指令二进制代码通常随 CPU 型号的不同而不同。由于用机器语言编写的程序不便于记忆、阅读和书写,通常不用机器语言直接编写程序。

2. 汇编语言

汇编语言(assembly language)是一种面向机器的程序设计语言,它采用一定的助记符号表示机器语言中的指令和数据,即用助记符号代替二进制形式的机器指令。这种替代使得机器语言"符号化",所以也称汇编语言是符号语言。汇编语言的每条指令对应一条机器语言代码,不同型号的计算机系统一般有不同的汇编语言。用汇编语言编写成的程序,计算机是不能识别和执行的,必须先将它翻译成计算机能识别和执行的二进制机器指令,这个翻译过程称为"汇编"。

3. 高级语言

高级语言(high-level language)是一种比较接近自然语言和数学表达式的一种计算机程序设计语言。它具有较大的通用性,用高级语言编写的程序能使用在不同的计算机系统上。

一般将用高级语言编写成的程序称为源程序。对于源程序,计算机是不能识别和执行的,必须先将它翻译成计算机能识别和执行的二进制机器指令,然后让计算机执行。

计算机将源程序翻译成机器指令时,通常有两种翻译方式:①编译方式,首先把源程序翻译成等价的目标程序,然后再执行此目标程序;②解释方式,把源程序逐句翻译,翻译一句执行一句,边翻译边执行。

常用的高级语言有 BASIC 语言、FORTRAN 语言、PASCAL 语言、C 语言、C++语言、Java 语言等。

4. 程序设计语言相关处理程序

完成汇编、解释或编译的程序,连接程序,调试程序等。

3.2.4　数据库管理系统

数据库管理系统(database management system,DBMS)是一种操纵和管理数据库的大型软件,用于建立、使用和维护数据库。它对数据库进行统一的管理和控制,以保证数据库的安全性和完整性。用户通过 DBMS 访问数据库中的数据,数据库管理员也通过 DBMS 进行数据库的维护工作。

数据库管理系统一般具有以下功能:

(1) 数据维护功能,建立数据库、编辑、修改、增加、删除数据库内容等。

(2) 使用数据库的功能,对数据的检索、排序、统计等。

(3) 输入/输出能力,友好的交互式输入/输出。

(4) 数据库编程语言,使用方便、高效的数据库编程语言。

(5) 数据库访问,允许多用户同时访问数据库。

(6) 数据保障,提供数据独立性、完整性、安全性的保障。

著名数据库管理系统有 Microsoft SQL Server,SYBASE,DB2,ORACLE,MySQL,ACCESS 等。

3.2.5　应用软件

1. 文字处理软件

文字处理软件主要用于将文字输入到计算机,存储在外存中,能对输入的文字进行修改、编辑,并能将输入的文字以多种字体、字形及各种格式打印出来。

目前常用的文字处理软件有 WPS,Microsoft Word 等。

2. 表格处理软件

表格处理软件主要处理各式各样的表格。它可以根据用户的要求自动生成各式各样的表格,表格中的数据可以输入也可以从数据库中取出。可根据用户给出的计算公式,完成复杂的表格计算,计算结果自动填入对应栏目里。一张表格制作完后,可存入外存,方便以后重复使用,也可以通过打印机将表格打印出来。

目前常用的表格处理软件有 Microsoft Excel 等。

3. 辅助设计软件

计算机辅助设计(CAD)技术作为近 20 年来最有成效的工程技术之一,目前在汽车、飞机、船舶、超大规模集成电路等设计、制造过程中,占据着越来越重要的地位。计算机辅助设计软件能高效率地绘制、修改、输出工程图纸,使设计周期大幅度缩短,而设计质量却大为提高。

目前常用的软件有 AutoCAD 等。

4. 图形、图像处理软件

平面设计软件有 CorelDraw,Photoshop 等；平面动画制作软件有 Flash 等；三维动画制作软件有 3DStudio,Maya 等。

5. 网页制作软件

网页制作软件主要有 FrontPage,Dreamweaver 等。

6. 计算机游戏软件

目前,计算机游戏软件丰富,既有单机版游戏,又有网络版游戏。

3.3　软件与硬件的关系

计算机硬件建立了计算机应用的物质基础,而软件则提供了发挥硬件功能的方法和手段,扩大其应用范围,方便用户使用。没有配备软件的计算机称为"裸机",是没有多少实用价值的。硬件与软件的形象比喻为,硬件是计算机的"躯体",软件是计算机的"灵魂"。所以,一个完整的微型计算机系统是由硬件和软件构成的,二者缺一不可。硬件与软件的层次关系如图 3.14 所示。

综上所述,微型计算机系统的组成如图 3.15 所示。

图 3.14　硬件与软件的层次关系

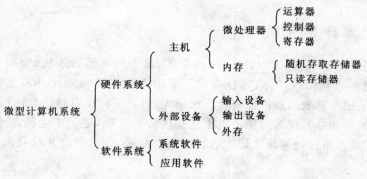

图 3.15　微型计算机系统的组成

3.4　常见个人计算机系统

3.4.1　台式个人计算机

台式个人计算机(desktop PC),简称"台式机"。这种系统的显示器尺寸较大,主板、显卡、硬盘、电源等都安装在一个较大的金属机箱内,整个系统的体积较大,只能放在桌台面上、不便携带,故称台式机。

台式机由于机箱较大,通风散热较好,因此可以安装性能强大的 CPU,显卡(包括多卡并联),可以使用大屏幕显示器;而且普通用户可以根据需要选择搭配不同的 CPU、显卡、机箱等,即 DIY 方便。

3.4.2 家庭影院计算机

在家看电影、卡拉 OK 这一类娱乐并不需要强大的计算和显示能力,重要的是计算机功耗低、安静和多媒体能力,满足这种要求的计算机系统就是家庭影院计算机(home theater personal computer,HTPC)也称 media center,如图 3.16 所示。HTPC 往往采用低功耗性能适当的 CPU(如 Intel 的 I3)和集成显卡,这样就可以采用较小的机箱而且不用散热风扇以保持安静。HTPC 的显示器都是大屏幕电视或投影,音频系统往往是多声道的,它结合了电视机、DVD 播放机、录像机、CD 音响、收音机等家电硬件的功能。

图 3.16 HTPC 机箱(左)和 HTPC 系统

3.4.3 笔记本计算机

台式机不便于携带,若将 CPU、主板、内存条、显卡和机箱的体积(面积)缩小几号,然后将显示器和键盘与机箱做成一体,这就构成了笔记本计算机(notebook),也称笔记本电脑。

总体来讲,笔记本电脑的性能没有台式机强大,但是笔记本电脑的有体积小、重量轻、携带方便的优点,这使移动办公成为可能。由于这些优势的存在,笔记本电脑越来越受用户推崇,市场容量迅速扩展。超轻超薄是笔记本电脑的主要发展方向,但这并没有影响其性能的提高和功能的丰富。

3.4.4 平板计算机

平板计算机(Tablet Personal Computer,Tablet PC 或 Flat Pc 或 Tablet)也称平板电脑,是一款无须翻盖、没有键盘、以触摸屏作为基本的输入设备、小到足以放入女士手袋、但却是功能完整的 PC,如图 3.17 所示。平板电脑是下一代移动商务 PC 的代表。比之笔记本电脑,它除了拥有其所有功能外,还支持手写输入或者语音输入,移动性和便携性都更胜一筹。

图 3.17 平板计算机

习　题　3

一、单选题

1. 假设某微型计算机只有一个硬盘,分了三个区,则这三个区的盘符是(　　)。
   A. A:,B:,C:　　　　B. B:,C:,D:　　　　C. C:,D:,E:　　　　D. D:,E:,F:

2. 可以同时传输数字图像和音频信号的接口是(　　)。
   A. VGA　　　　　　B. DVI　　　　　　C. HDMI　　　　　D. 4 针 S 端子

3. 几年前一位芬兰大学生在 Internet 上公开发布了一种免费操作系统核心(　　),经过许多人的努力,该操作系统正不断完善,并被推广。
   A. Windows NT　　　B. Linux　　　　C. UNIX　　　　　D. OS2

4. 操作系统是一组(　　)。
   A. 文件管理程序　　　B. 语言处理程序　　　C. 资源管理程序　　　D. 设备管理程序

5. 以下(　　)功能不是操作系统具备的主要功能。
   A. 内存管理　　　　B. 文档编辑　　　　C. 中断处理　　　　D. CPU 调度

6. 下列选项中不属于只读存储器的是(　　)。
   A. PROM　　　　　B. Flash Memory　　　C. EEPROM　　　　D. DRAM

7. 显卡不能使用(　　)总线。
   A. PCI　　　　　　B. PCIE　　　　　C. AGP　　　　　　D. USB

8. 用于连接移动设备的接口是(　　)。
   A. LPT　　　　　　B. PS/2　　　　　C. IDE　　　　　　D. IEEE1394

9. 国产的微处理器商品是(　　)。
   A. 酷睿　　　　　　B. 速龙　　　　　C. 龙芯　　　　　　D. 奔腾

10. 下列光盘中,(　　)容量最大。
    A. CD-ROM　　　　B. BD　　　　　　C. CD-R　　　　　D. DVD-5

二、填空题

1. CPU 里,数据存放在_____中。

2. 触摸屏主要有_____、_____、_____和_____等几种。

3. 数据在总线中的传送方式有_____行和_____行两种。

4. 操作系统的功能有_____、_____、_____、_____和_____。

5. 键盘与主板的连接主要通过_____接口和_____接口。

6. 高级语言有_____、_____、_____、_____等。

7. 将汇编语言编写的程序翻译为机器语言的过程称为_____。

8. 将高级语言源程序翻译为机器语言的方式有_____和_____。

9. 单用户单任务操作系统有_____等,单用户多任务操作系统有_____等,多用户多任务操作系统有_____等。

10. 固态硬盘的数据是存放在_____芯片中的。

三、判断题

1. 计算机操作系统是一种软件,属于系统软件。　　　　　　　　（　）
2. SATA 接口可以连接硬盘和光盘驱动器。　　　　　　　　　　（　）
3. 连接打印机必须通过 LPT 接口。　　　　　　　　　　　　　（　）
4. 不能向 ROM 芯片中写入数据。　　　　　　　　　　　　　　（　）
5. 蓝光光盘得名于其盘面是蓝色的。　　　　　　　　　　　　　（　）
6. DRAM 中的数据总在流动,故称为"动态 RAM"。　　　　　　（　）
7. 同时代的独立显卡的性能一般要强于集成显卡。　　　　　　　（　）
8. LCD 显示器利用液晶分子发光的特性来显示图像。　　　　　　（　）
9. PC 开机时,首先启动的是 BIOS 程序。　　　　　　　　　　（　）
10. 32 位 Windows 的寻址范围是 32 兆字节。　　　　　　　　（　）

四、简答题

1. 画图说明微型计算机系统的组成。
2. 对于台式计算机,试述三种以上的方法解决机箱散热问题。
3. 为何要用接口? 列举微型计算机中常见的几种接口。
4. BIOS 的主要任务是什么?
5. 试述内存的种类和特点。
6. 试述操作系统的定义和作用。
7. CD 光盘存储系统、DVD 光盘存储系统和蓝光光盘存储系统的特点是什么?
8. 低级语言有哪些? 高级语言和低级语言各有何特点?

第4章 计算机网络基础

4.1 计算机网络基本知识

计算机网络是计算机技术和通信技术结合的产物,计算机网络技术集中了当代计算机硬件、软件、系统结构和通信技术发展的成果。计算机网络已经改变了我们使用计算机的方式。在很多的情况下,我们面前的计算机只是网络资源的一个接入点。我们访问的信息、执行的操作、进行的计算,并不局限于这台计算机,而是存在于它所属的计算机网络之中,网络应用已经成为计算机应用的主流。因此,学习如何使用计算机就必须掌握计算机网络的基本知识。

4.1.1 计算机网络的产生与发展

1. 计算机网络的产生

计算机网络形成与发展可追溯到 20 世纪 50 年代。当时的计算机系统是高度集中的,所有的设备安装在单独的大房间中。使用计算机的用户需不远千里到计算机房去上机。这样,除要花费大量的时间、精力外,又因受时间、地点的限制,无法对急待处理的信息及时加工处理。为了解决这个问题,在计算机内部增加通信功能,使远地站点的输入输出设备通过通信线路直接和计算机相连,达到了不用到计算机房就可以在远地站点一边输入、一边处理的目的,并且还可以将处理结果再经过通信线路送回到远地站点。这样就开始了计算机和通信的结合。当然,这种结合只是简单的计算机联机系统,如图 4.1 所示,还没有构成我们今天所说的计算机网络。由此可见,计算机网络经历了一个从简单到复杂、从低级到高级的发展过程。

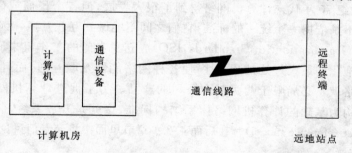

图 4.1 简单联机系统

2. 计算机网络的发展过程

从 1946 年世界上第一台电子数字计算机 ENIAC 诞生到现在的 Internet 空前发展,纵观计算机网络的发展史,其发展过程大致可概括为 4 个阶段。

1) 面向终端的计算机网络

这个阶段是计算机和通信结合的初级阶段。最早的通信设备是 1954 年研制出的一种称为收发器的终端。人们使用收发器实现了把穿孔卡片上的数据通过电话线发送给远方的计算机。以后,发展到电传打字机也可以与远程终端和计算机相连。用户可以在远地的电传打字机上键入程序并传送给计算机,而计算机处理的结果又可以返回到电传打字机,被打印出来。因为是使用电话线路进行信息的传输,所以必须在电话线路的两端分别加上称为调制解调器(Modem,又称为猫)的设备。调制解调器的功能是完成数字信号和模拟信号的转换。目前在计算机互联网中,调制解调器仍在起着重大作用。使用电话线路连接的单机系统可以用图4.2表示。

图 4.2　计算机通过电话线与远程终端相连

2) 多机系统互联

在 20 世纪 60 年代,出现的多机系统将一台计算机和多个远程终端相连,各个远程终端分时使用计算机,并且当没有远程终端使用计算机时,计算机仍可以独立使用,提高了计算机的利用率。这是计算机网络发展的第二阶段。

第二代计算机网络以美国的 ARPA 网(ARPAnet)为典型代表。ARPA 网是世界上第一个以资源共享为主要目的的计算机网络。此外,它还是 Internet 的前身(ARPA 网的民用科技研究部分演化成目前的 Internet)。目前有关计算机网络的概念、结构和技术都与 ARPA 网有关。在 ARPA 网中提出的许多网络技术术语,如分组交换(packetswitching)、存储转发(store and forward)、路由选择(routing)、流量控制(flow control)等术语,至今仍在使用。

第二代计算机网络提出了资源子网、通信子网的两级网络结构的概念;但第二代计算机网络都有各自不同的网络体系结构和标准,因此这些网络之间很难互联互通。因此,出现了计算机网络发展的第三个阶段——开放的标准化网络。

3) 开放的标准化网络

虽然在 20 世纪 70 年代末计算机网络得到了很大发展,但各个厂商或研究机构各自设计并搭建的网络并不是依据一个统一的标准,它们之间不能做到互联互通。因此,国际标准化组织(International Organization for Standards,ISO)成立了专门的工作组来研究计算机网络的标准化问题。标准化的最大好处是开放性,使各种网络能够互联互通,而且有了统一标准,组建一个计算机网络就不必局限于购买某个公司的产品。为了促进计算机网络的标准化,ISO 制定了以层次结构为基础的计算机网络体系结构标准,这就是开放系统互联参考模型(open system interconnect reference model)。在后面 4.2.1 章节里面中将会专门讨论 OSI 参考模型。

4) Internet 时代

从 20 世纪 80 年代末开始至今,整个网络发展成为以 Internet(因特网)为代表的互联网。Internet 是指全球范围内的计算机系统联网。可以说它是世界上最大的计算机网络,是一个将全球成千上万的计算机网络连接起来而形成的全球性计算机网络系统。它使得全球联网的计算机之间可以交换信息或共享资源。

Internet 其实是源于 ARPAnet。1983 年后,ARPAnet 分为军用和民用两个领域,普通科技人员可以利用民用领域的 ARPAnet 进行科学研究和成果共享。随着民用领域的不断扩大,包括政府部门、国防合同承包商、大学和重要的科学研究机构都使用该网络并进行互联,逐渐发展形成目前规模宏大的 Internet。在 Internet 中，用户计算机需要通过校园网、企业网或 ISP 联入地区主干网，地区主干网通过国家主干网联入国家间的高速主干网，这样就形成一种由路由器互联的大型层次结构的互联网络。

从网络的发展来看，未来网络的发展有三种基本的技术趋势：一是朝着低成本微型计算机所带来的分布式计算和智能化方向发展，即 client/server（客户/服务器）结构；二是向适应多媒体通信、移动通信结构发展；三是网络结构适应网络互联，扩大规模以至于建立全球网络。

4.1.2 计算机网络的定义

在计算机网络发展的不同阶段，人们根据当时网络发展的水平和对网络的认知度，对计算机网络提出了不同的定义。

1. 计算机网络的定义

美国信息处理学会联合会在 1970 年从共享资源角度出发，把计算机网络定义为"以能够相互共享硬件、软件和数据等资源的方式连接起来，并各自具备独立功能的计算机系统的集合"。

随着"终端-计算机"通信发展到"计算机-计算机"通信，又出现了"计算机通信网"的定义：在计算机间以传输信息为目的连接起来的计算机系统的集合。

一般地说，将分散的多台计算机、终端和外部设备用通信线路互连起来，实现彼此间通信，并且计算机的软件、硬件和数据资源大家都可以共同使用，这样一个实现了资源共享的整个体系叫做计算机网络。可见一个计算机网络必须具备三个要素：①多台具有独立操作系统的计算机相互间有共享的资源部分；②多台计算机之间要有通信手段将其互连；③遵循解释、协调和管理计算机之间通信和相互间操作的网络协议。

综上所述，本书将计算机网络定义为，使分布在不同地点的多个自主的计算机物理上互连，按照网络协议相互通信，以共享硬件，软件和数据资源为目标的系统。

2. 通信子网与资源子网

计算机网络主要完成网络通信和资源共享两种功能。从而可将计算机网络看成一个两级网络，即内层的通信子网和外层的资源子网，如图 4.3 所示，其中，A～E 为中间结点，与通信介质构成通信子网；H 为主机，由主机或终端构成资源子网。两级计算机子网是现代计算机网络结构的主要形式。

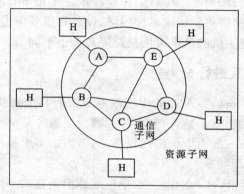

图 4.3 计算机网络的两级子网

通信子网主要负责全网的数据通信,为网络用户提供数据传输、转接、加工和转换等通信处理工作,即将一个主计算机的信息传送给另一个主计算机。它主要包括通信线路(即传输介质)、网络连接设备(如网络接口设备、通信控制处理机、网桥、路由器、交换机、网关、调制解调器和卫星地面接收站等)、网络通信协议和通信控制软件等。资源子网主要负责全网的信息处理,为网络用户提供网络服务和资源共享功能等。它主要包括网络中所有的主计算机、I/O 设备和终端,各种网络协议、网络软件和数据库等。

4.1.3　计算机网络的分类

根据采用的通信介质、通信距离、拓扑结构等方面的不同,我们通常可以将计算机网络按不同的分类方式分为不同的类型。

1. 按传输技术进行分类

常见的通信介质可以分为有线介质和无线介质两大类。有线介质一般有粗缆、细缆、双绞线、电话线和光纤等;无线介质有红外线、微波、激光等。相对应地,计算机网络也可以分为有线网络和无线网络。有线网络可分为双绞线网或光纤网等;而微波网则属于无线网络。

无线局域网(wireless LAN,WLAN)也被称为 Wi-Fi(wireless fidelity,无线高传真),指的是采用无线传输媒介的计算机网络,结合了最新的计算机网络技术和无线通信技术。首先,无线局域网是有线局域网的延伸。使用无线技术来发送和接收数据,减少了用户的连线需求。

支持 WLAN 的新兴无线网络标准是 IEEE 802.11a,其数据传输速率可达到 54 Mb/s,另一标准 IEEE 802.11b 的数据速率可达到 11 Mb/s。IEEE 802.11a 能够同时支持更多无线用户和增强的移动多媒体应用,如数据流视频。此外,IEEE 802.11a 标准在无阻塞的 5 GHz 频带上运行,从而减少了与无绳电话之间的干扰。

与有线局域网相比较,无线局域网具有开发运营成本低、时间短,投资回报快,易扩展,受自然环境、地形及灾害影响小,组网灵活快捷等优点。可实现"任何人在任何时间,任何地点以任何方式与任何人通信",弥补了传统有线局域网的不足。随着 IEEE 802.11n 标准的制定和推行,无线局域网的产品将更加丰富,不同产品的兼容性将得到加强。目前无线局域网除能传输语音信息外,还能顺利地进行图形、图像及数字影像等多种媒体的传输。

有线、无线间的无缝连接,让手机轻松上网、视频信号在 PC 与电视间顺畅传输,这种可能性已经成为现实的应用。随着 Intel 迅驰移动计算技术在笔记本计算机中通过集成无线网卡直接支持无线局域网,无线网络将集成到多种网络、设备和服务中去。未来的网络将是普遍适用和无线的,电视、计算机与手机的区别可能只是屏幕大小不同了。

2. 按网络的地理位置进行分类

广域网(wide area network,WAN)的作用范围通常为几十到几千千米以上,可以跨越辽阔的地理区域进行长距离的信息传输,所包含的地理范围通常是一个国家或洲。在广域网内,用于通信的传输装置和介质一般由电信部门提供,网络则由多个部门或国家联合组建,网络规模大,能实现较大范围的资源共享。

局域网(local area network,LAN)是一个单位或部门组建的小型网络,一般局限在一座建筑物或园区内,其作用范围通常为 10 米至几千米。局域网规模小、速度快,应用非常广泛。关于局域网将在后面章节详细介绍。

城域网(metropolitan area network,MAN)的作用范围介于广域网和局域网之间,是一个城市或地区组建的网络,作用范围一般为几十公里。城域网以及宽带城域网的建设已成为目前网络建设的热点。由于城域网本身没有明显的特点,因此我们后面只讨论广域网和局域网。

需要指出的是,广域网、城域网和局域网的划分只是一个相对的分界。而且随着计算机网络技术的发展,三者的界限已经变得模糊了。

3. 按计算机和设备在网络中的地位分类

在计算机网络中,倘若每台计算机的地位平等,都可以平等地使用其他计算机内部的资源,每台机器磁盘上可供共享的空间和文件都成为公共财产,这种网就称之为对等局域网(peer to peer LAN),简称对等网。在对等网计上算机资源的共享方式会导致计算机的速度比平时慢,但对等网非常适合于小型的、任务轻的局域网,例如在普通办公室、家庭或学生宿舍内常建对等网。对等网一般采用总线型和星型的网络拓扑结构。

如果网络所连接的计算机较多,在 10 台以上且共享资源较多时,就需要考虑专门设立一个计算机来存储和管理需要共享的资源,这台计算机被称为服务器,其他的计算机称为工作站,工作站里硬盘的资源就不必与他人共享。如果想与某人共享一份文件,就必须先把文件从工作站拷贝到文件服务器上,或者一开始就把文件安装在服务器上,这样其他工作站上的用户才能访问到这份文件。这种网络就是非对等网,称为客户机/服务器网络。

4.1.4　计算机网络的拓扑结构

计算机网络的拓扑结构是引用拓扑学中的研究与大小、形状无关的点、线特性的方法,把网络单元定义为结点,两结点间的线路定义为链路,则网络结点和链路的几何位置就是网络的拓扑结构。网络的拓扑结构主要有总线形、环形、星形和网状结构。

1. 总线形拓扑结构

总线形网络是一种比较简单的计算机网络结构,它采用一条称为公共总线的传输介质,将各计算机直接与总线连接,信息沿总线介质逐个结点广播传送,如图 4.4 所示。

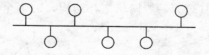

图 4.4　总线形拓扑结构

总线形拓扑结构简单,增删结点容易。网络中任何结点的故障都不会造成全网的瘫痪,可靠性高。但是任何两个结点之间传送数据都要经过总线,总线成为整个网络的瓶颈。当结点数目多时,易发生信息拥塞。

总线结构投资省,安装布线容易,可靠性较高。在传统的局域网中,是一种常见的结构。

2. 环形拓扑结构

环形网络将计算机连成一个环。在环形网络中,每台计算机按位置不同有一个顺序编号,在环形网络中信号按计算机编号顺序以"接力"方式传输,如图 4.5 所示。在环型拓扑结构中每一台设备只能和相邻结点直接通信。与其他结点的通信时,信息必须依次经过二者间的每一个结点。

环形拓扑结构传输路径固定,无路径选择问题,故实现简单。但任何结点的故障都会导致全网瘫痪,可靠性较差。网络的管理比较复杂,投资费用较高。当环形拓扑结构需要调整时,如结点的增、删、改,一般需要将整个网重新配置,扩展性、灵活性差,维护困难。

3. 星形拓扑结构

星形网络由中心结点和其他从结点组成,中心结点可直接与从结点通信,而从结点间必须通过中心结点才能通信。在星形网络中中心结点通常由一种称为集线器或交换机的设备充当,因此网络上的计算机之间是通过集线器或交换机来相互通信的,是目前局域网最常见的方式,如图 4.6 所示。

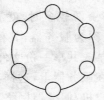

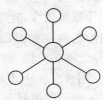

图 4.5　环形拓扑　　　　　　　　图 4.6　星形拓扑

星形拓扑结构简单,建网容易,传输速率高。每结点独占一条传输线路,消除了数据传送堵塞现象。一台计算机及其接口的故障不会影响到网络,扩展性好,配置灵活,增删改一个站点容易实现,网络易管理和维护。网络可靠性依赖于中央结点,中央结点一旦出现故障将导致全网瘫痪。

4. 网状拓扑结构

网状拓扑结构分为一般网状拓扑结构和全连接网状拓扑结构两种。全连接网状拓扑结构中的每个结点都与其他所有结点有链路相连通。一般网状拓扑结构中每个结点至少与其他两个结点直接相连。图 4.7 中的(a)为一般网状拓扑结构,(b)为全连接网状拓扑结构。

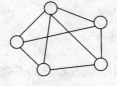

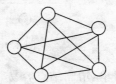

(a)一般网状拓扑结构　　　　　　(b)全连接网状拓扑结构

图 4.7　网状拓扑结构

网状拓扑结构的容错能力强,如果网络中一个结点或一段链路发生故障,信息可通过其他结点和链路到达目的结点,故可靠性高。但其建网费用高,布线困难。

在实际应用中,上述 4 种类型的网络经常被综合应用,将多台计算机连接成计算机网络。

4.1.5　计算机网络的组成

完整的计算机网络系统是由网络硬件系统和网络软件系统组成的。下面仅以基于服务器模式的计算机网络（非对等网）为例进行说明。

1. 计算机网络的硬件组成

计算机网络硬件系统是由服务器、客户机、通信处理设备和通信介质组成。服务器和客户机是构成资源子网的主要设备，通信处理设备和通信介质是构成通信子网的主要设备。

1）服务器

服务器一般是一台配置高（诸如 CPU 速度快，内存和硬盘的容量高等）的计算机，它为客户机提供服务。按照服务器所能提供的资源来区分，可分为文件服务器、打印服务器、应用系统服务器和通信服务器等。在实际应用中，常把几种服务集中在一台服务器上，这样一台服务器就能执行几种服务功能。例如将文件服务器连接网络共享打印机，此服务器就能作为文件和打印服务器使用。

文件服务器在网络中起着非常重要的作用。它负责管理用户的文件资源，处理客户机的访问请求，将相应的文件下载到某一客户机。为了保证文件的安全性，常为文件服务器配置磁盘阵列或备份的文件服务器。

打印服务器负责处理网络中用户的打印请求。一台或几台打印机与一台计算机相连，并在计算机中运行打印服务程序，使得各客户机都能共享打印机，这就构成了打印服务器。还有一种网络打印机，内部装有网卡，可以直接与网络的传输介质相连，作为打印服务器。

应用系统服务器运行应用程序的服务器端软件，该服务器一般保存着大量信息供用户查询。应用系统服务器处理客户端程序的查询请求，只将查询结果返回给客户机。

通信服务器负责处理本网络与其他网络的通信，以及远程用户与本网的通信。

2）客户机

客户机运行应用程序的客户机端软件，网络用户通过客户机与网络联系，由于网络中的客户机能够共享服务器的资源，因而一般情况下配置比服务器低。

3）网卡

服务器和客户机都需要安装网卡。网卡是计算机和传输介质之间的物理接口，又称为网络适配器。网卡的作用是将计算机内的数据转换成传输介质上的信号发送出去，并把传输介质上的信号转换成计算机内的数据接收进来。网卡的总线接口插在计算机的扩展槽中，网络缆线接口与传输介质相连。

4）通信介质

通信介质也称为传输介质，用于连接计算机网络中的网络设备，传输介质一般可分为有线传输介质和无线传输介质两大类。常用的有线传输介质是双绞线、同轴电缆和光导纤维，常用的无线传输介质是微波、激光和红外线等。

5）通信处理设备

通信处理设备主要包括调制解调器、中继器、集线器、网桥、交换机、路由器和网关等。

（1）调制解调器（modem）。它是一个将数字信号调制到模拟载波信号上进行传输，并解调收到的模拟信号以得到数字信息的电子设备。它的目标是产生能够方便传输的模拟信号并且能够通过解码还原原来的数字数据。根据不同的应用场合,调制解调器可以使用不同的手段来传送模拟信号,比如使用光纤,射频无线电或电话线等使用普通电话线音频波段进行数据通信的电话调制解调器是人们最常接触到的调制解调器。常见的调制解调器还包括用于宽带数据接入的有线电视电缆调制解调器,DSL 调制解调器。数字式移动电话实际上也是一种无线方式的调制解调器。现代电信传输设备是为了在不同的介质上远距离的传输大量信息,因此也都以调制解调器的功能为核心。其中,微波调制解调器速率可以达上百万 b/s;而使用光纤作为传输介质的光调制解调器可以达到几十 Gb/s 以上,是现在电信传输手段的骨干。

(2)中继器(repeater)。由于信号在线缆中传输会发生衰减,因此要扩展网络的传输距离,可以使用中继器使信号不失真地继续传播。

(3)集线器(hub)。它是指将多条以太网路双绞线或光纤集合连接在同一段物理介质下的装置。它除了对接收到的信号再生并传输外,还可为网络布线和集中管理带来方便。由于集线器会把进来的讯号送到除了发出者之外的每一个连接着的埠,造成讯号之间碰撞的机会很大,而且讯号也可能被窃听,因此大部分集线器已被交换机取代。

(4)网桥(bridge)。网桥将网络的多个网段在数据链路层连接起来,即桥接。网桥在功能上与集线器等其他用于连接网段的设备类似,不过后者工作在物理层。网桥仅仅在不同网络之间有数据传输的时候才将数据转发到其他网络,不是像集线器那样对所有数据都进行广播。

(5)交换机(switch)。交换机工作于数据链路层。交换机内部的 CPU 会在每个端口成功连接时,通过 ARP 协议学习它的 MAC 地址,保存成一张交换表。在今后的通讯中,发往该 MAC 地址的数据包将仅送往其对应的端口,而不是所有的端口。因此,交换机可用于划分数据链路层广播,但它不能划分网络层广播。交换机又分为第二层交换机和第三层交换机。第二层交换机同时具备了集线器和网桥的功能。第三层交换机除了具有第二层交换机的功能之外,还能进行路径选择功能。

(6)路由器(router)。路由器就是连接两个以上网络线路的设备。由于位于两个或更多个网络的交汇处,从而可在它们之间传递分组(一种数据的组织形式)。路由器与交换机(switch)在概念上有一定重叠但也有不同:交换机泛指工作于任何网络层次的数据中继设备,而路由器则更专注于网络层。

(7)网关。经常在家庭中或者小型企业网络中使用,用于连接局域网和 Internet。网关也经常指把一种协议转成另一种协议的设备,比如语音网关。网关顾名思义就是连接两个网络的设备,对于语音网关来说,它可以连接 PSTN 网络和以太网,这就相当于 VOIP,把不同电话中的模拟信号通过网关而转换成数字信号,而且加入协议再去传输。在到了接收端的时候再通过网关还原成模拟的电话信号,最后才能在电话机上听到。对于以太网中的网关只能转发三层以上分组,这一点和路由是一样的。而不同的是网关中并没有路由表,他只能按照预先设定的不同网段来进行转发。网关最重要的一点就是端口映射,子网内用户在外网看来只是外网的 IP 地址对应着不同的端口,这样看来就会保护子网内的用户。

2. 计算机网络的软件组成

计算机网络的软件系统包括计算机网络的网络操作系统和网络应用服务系统等。网络应用服务系统针对不同的应用有不同的应用软件,下面只介绍网络操作系统。网络操作系统除具有常规操作系统所应具有的功能外,还应具有网络管理功能,如网络通信功能、网络资源管理功能和网络服务功能等。

1) 网络操作系统的组成

针对上述功能,网络操作系统主要由网络适配器驱动程序、子网协议和应用协议三个部分组成。

(1) 网络适配器驱动程序,即网卡驱动程序完成网卡接收和发送数据的处理。正确的为网卡选择驱动程序及设置参数是建立网络的重要操作。一般网络操作系统包含一些常用网卡的驱动程序,网卡生产商也提供一张网卡驱动程序的软盘。

(2) 子网协议是网络内发送应用和系统报文所必需的通信协议。子网协议的选择关系到网络系统的性能。

(3) 应用协议与子网协议进行通信,实现网络操作系统的高层服务。

2) 几种常用的网络操作系统

(1) Windows 2008。Windows Server 2008 是微软的一个服务器操作系统,它继承自 Windows Server 2003。Windows Server 2008 是一套和 Windows Vista(相对应的服务器操作系统系统,两者拥有很多相同功能。与 Windows 2000 的 Professional 版和 Server 版一样,两者在开发时共用大多数的代码,连 Service Pack 皆可共用;Vista 和 Server 2008,XP 和 Server 2003 间存在相似的关系。

(2) Linux。Linux 是一类 Unix 计算机操作系统的统称。该操作系统的核心的名字也是"Linux"。Linux 操作系统也是自由软件和开放源代码发展中最著名的例子。严格来讲,Linux 这个词本身只表示 Linux 核心,但在实际上人们已经习惯了用 Linux 来形容整个基于 Linux 核心,并且使用 GNU 工程各种工具和数据库的操作系统(也被称为 GNU/Linux)。基于这些组件的 Linux 软件被称为 Linux 发行版。一般来讲,一个 Linux 发行包包含大量的软件,比如软件开发工具、数据库(例如 PostgreSQL、MySQL)、网络服务器(例如 Apache)、X Window、桌面环境(例如 GNOME 和 KDE)、办公包(例如 OpenOffice.org)、脚本语言(例如 Perl、PHP 和 Python)等。

(3) Unix。Unix 操作系统的历史漫长而曲折,Unix 与其他商业操作系统的不同之处主要在于其开放性。在系统开始设计时就考虑了各种不同使用者的需要,因而 Unix 被设计为具备很大可扩展性的系统。由于它的源码被分发给大学,从而在教育界和学术界影响很大,进而影响到商业领域中。大学生和研究者为了科研目的或个人兴趣在 Unix 上进行各种开发,并且不计较金钱利益,将这些源码公开,互相共享,这些行为极大丰富了 Unix 本身。正因为如此,当今的 Internet 才如此丰富多彩,与其他商业网络不同,才能成为真正的全球网络。而正是 Unix 成为 Internet 上提供网络服务(从 FTP 到 WWW)的最通用的平台;是所有开发的操作系统中可移植性最好的系统。开放是 Unix 的灵魂,也是 Internet 的灵魂。由于 Unix 的开放性,另一方面就使得存在多个不同的 Unix 版本。因此对系统管理,以及为 Unix 开发可移植的应用程序带来一定的困难。

4.2 网络体系结构及协议

计算机网络通信是一个非常复杂的过程,将一个复杂过程分解为若干个容易处理的部分,然后逐个分析处理,这种结构化设计方法是工程设计中经常用到的手段。分层就是系统分解的最好方法之一。另一方面,计算机网络系统是一个十分复杂的系统,要使其能协同工作实现信息交换和资源共享,它们之间必须具有共同约定。如何表达信息、交流信息、怎样交流及何时交流,都必须遵循某种互相都能接受的规则。

这些就是本节要研究的两个主要问题。

4.2.1　网络通信协议

1. 网络协议的概念

一个计算机网络有许多互相连接的结点,在这些结点之间要不断地进行数据的交换。要做到有条不紊地交换数据,每个结点就必须遵守一些事先约定好的规则。这些为进行网络中的数据交换而建立的规则、标准或约定即称为网络协议。网络协议主要由以下三个要素组成:

(1) 语法。即数据与控制信息的结构或格式。例如,在某个协议中,第一个字节表示源地址,第二个字节表示目的地址,其余字节为要发送的数据等。

(2) 语义。定义数据格式中每一个字段的含义。例如,发出何种控制信息,完成何种动作以及做出何种应答等。

(3) 同步。收发双方或多方在收发时间和速度上的严格匹配,即事件实现顺序的详细说明。

2. 制定网络通信协议和标准的主要组织

(1) IEEE。电气和电子工程师协会(Institute of Electrical and Electronic Engineers, IEEE)是世界上最大的专业技术团体,由计算机和工程学专业人士组成。IEEE 在通信领域最著名的研究成果是 802 标准。802 标准定义了总线网络和环形网络等的通信协议。

(2) ISO。国际标准化组织(International Organization for Standards, ISO)是一个世界性组织,它包括了许多国家的标准团体。ISO 最有意义的工作就是它对开放系统的研究。在开放系统中,任意两台计算机可以进行通信,而不必理会各自有不同的体系结构。具有 7 层协议结构的开放系统互连模型(OSI)就是一个众所周知的例子。作为一个分层协议的典型,OSI 仍然经常被人们学习研究。

(3) ITU。国际电信联盟(International Telecommunications Union, ITU)前身是国际电报电话咨询委员会(Consultative Committee on International Telephone and Telegraph, CCITT)。ITU 是一家联合国机构,共分为三个部门。ITU-R 负责无线电通信,ITU-D 是发展部门,而与本书相关的是 ITU-T,负责电信。ITU 的成员包括各种各样的科研机构、工业组织、电信组织、电话通信方面的权威人士,还有 ISO。ITU 已经制定了许多网络和电话通信方面的标准。

除此以外还有一些国际组织和著名的公司等在网络通信标准的制定方面起着重要作用,如国际电子技术委员会(International Electrotechnical Commission, IEC)、电子工业协会(Electronic Industries Association, EIA)、国际商用机器公司(International Business Machine, IBM)等。

4.2.2　网络体系结构

1. 网络体系结构的定义

网络通信需要完成很复杂的功能,若制定一个完整的规则来描述所有这些问题是很困难的。实践证明,对于非常复杂的计算机网络协议,最好的方法是采用分层式结构。每一层关注和解决通信中的某一方面的规则。所谓网络的体系结构就是计算机网络各层次及其协议的集合。层次结构一般以垂直分层模型来表示。如果两个网络的体系结构不完全相同就称为异构网络。异构网络之间的通信需要相应的连接设备进行协议的转换。

1) 层次结构的优点

(1) 层之间是独立的。由于每一层只实现一种相对独立的功能,因而可将一个难以处理的复杂问题分解为若干个较容易处理的更小一些的问题。这样,将问题的复杂程度下降了。

(2) 灵活性好。当任何一层发生变化时,只要层间接口关系保持不变,则在这层以上或以下各层均不受影响。此外,对某一层提供的服务还可进行修改。当某层提供的服务不再需要时,甚至可以将这层取消。

(3) 结构上可分割开。各层都可以采用最合适的技术来实现。便于各层软件、硬件及互连设备的开发。

(4) 易于实现和维护。这种结构使得实现和调试一个庞大而又复杂的系统变得易于处理,因为整个的系统已被分解为若干个相对独立的子系统。

(5) 能促进标准化工作。因为每一层的功能及其所提供的服务都已有了精确的说明。

2) 分层的原则

如果层次划分不合理也会带来一些问题。因此,分层时应注意层次的数量和使每一层的功能非常明确。一般来说,层次划分应遵循以下原则:

(1) 结构清晰,易于设计,层数应适中。若层次太少,就会使每一层的协议太复杂,但层数太多又会在描述和实现各层功能的系统工程任务时遇到较多的困难。

(2) 每层的功能应是明确的,并且是相互独立的。当某一层的具体实现方法更新时,只要保持上、下层的接口不变,便不会对相邻层产生影响。

(3) 同一结点相邻层之间通过接口通信,层间接口必须清晰,跨越接口的信息量应尽可能少。

(4) 每一层都使用下层的服务,并为上层提供服务。

(5) 网中各结点都有相同的层次,不同结点的同等层按照协议实现对等层之间的通信。

2. 开放系统互连基本参考模型

开放系统互连(OSI)基本参考模型是由国际标准化组织于 1979 年开始研究,1983 年正式批准的网络体系结构参考模型。这是一个标准化开放式计算机网络层次结构模型。在这里"开放"的含义表示能使任何两个遵守参考模型和有关标准的系统进行互连。

OSI 的体系结构定义了一个 7 层模型,从下向上依次包括物理层、数据链路层、网络层、运输层、会话层、表示层和应用层,如图 4.8 所示。各层的主要功能如下:

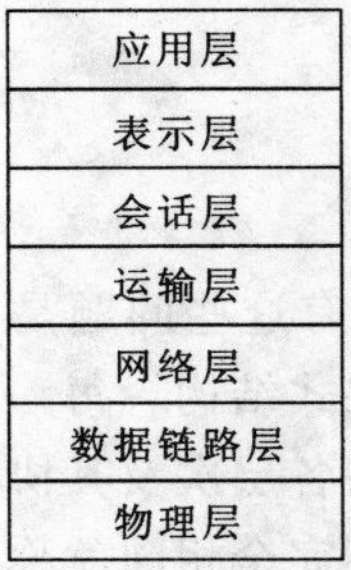

| 应用层 |
| 表示层 |
| 会话层 |
| 运输层 |
| 网络层 |
| 数据链路层 |
| 物理层 |

图 4.8　OSI 基本参考模型

（1）物理层。物理层是 7 层中的第 1 层,也即最下一层。物理层直接和传输介质相连。物理层的任务是实现网内两实体间的物理连接,按位串行传送比特流,将数据信息从一个实体经物理信道送往另一个实体,向数据链路层提供一个透明的比特流传送服务。

（2）数据链路层。数据链路层是 7 层中的第 2 层。比特流在这一层被组织成数据链路协议数据单元(通常称为帧),并以其为单位进行传输,帧中包含地址、控制、数据及校验码等信息。数据链路层的主要作用是通过校验、确认和反馈重发等手段,将不可靠的物理链路改造成对网络层来说无差错的数据链路。数据链路层还要协调收发双方的数据传输速率,即进行流量控制,以防止接收方因来不及处理发送方来的高速数据而导致缓冲器溢出及线路阻塞。

（3）网络层。网络层是 7 层中的第 3 层,介于数据链路层和运输层之间。数据链路层提供的是两个结点之间数据的传输,还没有做到主机到主机之间数据的传输,而主机到主机之间数据的传输工作是由网络层来完成的。网络层是通信子网的最高层,数据以网络协议数据单元(分组)为单位进行传输。网络层关心的是通信子网的运行控制,主要解决如何使数据分组跨越通信子网从源传送到目的地的问题,这就需要在通信子网中进行路由选择。另外,为避免通信子网中出现过多的分组而造成网络阻塞,需要对流入的分组数量进行控制。当分组要跨越多个通信子网才能到达目的地时,还要解决网际互连的问题。

（4）运输层。运输层是 7 层中的第 4 层,又称为主机-主机协议层。也有的将运输层称作传输层或传送层的。该层的功能是提供一种独立于通信子网的数据传输服务,使源主机与目标主机像是点对点地简单连接起来一样。

（5）会话层。会话层是 7 层中的第 5 层,又称为会晤层或对话层。会话层所提供的会话服务主要分为两大部分,即会话连接管理与会话数据交换。

（6）表示层。表示层是 7 层中的第 6 层。表示层的目的是表示出用户看得懂的数据格式,实现与数据表示有关的功能,主要完成数据字符集的转换,数据格式化和文本压缩,数据加密、解密等工作。

（7）应用层。应用层是 7 层中的最高层。应用层为用户提供服务,是 OSI 用户的窗口,并为用户提供一个 OSI 的工作环境。应用层的内容主要取决于用户的需要,因为每个用户可以自行解决运行什么程序和使用什么协议。应用层的功能包括程序执行的功能和操作员执行的功能。在 OSI 环境下,只有应用层是直接为用户服务的。应用层包括的功能最多,已经制定的应用层协议很多,例如虚拟终端协议 VTP,电子邮件,事务处理等。

根据 7 层的功能,又将会话层以上的三层(会话层、表示层、应用层)协议称为高层协议,而将下三层(物理层、数据链路层、网络层)协议称为低层协议,运输层居中有的将其归入低层协议,有的将其归入高层协议。高层协议是面向信息处理的,完成用户数据处理的功能;低层协议是面向通信的,完成网络功能。这种层次关系如图 4.9 所示。

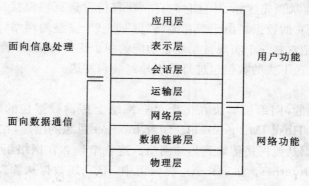

图 4.9 OSI 各层协议关系

3. TCP/IP 协议模型

网络互连是目前网络技术研究的热点之一,并且已经取得了很大的进展。在诸多网络互连协议中,传输控制协议/网际协议(transmission control protocol/internet protocol,TCP/IP)是一个使用非常普遍的网络互联标准协议。目前,众多的网络产品厂家都支持 TCP/IP 协议,并被广泛用于 Internet 连接的所有计算机上,所以 TCP/IP 已成为一个事实上的网络工业标准,建立在 TCP/IP 结构体系上的协议也成为应用最广泛的协议。

TCP/IP 协议模型采用 4 层的分层体系结构,由下而上依次是网络接口层、网际层、运输层和应用层。TCP/IP 的 4 层协议模型以及与 OSI 参考模型的对照关系如图 4.10 所示。

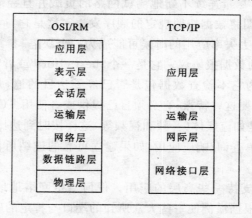

图 4.10 TCP/IP 协议模型及与 OSI 参考模型对照关系

1)网络接口层

网络接口层实际上并不是 Internte 协议组中的一部分,但它是数据包从一个设备的网络层传输到另外一个设备的网络层的方法。这个过程能够在网卡的软件驱动程序中控制,也可以在韧体或者专用芯片中控制。这将完成如添加报头准备发送、通过物理媒介实际发送这样一些数据链路功能。另一端,网络接口层将完成数据帧接收、去除报头并且将接收到的包传到网络层。

然而,网络接口层并不经常这样简单。它也可能是一个虚拟专有网络(VPN)或者隧道,在这里从网络层来的包使用隧道协议和其他(或者同样的)协议组发送而不是发送到物理的接口上。VPN 和隧道通常预先建好,并且它们有一些直接发送到物理接口所没有的特殊特点,例如它可以加密经过它的数据。由于现在链路"层"是一个完整的网络,这种协议组的递归使用可能引起混淆;但是它是一个实现常见复杂功能的一个优秀方法,尽管需要注意预防一个已经封装并且经隧道发送下去的数据包进行再次地封装和发送。

2) 网际层

正如最初所定义的,网络层解决在一个单一网络上传输数据包的问题。类似的协议有 X.25 和 ARPAnet 的 Host/IMP protocol。随着 Internet 思想的出现,在这个层上添加了附加的功能,也就是将数据从源网络传输到目的网络。这就牵涉到在网络组成的网上选择路径将数据包传输,也就是 Internet。在 Internet 协议组中,IP 完成数据从源发送到目的基本任务。IP 能够承载多种不同的高层协议的数据;这些协议使用一个唯一的 IP 协议号进行标识。ICMP 和 IGMP 分别是 1 和 2。一些 IP 承载的协议,如 ICMP(用来发送关于 IP 发送的诊断信息)和 IGMP(用来管理多播数据),它们位于 IP 层之上但是完成网络层的功能,这表明了因特网和 OSI 模型之间的不兼容性。所有的路由协议,如 BGP,OSPF 和 RIP 实际上也是网络层的一部分,尽管它们似乎应该属于更高的协议栈。

3) 运输层

运输层的协议,能够解决诸如端到端可靠性(数据是否已经到达目的地?)和保证数据按照正确的顺序到达这样的问题。在 TCP/IP 协议组中,传输协议也包括所给数据应该送给哪个应用程序。

TCP 是一个"可靠的"、面向连结的传输机制,它提供一种可靠的字节流保证数据完整、无损并且按顺序到达。TCP 尽量连续不断地测试网络的负载并且控制发送数据的速度以避免网络过载。另外,TCP 试图将数据按照规定的顺序发送。这是它与 UDP 不同之处,这在实时数据流或者路由高网络层丢失率应用的时候可能成为一个缺陷。

UDP 是一个无连结的数据报协议。它是一个"best effort"或者"不可靠"协议——不是因为它特别不可靠,而是因为它不检查数据包是否已经到达目的地,并且不保证它们按顺序到达。如果一个应用程序需要这些特点,它必须自己提供或者使用 TCP。

UDP 的典型性应用是如流媒体(音频和视频等)这样按时到达比可靠性更重要的应用,或者如 DNS 查找这样的简单查询/响应应用,如果建立可靠的连结所作的额外工作将是不成比例地大。

TCP 和 UDP 都用来支持一些高层的应用。任何给定网络地址的应用通过它们的 TCP 或者 UDP 端口号区分。根据惯例使一些大众所知的端口与特定的应用相联系。

4) 应用层

该层包括所有和应用程序协同工作,利用基础网络交换应用程序专用的数据的协议。应用层是大多数普通与网络相关的程序为了通过网络与其他程序通信所使用的层。这个层的处理过程是应用特有的;数据从网络相关的程序以这种应用内部使用的格式进行传送,然后被编码成标准协议的格式。

一些特定的程序被认为运行在这个层上。它们提供服务直接支持用户应用。这些程序和它们对应的协议包括 HTTP(万维网服务)、FTP(文件传输)、SMTP(电子邮件)、SSH(安全远程登陆)、DNS(域名服务)以及许多其他协议。

一旦从应用程序来的数据被编码成一个标准的应用层协议,它将被传送到 IP 栈的下一层。每一个应用层(TCP/IP 参考模型的最高层)协议一般都会使用到面向连接的 TCP 传输控制协议和无连接的包传输的 UDP 用户数据报文协议这两个运输层协议之一。

常用的运行在 TCP 协议上的协议有 HTTP(hypertext transfer protocol,超文本传输协议),主要用于普通浏览;HTTPS(hypertext transfer protocol over secure socket layer 或 HTTP over SSL,安全超文本传输协议),是 HTTP 协议的安全版本;FTP(file transfer protocol,文件传输协议),由名知义是用于文件传输的;POP3(post office protocol version 3,邮局协议),是收邮件用的;SMTP(simple mail transfer protocol,简单邮件传输协议),用来发送电子邮件;TELNET(teletype over the network,网络电传),用于通过一个终端(terminal)登录到网络;SSH(secure shell,用于替代安全性差的 TELNET),用于加密安全登录。

常用的运行在 UDP 协议上的协议有 BOOTP(boot protocol,启动协议),应用于无盘设备;NTP(network time protocol,网络时间协议),用于网络同步。

常用的其他应用层协议有 DNS(domain name service,域名服务),用于完成地址查找、邮件转发等工作(运行在 TCP 和 UDP 协议上);ECHO(echo protocol,回绕协议),用于查错及测量应答时间(运行在 TCP 和 UDP 协议上);SNMP(simple network management protocol,简单网络管理协议),用于网络信息的收集和网络管理;DHCP(dynamic host configuration protocol,动态主机配置协议),动态配置 IP 地址;ARP(address pesolution protocol,地址解析协议),用于动态解析以太网硬件的地址。

4.3　局　域　网

虽然人们使用网络的范围越来越大,但大多还都是直接使用局域网络,并且作为一个企业或单位也都是组建本企业或本单位的企业内部局域网络。掌握局域网的基本概念以及某些扩展知识对于学习计算机网络是十分基本也是十分重要的部分。

4.3.1　局域网所采用的拓扑结构

局域网采用总线形、星形或环形拓扑结构,基本不采用网状拓扑结构。当然还有星形的扩展,即树形拓扑结构。树形拓扑结构如图 4.11 所示。

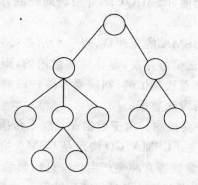

图 4.11　树形拓扑结构

4.3.2　局域网的参考模型

由于局域网不采用网状拓扑结构,因此,从源结点到目的结点不存在路由选择问题。而网络层的主要功能是路由选择,因此,局域网的参考模型中,去掉了网络层,而把数据链路层分为介质访问控制子层(MAC)和数据链路控制子层(LLC)。MAC 子层的主要功能是负责与物理层相关的所有问题,LLC 子层不涉及与物理层的问题,主要功能是与高层相关的问题。局域网的参考模型以及与 OSI 参考模型的对照关系如图 4.12 所示。

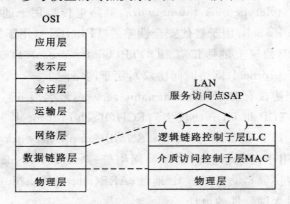

图 4.12　局域网参考模型以及与 OSI 参考模型对照关系

4.3.3　介质访问控制技术

局域网一般都属于信道共享连接的网络。信道共享连接的网络大多是广播网,在这种网络中,基本不存在路由选择问题,而需要解决当信息的使用产生竞争时信道共享的介质访问控制技术的问题。也就是决定谁、什么时间能占用共享的信道传输信息。

针对不同的拓扑结构,采用不同的介质访问控制技术,常用的介质访问控制技术有载波监听多路访问/冲突检测(CSMA/CD)、令牌环和令牌总线三种。

1. 载波监听多路访问/冲突检测介质访问控制

载波监听多路访问/冲突检测(CSMA/CD)介质访问控制方法属于争用协议,一般用于总线拓扑结构的局域网。

(1) 载波监听多路访问。CSMA 的原理是,当一个站点要发送数据前,需要先监听总线。如果总线上没有其他站点的发送信号存在,即总线是空闲的,则该站点发送数据;如果总线上有其他站点的发送信号存在,即总线是忙的,则需要等待一段时间间隔后再重新监听总线,再根据总线的忙、闲情况决定是否发送数据。

(2) 载波监听多路访问/冲突检测。由于数据在总线上传播需要传播时间,因此即使采用了 CSMA 算法,仍然会出现冲突。CSMA/CD 协议是 CSMA 协议的改进方案。CD 部分是在每个站点发送数据期间同时检测是否有冲突产生。一旦检测到冲突,就立即停止发送,并向总线上发出一串阻塞信号,通知总线上各站点已经产生冲突。这样,可以不因传送已经冲突的数据而浪费通道容量。

2. 令牌环介质访问控制

令牌(标记)环介质访问控制方法属于有序的竞争的访问方法。主要用于环形拓扑结构的局域网络上。

(1) 发送数据过程。这种介质访问控制方法是使用一个标记沿着环循环,标记上有一个满/空的标记位。当某个站点要发送数据帧时,必须等待空标记到来,将空标记改为忙标记,紧跟着忙标记把数据帧发送到环上。由于标记是忙状态,所以其他站点不能发送帧,必须等待空标记到来。标记在环上按顺序传送。

(2) 已发送完数据帧移去。发送的数据帧在环上循环一周后再回到发送站点,由发送站点将该数据帧从环上移去。同时将忙标记改为空标记,传到紧挨其后的站点,使其获得发送数据帧的许可权。如果有数据帧发送再将空标记改为忙标记紧跟着发送数据帧;如果没有数据帧发送,只要简单地将空标记交给下一个站点。

(3) 接收数据帧的过程。当数据帧通过站点时,通过的站点将数据帧的目的地址与本站点地址进行比较,如果地址相符合,则将数据复制到接收缓冲器,再输入站点,同时将帧送回至环上。如果地址不符合,则简单地将数据帧送回到环上。

假设有 A 站点要向 C 站点发送数据帧。令牌环介质访问控制的操作过程如图 4.13 所示。

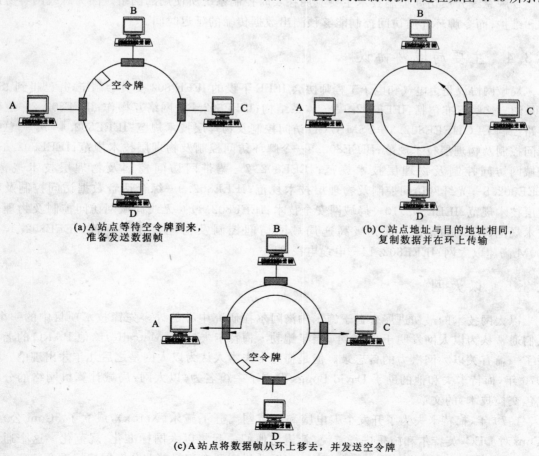

(a) A 站点等待空令牌到来,
准备发送数据帧

(b) C 站点地址与目的地址相同,
复制数据并在环上传输

(c) A 站点将数据帧从环上移去,并发送空令牌

图 4.13　令牌环发送数据过程

3. 令牌总线机制访问控制

标记总线介质访问控制方法是在物理总线上建立一个逻辑环,如图 4.14 所示。从物理上看是一种总线拓扑结构的局域网,但是从逻辑看这是一种环形结构的局域网,接在总线上的站点组成一个逻辑环。和标记环介质访问控制一样,只有取得标记的站点才能发送数据帧,标记在环上依次传递。

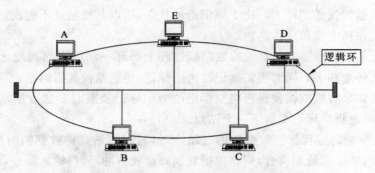

图 4.14　令牌总线网络结构

令牌总线介质访问控制技术主要应用在实时控制系统所使用的网络。因为总线网容易连接和维护,而令牌环介质访问控制能够预测出数据传输的延迟时间。

4.3.4　主要局域网协议

局域网协议是由电气和电子工程师协会 IEEE 下设的 IEEE 802 委员会制定,并已得到 ISO 的采纳。这些标准包括:IEEE802.1A—体系结构;IEEE802.B—网络互操作;IEEE802.2—逻辑链路控制 LLC;IEEE802.3—CSMA/CD 访问控制及物理层技术规范;IEEE802.4—令牌总线访问控制及物理层技术规范;IEEE802.5—令牌环访问控制及物理层技术规范;IEEE802.6—城域网访问控制及物理层技术规范;IEEE802.7—宽带网访问控制及物理层技术规范;IEEE802.8—光纤网访问控制及物理层技术规范;IEEE802.9—综合话音数据访问控制及物理层技术规范;IEEE802.10—局域网安全技术;IEEE802.11—无线局域网访问控制及物理层技术规范;IEEE802.12—优先级高速局域网访问控制及物理层技术规范;IEEE802.13—100M 高速以太网;IEEE802.14—电缆电视网。

4.3.5　以太网

以太网技术的最初进展来自于施乐帕洛阿尔托研究中心的许多先锋技术项目中的一个。人们通常认为以太网发明于 1973 年,当年鲍勃·梅特卡夫(Bob Metcalfe)给他 PARC 的老板写了一篇有关以太网潜力的备忘录。但是梅特卡夫本人认为以太网是之后几年才出现的。在 1976 年,梅特卡夫和他的助手 David Boggs 发表了一篇名为《以太网:局域计算机网络的分布式包交换技术》的文章。

1979 年,梅特卡夫为了开发个人电脑和局域网离开了施乐(Xerox),成立了 3Com 公司。3Com 对 DEC,英特尔和施乐进行游说,希望与他们一起将以太网标准化、规范化。这个通用的以太网标准于 1980 年 9 月 30 日出台。当时业界有两个流行的非公有网络标准令牌环网和

ARCnet,在以太网大潮的冲击下很快萎缩并被取代。而在此过程中,3Com 也成了一家国际化的大公司。

梅特卡夫曾经开玩笑说,Jerry Saltzer 为 3Com 的成功作出了贡献。Saltzer 在一篇与他人合著的很有影响力的论文中指出,在理论上令牌环网要比以太网优越。受到此结论的影响,很多电脑厂商或犹豫不决或决定不把以太网接口作为机器的标准配置,这样 3Com 才有机会从销售以太网网卡大赚。这种情况也导致了另一种说法"以太网不适合在理论中研究,只适合在实际中应用"。这也许只是句玩笑话,但说明了这样一个技术观点:通常情况下,网络中实际的数据流特性与人们在局域网普及之前的估计不同,而正是因为以太网简单的结构才使局域网得以普及。

1. 以太网协议标准

以太网是按照 IEEE802.3 标准的局域网,即采用载波监听多路访问/冲突检测介质访问控制技术。

基本以太网的传输速率只是 10 Mb/s(每秒传输 10 M 二进制位)随着通信与计算机技术的发展,以太网也在不断发展,高速以太网(100 Mb/s)和千兆位以太网(1000 Mb/s)甚至更高速的以太网相继出现,都使以太网更加充满了勃勃生机。

2. 传输介质

以太网使用的传输介质主要有双绞线、同轴电缆和光缆。

1) 双绞线

双绞线是由两条相互绝缘的导线按照一定的规格互相缠绕(一般以顺时针缠绕)在一起而制成的一种通用配线,属于信息通信网络传输介质。双绞线过去主要是用来传输模拟信号的,但现在同样适用于数字信号的传输。

它的工作原理是,把两根绝缘的铜导线按一定规格互相绞在一起,可降低信号干扰的程度,每一根导线在传输中辐射的电波会被另一根线上发出的电波抵消。其中外皮所包的导线两两相绞,形成双绞线对,因而得名双绞线。

因结构不同,可分为非屏蔽双绞线(unshielded twisted-pair,UTP)和屏蔽双绞线(shielded twisted-pair,STP),如图 4.15 所示。屏蔽双绞线比非屏蔽双绞线增加了一个屏蔽层,能够更有效地防止电磁干扰。

双绞线价格低廉,是一种广泛使用的传输介质,如家庭中的电话线。局域网也普遍采用双绞线作为传输介质。

双绞线使用 RJ-45 接头连接网卡和交换机等通信设备,它包括 4 对双绞线,如图 4.16 所示。

图 4.15　双绞线　　　　　　图 4.16　RJ45 接头

2）同轴电缆

同轴电缆是一种电线及信号传输线，一般是由 4 层物料造成：最内里是一条导电铜线，线的外面有一层塑胶（作绝缘体、电介质之用）围拢，绝缘体外面又有一层薄的网状导电体（一般为铜或合金），然后导电体外面是最外层的绝缘物料作为外皮，如图 4.17 所示。

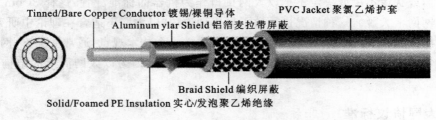

图 4.17　同轴电缆

3）光导纤维

光导纤维简称光纤。与前述两种传输介质不同的是，光纤传输的信号是光，而不是电流。它是通过传导光脉冲来进行通信的。可以简单地理解为以光的有无来表示二进制 0 和 1。

光纤由内向外分为核心、覆层和保护层三部分。其核心是由极纯净的玻璃或塑胶材料制成的光导纤维芯，覆层也是由极纯净的玻璃或塑胶材料制成的，但它的折射率要比核心部分低。正是由于这一特性，如果到达核心表面的光，其入射角大于临界角时，就会发生全反射。光线在核心部分进行多次全反射，达到传导光波的目的。光纤的基本原理如图 4.18 所示。

图 4.18　光纤的基本原理

光纤分为多模光纤和单模光纤两种。若多条入射角不同的光线在同一条光纤内传输，这种光纤就是多模光纤。单模光纤的直径只有一个光波长（5～10 μm），即只能传导一路光波，单模光纤因此而得名。

利用光纤传输的发送方，光源一般采用发光二极管或激光二极管，将电信号转换为光信号。接收端要安装光电二极管，作为光的接收装置，并将光信号转换为电信号。光纤是迄今传输速率最快的传输介质（现已超过 10 Gb/s）。光纤具有很高的带宽，几乎不受电磁干扰的影响，中继距离可达 30 km。光纤在信息的传输过程中，不会产生光波的散射，因而安全性高。另外，它的体积小、重量轻，易于铺设，是一种性能良好的传输介质。但光纤脆性高，易折断，维护困难，而且造价昂贵。目前，光纤主要用于铺设骨干网络。

4.4　Internet 的基本知识

学习计算机网络就必须了解 Internet，目前人们使用网络的范围早已经超越了一个单位、一个城市甚至一个国家，这都离不开 Internet。

4.4.1　Internet 的起源与发展

1. 什么是 Internet

Internet 音译为因特网,是网络与网络之间所串连成的庞大网络,也是指在 ARPAnet 基础上发展出的世界上最大的全球性互联网络。互联网是"连接网络的网络",可以是任何分离的实体网络之集合,这些网络以一组通用的协议相连,形成逻辑上的单一网络。这种将计算机网络互相联结在一起的方法称为"网络互联"。

2. Internet 的起源与发展

在 1950 年代,通信研究者认识到需要允许在不同计算机用户和通信网络之间进行常规的通信。这促使了分散网络、排队论和分组交换的研究。1960 年美国国防部国防前沿研究项目署(ARPA)出于冷战考虑创建的 ARPA 网引发了技术进步并使其成为互联网发展的中心。1973 年 ARPAnet 网扩展成国际互联网,第一批接入的有英国和挪威计算机。

1974 年 ARPA 的鲍勃·凯恩和斯坦福的温登·泽夫提出 TCP/IP 协议,定义了在电脑网络之间传送报文的方法。1983 年 1 月 1 日,ARPAnet 将其网络核心协议由 NCP 改变为 TCP/IP 协议。

1986 年,美国国家科学基金会(National Science Foundation,NSF)创建了大学之间互联的骨干网络 NSFnet,这是互联网历史上重要的一步。在 1994 年,NSFnet 转为商业运营。互联网中成功接入的比较重要的其他网络包括 Usenet、Bitnet 和多种商用 X.25 网络。网络世界通过超文本协议连结成一个广大虚拟空间。

20 世纪 90 年代,整个网络向公众开放。在 1991 年 8 月,在蒂姆·伯纳斯-李(Tim Berners-Lee)在瑞士创立 HTML,HTTP 和欧洲粒子物理研究所(CERN)的最初几个网页之后两年,他开始宣扬其万维网(World Wide Web)项目。在 1993 年,Mosaic 网页浏览器版本 1.0 被放出了,在 1994 年晚期,公共利益在前学术和技术的互联网上稳步增长。1996 年,Internet 一词被广泛的流传,不过是指几乎整个万维网。其间,经过一个 10 年,互联网成功地容纳了原有的计算机网络中的大多数(尽管像 FidoNet 的一些网络仍然保持独立)。这一快速发展要归功于互联网没有中央控制,以及互联网协议非私有的特质,前者造成了互联网有机的生长,而后者则鼓励了厂家之间的兼容,并防止了某一个公司在互联网上称霸。

互联网的成功,可从 Internet 这个术语的混淆窥知一二。最初,互联网代表那些使用 IP 协议架设而成的网络,而今天,它则用来泛指各种类型的网络,不再局限于 IP 网络。一个互联网可以是任何分离的实体网络之集合,这些网络以一组通用的协议相连,形成逻辑上的单一网络。

4.4.2　Internet 的通信协议与地址

对于 Internet 这样世界最大的互联网,一个非常重要的问题就是对象识别问题,在网络中,对象的识别依靠地址,所以对 Internet 首先要解决的是地址统一问题。Internet 采用通用的地址格式,为全网的每一个网络的每一台主机都分配一个 Internet 地址。IP 协议的一项重要功能就是处理在整个 Internet 网络中使用统一的 IP 地址。

1. 运输层协议组

Internet 运输层协议组包括传输控制协议 TCP 和用户数据报协议 UDP 两个协议。

(1) 传输控制协议 TCP。TCP 传输控制协议是面向连接的控制协议,即在传输数据前要先建立逻辑连接,数据传输结束还要释放连接。因此,传输控制协议 TCP 是用于在不可靠的 Internet 上提供可靠的、端到端的字节流通信的协议。

(2) 用户数据报传输协议 UDP。用户数据报传输协议 UDP 提供了无连接的数据报服务。由于 UDP 协议在数据传输过程中无需建立逻辑连接,对数据包也不进行检查,似乎不如传输控制协议 TCP 可靠性高。但在优良的网络环境中,其工作的效率较 TCP 协议要高,具有 TCP 所望尘莫及的速度优势。这使得在有些情况下 UDP 协议变得非常有用,如视频电话会议系统等实时性要求高的应用。

2. 网际层协议组

Internet 的网际层协议组是以网际协议 IP 为主的 1 组协议,包括网际协议 IP、地址解析协议 ARP、逆向地址解析协议 RARP 及因特网控制信息协议 ICMP 等。

1) IP 地址

Internet 上的每 1 台主机要进行通信必须有一个地址,这就像邮寄信件必须有发信人和收信人地址一样,这个地址被称为 IP 地址。IP 地址必须能唯一确定主机的位置,因此 Internet 上不允许有两台主机有相同的 IP 地址。它由 IP 协议规定。下面以目前仍然占主导地位的 IPv4 版本为标准进行讲解,IPv6 版本有许多改进,最大的不同是地址采用 128 位,使得 Internet 的地址数量大大增加,以满足日益增长的上网计算机地址的需求。

一个 IP 地址由 4 个字节(二进制 32 位)组成,为便于阅读采用点分十进制表示,如 IP 地址 11001010 10100011 00000001 00000111 表示成点分十进制为 202.163.1.7,即每一字节二进制数换算成对应的十进制数,各字节之间用脚点分隔。IP 地址由网络号和主机号两部分组成,同一网络内的所有主机使用相同的网络号,主机号是唯一的。按网络规模大小,将网络地址分为 A,B,C 三类,具体规定如下:

A 类——网络号以 0 开头,占 1 个字节长度,主机号占 3 个字节,用于大型网络。

B 类——网络号以 10 开头,占 2 个字节长度,主机号占 2 个字节,用于中型网络。

C 类——网络号以 110 开头,占 3 个字节长度,主机号占 1 个字节,用于小型网络。

除了 A,B,C 三类网络地址外,还有 D、E 两类地址,具体规定如下:

D 类——网络号以 1110 开头,用于多播地址。

E 类——网络号以 11110 开头,用于实验性地址,保留备用。

IP 地址的类型及划分如图 4.19 所示。

2) 地址解析协议 ARP 和逆向地址解析协议 RARP

在网际协议中定义的是 Internet 中的 IP 地址,但在实际进行通信时,物理层不能识别 IP 地址只能识别物理地址。因此,需在 IP 地址与物理地址之间建立映射关系,地址之间的这种映射叫地址解析。

网络中的物理地址即网卡的序列号。IEEE 规定网卡序列号为 6 个字节(48 位),前 3 个字节为厂商代号,由厂商向 IEEE 注册登记申请,后 3 个字节为网卡的流水号。

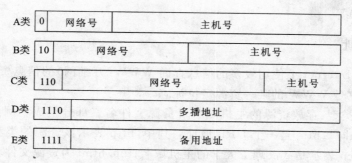

图 4.19　IP 地址类型

地址解析包括从 IP 地址到物理地址的映射和从物理地址到 IP 地址的映射。TCP/IP 协议组提供了地址解析协议 ARP 和逆向地址解析协议 RARP（reverse address resolution protocol）两个映射协议。ARP 用于从 IP 地址到物理地址的映射，RARP 用于从物理地址到 IP 地址的映射。

3）Internet 控制信息协议 ICMP

该协议的作用是向源主机发送信息和错误报告。ICMP 在下述情况向源主机发送信息或错误报告：①路由器无足够的缓存作存储转发；②路由器无法将报文送达目标主机时；③报文的生存时间用完，要丢弃该报文时；④需要对报文分段而该报文又不允许分段时；⑤收到其他路由器向源主机发送报文需转发时；⑥路由器发现更佳路径时等。

3. 域名系统

如前所述，IP 地址是对 Internet 中网络和主机的一种数字型标志，这对于计算机网络来说自然是有效的，但对于用户来说，要记住成千上万的主机 IP 地址则是一件十分困难的事情。为了便于使用和记忆，也为了便于网络地址的分层管理和分配，Internet 在 1984 年采用了域名服务系统（domain name system，DNS）。

（1）域名服务系统的主要功能是定义一套为机器取域名的规则，把域名高效率地转换成 IP 地址。域名服务系统是一个分布式的数据库系统，由域名空间、域名服务器和地址转换请求程序三部分组成。

（2）域名采用分层次方法命名，每一层都有一个子域名，子域名之间用点号分隔。具体格式为"主机名.网络名.机构名.最高层域名"，如 public. tpt. tj. cn，其含义是"主机名.数据局.天津.中国"。

（3）凡域名空间中有定义的域名都可以有效地转换成 IP 地址，同样 IP 地址也可以转换成域名。因此，用户可以等价地使用域名或 IP 地址。但需要注意的是，域名的每一部分与 IP 地址的每一部分并不是一一对应，而是完全没有关系，就像人的名字和他的电话号码之间没有必然的联系是一样的道理。

（4）最高层域名代表建立该网络的部门、机构或者该网络所在的地区、国家等，根据 1997 年 2 月 4 日 Internet 国际特别委员会（IAHC）关于最高层域名的报告，它可以分为以下三类：①通用最高层域名，常见的有 edu（教育、科研机构）、com（商业机构）、net（网络服务机构）、info（信息服务机构）、org（专业团体）、gov（政府机构）等；②国际最高层域名，ini（国际性组织或机构）；③国家或地区最高层域名，如 cn（中国）、us（美国）、uk（英国）、jp（日本）、de（德国）、it（意大利)、ru(俄罗斯)等。

4. URL 地址

URL 地址是 Internet 上使用较多的信息查询 WWW(万维网)的信息资源统一的且在网上唯一的地址。它是 WWW 的唯一资源定位标志。

URL 由资源类型、存放资源的主机域名及资源文件名三部分组成。例如,http://www. whut. edu. cn/xxgk/1. htm 是一个 URL 地址。其中,http 表示该资源的类型是超文本信息; www. whut. edu. cn 表示是武汉理工大学的主机域名;top. html 为资源文件名。

4.4.3 Internet 接入技术

Internet 接入技术是用户与互联网间连接方式和结构的总称。任何需要使用互联网的计算机必须通过某种方式与互联网进行连接。互联网接入技术的发展非常迅速:带宽由最初的 14.4 Kb/s 发展到目前的 10 Mb/s 甚至 100 Mb/s 带宽;接入方式也由过去单一的电话拨号方式,发展成现在多样的有线和无线接入方式;接入终端也开始朝向移动设备发展。更新更快的接入方式仍在继续地被研究和开发,下面只简单介绍几种常用的接入技术。

1. 拨号接入

拨号接入方式一般都是通过调制解调器将用户的计算机与电话线相连,通过电话线传输数据。利用 modem 拨号接入 Internet 的方式,如图 4.20 所示。

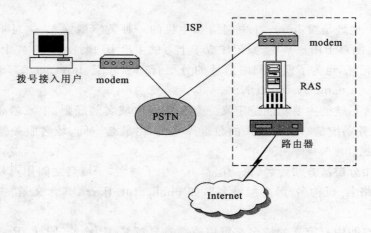

图 4.20 拨号接入方式示意图

图中,ISP 为 Internet 服务提供商;PSTN 为公用电话交换网;RAS 为远程接入服务器。

2. 非对称数字用户线接入

ADSL 是一种充分利用现有的电话铜质双绞线来开发宽带业务的非对称性的 Internet 接入技术。所谓非对称就是指用户线的上行(从用户到网络)和下行(从网络到用户)的传输速率不相同。根据传输线质量、传输距离和线芯规格的不同,ADSL 可支持 1.5 Mb/s～8 Mb/s 的下行带宽,16 Kb/s～1 Mb/s 的上行带宽,最大传输距离可达 5 km 左右。经 ADSL modem 编码后的信号通过电话线传到电话局后再通过 1 个信号识别/分离器,如果是语音信号就传到电话交换机上,如果是数字信号就接入 Internet。

ADSL 利用现有的市话铜双绞线能够向终端用户提供 8 Mb/s 的下行传输速率和 1 Mb/s 的上行传输速率,比传统的 56 K 模拟调制解调器快将近 150 倍,也远远超过传输速率达 128 Kb/s 的 ISDN。因此,ADSL 凭借其下行速率高、频带宽、性能优良等特点,成为一种全新的更快捷、更高效的接入方式。

ADSL 的系统结构如图 4.21 所示,它主要由中央交换局端模块和远端模块组成。

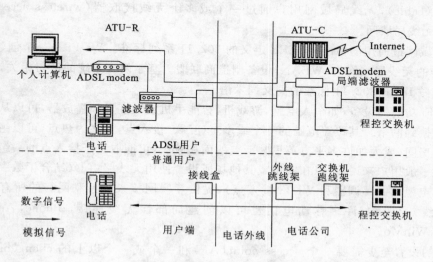

图 4.21   ADSL 的系统结构

图中,ATU-C 为中央交换局端模块的 ADSL modem;ATU-R 为用户端 ADSL modem。

3. 数字数据网

数字数据网(digital data network,DDN)是利用数字通道传输数据信号的数据传输网。DDN 可提供点对点、点对多点透明传输的数据专线,为用户传输数据、图像、声音等信息。

DDN 的主干传输为光纤传输,采用数字通道直接传送数据,传输质量高,常见的固定 DDN 专线按传输速率可分为 14.4 K,28.8 K,64 K,128 K,256 K,512 K,768 K,1.544 M 和 44.763 M 等,目前可达到的最高传输速率为 155 Mbt/s。采用专线连接的方式因不必选择路由直接进入主干网络,所以时延小、速度快,同样传输速率的 DDN 比拨号上网要快得多。采用点对点或点对多点的专用数据线路,特别适用于业务量大、实时性强的用户。

DDN 专线需要从用户端铺设专用线路进入主干网络,用户端还需要专用的接入设备和路由器。

4. 光纤接入网

光纤接入网是采用光纤作为主要传输媒体来取代传统双绞线的一种宽带接入网技术。这种接入网方式在光纤上传送的是光信号,因而需要在发送端将电信号通过电/光转换变成光信号,在接收端利用光网路单元进行光/电转换,将光信号恢复为电信号送至用户设备。光纤接入网具有上下信息都能宽频带传输、新建系统具有较高的性能价格比、传输速度快、传输距离远、可靠性高、保密性好,可以提供多种业务等优点。

按照光纤铺设的位置,光纤接入网可分为光纤到用户(FTTH)、光纤到路边(FTTC)、光纤到大楼(FTTB)、光纤到办公室(FTTO)等。

5. 无线局域网

无线局域网(wireless LAN,WLAN)是不使用任何导线或传输电缆连接的局域网,而使用无线电波作为数据传送的媒介,传送距离一般只有几十米。无线局域网的主干网路通常使用有线电缆(cable),无线局域网用户通过一个或多个无线接取器(wireless access points,WAP)接入无线局域网。

无线局域网最通用的标准是 IEEE 定义的 802.11 系列标准。Wi-Fi 是一个创建于 IEEE 802.11 标准的无线局域网络(WLAN)设备制造商联盟。基于两套系统的密切相关,也常有人把 Wi-Fi 当做 IEEE 802.11 标准的同义词术语。

具 Wi-Fi 功能的设备,如个人电脑,游戏机,智能手机或数字音频播放器,可以从范围内的无线网络连接到网络。其覆盖范围的一个或多个(互联)接入点,称之为热点,可以组成一个面积小到几间房间,或大如许多平方英里。覆盖的面积较大,可能取决于接入点的一组重叠的覆盖范围。对一般用户来说,可以在家里或其他场所设置使用无线路由器(结合了数字用户线调制解调器或电缆调制解调器和 Wi-Fi 接入点),提供互联网接入和互联网络的所有设备连接(无线或有线)。现在,许多移动电话也可以创建局部性无线连接,iPhone,Android 的,Symbian 和 WinMo。

Wi-Fi 的设置至少需要一个 access point(AP)和一个或一个以上的 client(hi)。AP 每 100 ms 将 SSID(service set identifier)经由 beacons(信号台)分组广播一次,beacons 分组的传输速率是 1 Mb/s,并且长度相当的短,所以这个广播动作对网络效能的影响不大。因为 Wi-Fi 规定的最低传输速率是 1 Mb/s,所以确保所有的 Wi-Fi client 端都能收到这个 SSID 广播分组,client 可以借此决定是否要和这一个 SSID 的 AP 连接。用户可以设置要连接到哪一个 SSID。

4.4.4　Internet 应用层

应用层协议是网络和用户之间的接口,即网络用户是通过不同的应用协议来使用网络的。应用层协议向用户提供各种实际的网络应用服务,使得上网者更方便地使用网络上的资源。随着网络技术特别是因特网技术的发展,应用层服务的功能还在不断改进和增加。下面只介绍几种最常用的应用协议。

1. 超文本传输协议

超文本传输协议(hyperText transfer protocol,HTTP)是互联网上应用最为广泛的一种网络协议。所有的 WWW 文件都必须遵守这个标准。设计 HTTP 最初的目的是为了提供一种发布和接收 HTML 页面的方法。

HTTP 的发展是万维网协会(World Wide Web Consortium)和 Internet 工作小组(Internet Engineering Task Force)合作的结果,他们发布了一系列的 RFC,其中最著名的就是 RFC 2616。RFC 2616 定义了 HTTP 协议中一个现今被广泛使用的版本——HTTP 1.1。

HTTP 是一个客户端请求和服务器端应答的标准 TCP 协议。客户端是终端用户,服务器端是网站。通过使用 Web 浏览器,客户端发起一个到服务器上指定端口(默认端口为 80)的 HTTP 请求。我们称这个客户端为用户代理(user agent)。应答的服务器上存储着一些资源,比如 HTML 文件和图像。我们称这个应答服务器为源服务器(origin server)。在用户代理和源服务器中间可能存在多个中间层,比如代理,网关,或者隧道(tunnel)。尽管 TCP/IP 协议是互联网上最流行的应用,HTTP 协议并没有规定必须使用它和基于它支持的层。事实上,HTTP 可以在任何其他互联网协议上,或者在其他网络上实现。HTTP 只假定其下层协议提供可靠的传输,任何能够提供这种保证的协议都可以被其使用。

通常,由 HTTP 客户端发起一个请求,创建一个到服务器指定端口(默认是 80 端口)的 TCP 连接。HTTP 服务器则在那个端口监听客户端发送过来的请求。一旦收到请求,服务器向客户端发回一个状态行,比如“HTTP/1.1 200 OK”,和响应的消息,消息的消息体可能是请求的文件、错误消息、或者其他一些信息。

HTTP 使用 TCP 而不是 UDP 的原因在于打开一个网页必须传送很多数据,而 TCP 协议提供传输控制,按顺序组织数据,和错误纠正。通过 HTTP 或者 HTTPS 协议请求的资源由统一资源定位符(统一资源定位符)来标识。例如,当用户键入了 1 个 URL 地址 http://www.w3.org/Protocols 后,其工作流程简述如下:①浏览器确定 URL 地址;②浏览器向域名服务器 DNS 询问 www.w3.org 的 IP 地址;③域名服务器 DNS 以 18.29.1.35 应答;④浏览器和 18.29.1.35 的 80 端口建立一条 TCP 连接;⑤它接着发送获取 Protocols 网页的 GET 命令;⑥www.w3.org 服务器发送 Protocols 网页文件;⑦ 释放 TCP 连接;⑧ 浏览器显示 Protocols 网页中的所有正文;⑨浏览器取来并显示 Protocols 网页中的所有图像。

HTTP 是一种通用协议,除了 Web 服务外,通过对请求操作的扩充,也可以广泛用于域名服务器和企业管理信息系统;还可用于用户软件、网关或其他因特网/内联网应用系统之间的通信,从而可实现各类应用资源超媒体访问的集成。资源标识是 HTTP 的核心问题,在 HTTP 中通过统一资源定位器 URL 来标识被操作的资源。URL 可以是 Web 服务器的 IP 地址或域名。

2. 电子邮件协议

电子邮件(E-mail)是指通过互联网进行书写、发送和接收的信件。电子邮件是互联网上最受欢迎且最常用到的功能之一,有时会被简称为电邮。

早期的电子邮件大多是文本格式,其他文件只能以附件的方式发送。随着技术的发展,电子邮件中已经可以包含各种照片,视频等多媒体文件。邮件的发送可以是个人之间的通信,也可以是个人到计算机或计算机到个人,甚至电脑程序之间也可以通信。

收发电子邮件需要使用电脑程序,或者也可以在提供网页邮件的服务商处通过网页发送,同时还需要知道对方的电子邮件地址。

在互联网中,电邮地址的格式是“用户名@域名”。其中,@是英文 at 的意思,所以电子邮件地址是表示在某部主机上的一个使用者账号,如 guest@email.xxx.xxx.net。

电子邮件一般在电脑上使用,也可以在手机上使用。在电脑上使用电子邮件有两种方式:使用邮件客户端软件、使用浏览器。现代的手机,只要有基本的移动互联网可以使用就可以上网查询电子邮件。自从黑莓智慧手机首创推出 Push Mail 功能后,各大手机厂牌纷纷效仿。

数年前推出并引起轰动的 iPhone 内建的电子邮件功能,包含了其中对 Push Mail 的大量改良,而且成效相当完美,颇受好评,因此同样类型的智慧型触控手机,如 HTC Hero,诺基亚 N97 等,也陆续引进类似的触控式电子邮件功能。

常见的电子邮件协议有 SMTP(简单邮件传输协议)、POP3(邮局协议)、IMAP(Internet 邮件访问协议)、HTTP 和 S/MIME。这几种协议都是由 TCP/IP 协议族定义的。

(1) SMTP(simple mail transfer protocol)。SMTP 主要负责底层的邮件系统如何将邮件从一台机器传至另外一台机器。

(2) POP(post office protocol)。目前的版本为 POP3,POP3 是把邮件从电子邮箱中传输到本地计算机的协议。

(3) IMAP(Internet message access protocol)。目前的版本为 IMAP4,是 POP3 的一种替代协议,提供了邮件检索和邮件处理的新功能,这样用户可以完全不必下载邮件正文就可以看到邮件的标题摘要,从邮件客户端软件就可以对服务器上的邮件和文件夹目录等进行操作。IMAP 协议增强了电子邮件的灵活性,同时也减少了垃圾邮件对本地系统的直接危害,同时相对节省了用户查看电子邮件的时间。除此之外,IMAP 协议可以记忆用户在脱机状态下对邮件的操作(例如移动邮件,删除邮件等)在下一次打开网络连接的时候会自动执行。

3. 文件传输协议

文件传输协议(file transfer protocol,FTP)是用于在网络上进行文件传输的一套标准协议。它属于网络传输协议的应用层。

FTP 是一个 8 位的客户端-服务器协议,能操作任何类型的文件而不需要进一步处理,就像 MIME 或 Unicode 一样。但是,FTP 有着极高的延时,这意味着,从开始请求到第一次接收需求数据之间的时间,会非常长;并且不时的必须执行一些冗长的登录进程

FTP 服务一般运行在 20 和 21 两个端口。端口 20 用于在客户端和服务器之间传输数据流,而端口 21 用于传输控制流,并且是命令通向 ftp 服务器的进口。当数据通过数据流传输时,控制流处于空闲状态。而当控制流,空闲很长时间后,客户端的防火墙,会将其会话置为超时,这样当大量数据通过防火墙时,会产生一些问题。此时,虽然文件可以成功的传输,但因为控制会话,会被防火墙断开;传输会产生一些错误。

FTP 的优点是,促进文件的共享(计算机程序或数据);鼓励间接或者隐式的使用远程计算机;向用户屏蔽不同主机中各种文件存储系统(file system)的细节;可靠和高效的传输数据。但 FTP 也有一些明显的缺点,如密码和文件内容都使用明文传输,可能产生不希望发生的窃听;因为必须开放一个随机的端口以创建连接,当防火墙存在时,客户端很难过滤处于主动模式下的 FTP 流量。这个问题,通过使用被动模式的 FTP,得到了很大解决;服务器可能会被告知连接一个第三方计算机的保留端口;此方式在需要传输文件数量很多的小文件时,效能不好。

运行 FTP 服务的许多站点都开放匿名服务,在这种设置下,用户不需要账号就可以登录服务器,默认情况下,匿名用户的用户名是 anonymous。这个账号不需要密码,虽然通常要求输入用户的邮件地址作为认证密码,但这只是一些细节或者此邮件地址根本不被确定,而是依赖于 FTP 服务器的配置情况。

　　FTP 有主动和被动两种使用模式。主动模式要求客户端和服务器端同时打开并且监听一个端口以创建连接。在这种情况下，客户端由于安装了防火墙会产生一些问题。所以，创立了被动模式。被动模式只要求服务器端产生一个监听相应端口的进程，这样就可以绕过客户端安装了防火墙的问题。

　　一个主动模式的 FTP 连接创建要遵循以下步骤：①客户端打开一个随机的端口（端口号大于 1024，这里称它为 x），同时一个 FTP 进程连接至服务器的 21 号命令端口，此时该 TCP 连接的来源地端口为客户端指定的随机端口 x，目的地端口（远程端口）为服务器上的 21 号端口；②客户端开始监听端口（$x+1$），同时向服务器发送一个端口命令（通过服务器的 21 号命令端口），此命令告诉服务器客户端正在监听的端口号并且已准备好从此端口接收数据，这个端口就是数据端口；③服务器打开 20 号源端口并且创建和客户端数据端口的连接，此时来源地的端口为 20，远程数据（目的地）端口为（$x+1$）；④客户端通过本地的数据端口创建一个和服务器 20 号端口的连接，然后向服务器发送一个应答，告诉服务器它已经创建好了一个连接。

4. Telnet 协议

　　Telnet 协议是 TCP/IP 协议族中的一员，是 Internet 远程登陆服务的标准协议和主要方式。它为用户提供了在本地计算机上完成远程主机工作的能力。在终端使用者的电脑上使用 Telnet 程序，用它连接到服务器。终端使用者可以在 Telnet 程序中输入命令，这些命令会在服务器上运行，就像直接在服务器的控制台上输入一样。可以在本地就能控制服务器。要开始一个 Telnet 会话，必须输入用户名和密码来登录服务器。Telnet 是常用的远程控制 Web 服务器的方法。

　　传统 telnet 连线会话所传输的资料并未加密，这代表所输入及显示的资料，包括账号名称及密码等隐密资料，可能会遭其他人窃听，因此有许多服务器会将 Telnet 服务关闭，改用更为安全的 SSH。Microsoft Windows 从 Vista 开始，Telnet 用户端不再是预先安装，而要手动从程式集里启动才可以使用。在之前的版本，只要电脑启动了 TCP/IP 服务，Telnet 用户端都同时可以使用。

　　Telnet 也是目前多数纯文字式 BBS 所使用的协议，部分 BBS 也提供 SSH 服务，以保证安全的资讯传输。

习　题　4

一、单选题

　　1. 电缆屏蔽的好处是（　　）。
　　　　A. 减少信号衰减　　　　　　　　　　　B. 减少电磁干扰辐射
　　　　C. 减少物理损坏　　　　　　　　　　　D. 减少电缆的阻抗
　　2. 在数字通信中，使收发双方在时间基准上保持一致的技术是（　　）。
　　　　A. 交换技术　　　　　B. 同步技术　　　　　C. 编码技术　　　　　D. 传输技术

3. 在常用的传输介质中,(　　)的带宽最宽,信号传输衰减最小,抗干扰能力最强。

  A. 光纤   B. 同轴电缆   C. 双绞线   D. 微波

4. ISO 提出的不基于特定机型、操作系统或公司的网络体系结构 OSI 模型中,第一层和第三层分别为(　　)。

  A. 物理层和网络层   B. 数据链路层和运输层

  C. 网络层和表示层   D. 会话层和应用层

5. 在下面给出的协议中,(　　)属于 TCP/IP 的应用层协议。

  A. TCP 和 FTP   B. IP 和 UDP

  C. RARP 和 DNS   D. FTP 和 SMTP

6. 在下面对数据链路层的功能特性描述中,不正确的是(　　)。

  A. 通过交换与路由,找到数据通过网络的最有效的路径

  B. 数据链路层的主要任务是提供一种可靠的通过物理介质传输数据的方法

  C. 将数据分解成帧,并按顺序传输帧,并处理接收端发回的确认帧

  D. 以太网数据链路层分为 LLC 和 MAC 子层,在 MAC 子层使用 CSMA/CD 的协议

7. 在 OSI 参考模型中能实现路由选择、拥塞控制与互连功能的层是(　　)。

  A. 运输层   B. 应用层   C. 网络层   D. 物理层

8. 路由器运行于 OSI 模型的(　　)。

  A. 数据链路层   B. 网络层   C. 运输层   D. 应用层

9. 在计算机网络中,能将异种网络互连起来,实现不同网络协议相互转换的网络互连设备是(　　)。

  A. 集线器   B. 路由器   C. 网关   D. 中继器

10. 对于缩写词 X.25,ISDN,PSTN 和 DDN,分别表示的是(　　)。

  A. 数字数据网、公用电话交换网、分组交换网、帧中继

  B. 分组交换网、综合业务数字网、公用电话交换网、数字数据网

  C. 帧中继、分组交换网、数字数据网、公用电话交换网

  D. 分组交换网、公用电话交换网、数字数据网、帧中继

11. 英文单词 Hub,Switch,Bridge,Router,Gateway 代表着网络中常用的设备,它们分别表示为(　　)。

  A. 集线器、网桥、交换机、路由器、网关   B. 交换机、集线器、网桥、网关、路由器

  C. 集线器、交换机、网桥、网关、路由器   D. 交换机、网桥、集线器、路由器、网关

12. 在 Intranet 服务器中,(　　)作为 WWW 服务的本地缓冲区,将 Intranet 用户从 Internet 中访问过的主页或文件的副本存放其中,用户下一次访问时可以直接从中取出,提高用户访问速度,节省费用。

  A. WWW 服务器   B. 数据库服务器

  C. 电子邮件服务器   D. 代理服务器

13. HTTP 是(　　)。

  A. 统一资源定位器   B. 远程登录协议

  C. 文件传输协议   D. 超文本传输协议

14. 使用匿名 FTP 服务,用户登录时常常使用(　　　)作为用户名。
　　A. anonymous　　　　　　　　　　　B. 主机的 IP 地址
　　C. 自己的 E-mail 地址　　　　　　　D. 结点的 IP 地址

二、填空题

　　1. 计算机网络按网络的覆盖范围可分为_____、城域网和_____。

　　2. 从计算机网络组成的角度看,计算机网络从逻辑功能上可分为_____子网和_____子网。

　　3. 计算机网络的拓扑结构有_____、_____、_____、_____和网状型。

　　4. 载波监听多路访问/冲突检测的原理可以概括为_____、边听边发、_____、随机重发。

　　5. 在 TCP/IP 参考模型的运输层上,_____协议实现的是不可靠、无连接的数据报服务,而_____协议一个基于连接的通信协议,提供可靠的数据传输。

　　6. HTTP 协议是基于 TCP/IP 之上的,WWW 服务所使用的主要协议,HTTP 会话过程包括连接、_____、应答和_____。

　　7. WWW 客户机与 WWW 服务器之间的应用层传输协议是_____;_____是 WWW 网页制作的基本语言。

　　8. FTP 能识别的两种基本的文件格式是_____文件和_____文件。

　　9. 在 Internet 中 URL 的中文名称是_____;我国的顶级域名是_____。

　　10. Internet 中的用户远程登录,是指用户使用_____命令,使自己的计算机暂时成为远程计算机的一个仿真终端。

　　11. 发送电子邮件需要依靠_____协议,该协议的主要任务是负责邮件服务器之间的邮件传送。

三、简答题

　　1. 什么是计算机网络? 计算机网络的主要功能是什么?

　　2. 计算机网络分为哪些子网? 各个子网都包括哪些设备,各有什么特点?

　　3. 计算机网络的拓扑结构有哪些? 它们各有什么优缺点?

　　4. TCP/IP 协议模型分为几层? 各层的功能是什么? 每层又包含什么协议?

　　5. 电子邮件的工作原理是什么?

第 5 章　信息安全与社会责任

　　随着计算机网络的发展,信息资源的快速传递和共享加快了世界政治、经济、文化、教育、科技的发展;但同时也因为网络的开放性,使得计算机病毒、黑客入侵、木马控制、网银盗号、虚假信息以及网络上不道德的现象,为社会和计算机用户带来居多麻烦和烦恼。因此,信息的安全是关系到社会稳定和发展的重要问题,维护网络信息安全也成为当今一项重要的课题和工作。

5.1　信息安全概论

5.1.1　信息安全定义

　　信息安全是指信息网络的硬件、软件及其系统中的数据受到保护,不受偶然的或者恶意的原因而遭到破坏、更改、泄露,系统连续可靠正常地运行,信息服务不中断。

　　信息安全是一门涉及计算机科学、网络技术、通信技术、密码技术、信息安全技术、数学、信息论等多种学科的综合性学科。

5.1.2　信息安全的重要性

　　信息作为一种资源,它的普遍性、共享性、增值性、可处理性和多效用性,使其对于人类具有特别重要的意义。信息安全的实质就是要保护信息系统或信息网络中的信息资源免受各种类型的威胁、干扰和破坏,即保证信息的安全性。根据国际标准化组织的定义,信息安全性的含义主要是指信息的完整性、可用性、保密性和可靠性。信息安全是任何国家、政府、部门、行业都必须十分重视的问题。

5.1.3　影响信息安全的因素

　　与信息系统安全性相关的因素主要有物理因素、系统因素、管理因素、网络因素。

1. 物理因素

　　硬件失效、供电故障、电磁干扰、水灾火灾、自然灾害、人为破坏等直接危害信息系统实体的安全。

2. 系统因素

　　由于软件程序的多样性、局限性和复杂性,在系统的软件中不可避免地存在安全漏洞,计算机病毒也是以软件为手段入侵系统进行破坏的。

3. 管理因素

由于管理和应用不当,工作人员的素质、责任心,缺乏严密的行政管理制度和法律法规,人为的主动因素直接对系统安全所造成的威胁。

4. 网络因素

网络本身的开放性和自身的安全缺陷造成信息在传递过程中的丢失,保密措施不强造成的非法入侵等。

5.1.4　信息安全特性

所有的信息安全技术都是为了达到一定的安全目标,其核心包括保密性、完整性、可用性、可控性和不可否认性 5 个安全目标。

1. 保密性

保密性(confidentiality),即谁能拥有信息,保证秘密和敏感信息仅为授权者享有,保证机密信息不被窃听,或窃听者不能了解信息的真实含义。

2. 完整性

完整性(integrity),即拥有的信息是否正确;保证信息从真实的信源发往真实的信宿,保证数据传输、存储、处理中未被删改、增添、替换。

3. 可用性

可用性(availability),即信息和信息系统是否能够使用,保证信息和信息系统随时可为授权者提供服务而不被非授权者滥用。

4. 可控制性

可控制性(availability),即对信息的传播及内容具有监管和控制能力。

5. 不可否认性

不可否认性(non-repudiation),即建立有效的责任机制,为信息行为承担责任,保证信息行为人不能否认其信息行为,这一点在电子商务中是极其重要的。

5.2　计算机病毒

5.2.1　计算机病毒定义

计算机病毒(computer virus)在 1994 年 2 月 28 日出台的《中华人民共和国计算机信息系统安全保护条例》中被明确定义为"指编制或者在计算机程序中插入的破坏计算机功能或者破坏数据,影响计算机使用并且能够自我复制的一组计算机指令或者程序代码"。

　　计算机病毒可以隐蔽地附着在文件上，能自我复制进行传播，能破坏计算机中的数据，干扰计算机的正常工作。由于它具有生物学病毒的一些特性，因此称为计算机病毒。

5.2.2　计算机病毒的特征

1．传染性

　　计算机病毒不但本身具有破坏性，更有害的是具有传染性，一旦病毒被复制或产生变种，其速度之快令人难以预防。传染性即自我复制能力（能通过磁介质和网络传播），是计算机病毒最根本的特征，也是病毒和正常程序的本质区别。

2．隐蔽性

　　计算机病毒具有很强的隐蔽性，有的可以通过病毒软件检查出来，有的根本就查不出来，有的时隐时现、变化无常，这类病毒处理起来通常很困难。

3．潜伏性

　　有些病毒像定时炸弹一样，让它什么时间发作是预先设计好的。比如"黑色星期五"病毒，不到预定时间一点都觉察不出来，等到条件具备的时候一下子就爆炸开来，对系统进行破坏。

4．可激发性

　　在一定条件下，通过外界刺激，可使病毒程序激活。例如在某个时间或日期、特定的用户标识符的出现、特定文件的出现或使用、用户的安全保密等级或者一个文件使用的次数等，都可使病毒激活并发起攻击。

5．破坏性

　　计算机病毒寄生在其他程序之中，当执行这个程序时，病毒就起破坏作用，使系统资源受到损失、数据遭到破坏、计算机运行受到干扰，甚至使计算机系统瘫痪，造成严重的破坏后果。病毒破坏的严重程度取决于病毒制造者的目的和技术水平。通常计算机病毒的破坏性表现在以下几方面：

　　（1）破坏硬盘的主引导扇区，使计算机无法启动；

　　（2）破坏文件中的数据，删除文件；

　　（3）对磁盘或磁盘特定扇区进行格式化，使磁盘中信息丢失；

　　（4）产生垃圾文件，占据磁盘空间，使磁盘空间逐个减少；

　　（5）占用 CPU 运行时间，使运行效率降低；

　　（6）破坏屏幕正常显示，破坏键盘输入程序，干扰用户操作；

　　（7）破坏计算机网络中的资源，使网络系统瘫痪；

　　（8）破坏系统设置或对系统信息加密，使用户系统紊乱。

6．变种性

　　某些病毒可以在传播的过程中自动改变自己的形态，从而衍生出另一种不同于原版病毒的新病毒,这种新病毒称为病毒变种。有变形能力的病毒能更好地在传播过程中隐蔽自己,使之不易被反病毒程序发现及清除。有的病毒能产生几十种变种病毒。

5.2.3　计算机病毒的分类

1. 根据危害性质划分

（1）良性病毒。只表现自己并不破坏系统数据,只占用系统 CPU 资源或干扰系统工作的计算机病毒,如小球病毒。

（2）恶性病毒。此类病毒干扰计算机运行,使系统变慢、死机、无法打印等。极恶性病毒会导致系统崩溃、无法启动,其采用的手段通常是删除系统文件、破坏系统配置等。毁灭性病毒对于用户来说是最可怕的,它通过破坏硬盘分区表、FAT 区、引导记录、删除数据文件等行为使用户的数据受损,如果没有做好备份则将受损失。像 CIH 病毒将垃圾程序写入 BIOS 中,使硬件受到破坏。

2. 根据入侵系统的途径划分

（1）源码病毒。专门攻击高级语言编写的源程序。该病毒在源程序被编译之前,隐藏在用高级语言编写的源程序中,随源程序一起被编译成目标代码。

（2）入侵病毒。病毒侵入到主程序中,成为合法程序的一部分,破坏原程序。

（3）操作系统病毒。病毒将自身加入或替代操作系统中的部分模块,当系统引导时,就被装入内存,同时获得对系统的控制权,对外传播。

（4）外壳病毒。病毒将其自身包围在系统可执行文件的周围,对原来的文件不做修改。运行被感染的文件时,病毒首先被执行,并进入系统获得对系统的控制权。

3. 根据寄生方式划分

（1）磁盘引导区传染的病毒（引导型病毒）。病毒程序取代正常的引导记录,导致引导记录的丢失。

（2）可执行程序传染的病毒（文件型病毒）。病毒通常寄生在可执行文件中,一旦程序被执行,病毒就被激活。

（3）复合型病毒。结合了引导型病毒和文件型病毒两种特点。

（4）宏病毒。这是一种寄存在 Office 文档或模板的宏中的计算机病毒。主要攻击 doc 文档。

5.2.4　网络病毒与黑客

随着 Internet 网的发展和普及,通过网络传播计算机病毒已成为主要途径。在互联网上影响最大的当属计算机蠕虫和木马病毒。

蠕虫病毒以尽量多复制自身（像虫子一样大量繁殖）而得名,多感染电脑和占用系统、网络资源,造成 PC 和服务器负荷过重而死机,并以使系统内数据混乱为主要的破坏方式。它不一定马上删除数据让人发现。

木马病毒源自古希腊特洛伊战争中著名的“木马计”而得名,顾名思义就是一种伪装潜伏的网络病毒,等待时机成熟就出来害人。木马是有隐藏性的、自发性的可被用来进行恶意行为的程序,大多不会直接对电脑产生危害,而是以控制为主。盗号木马是指隐秘在电脑中的一种恶意程序,并且能够伺机盗取各种需要密码的账户(游戏,应用程序等)的木马病毒。

现在的木马一般添加了"后门"功能。所谓后门就是一种可以为计算机系统秘密开启访问入口的程序。一旦被安装,这些程序就能够使攻击者绕过安全程序进入系统。该功能的目的就是收集系统中的重要信息。由于后门是隐藏在系统背后运行的,因此很难被检测到。

有些木马添加了键盘记录功能。该功能主要是记录用户所有的键盘内容然后形成键盘记录的日志文件发送给恶意用户。恶意用户可以从中找到用户名、口令以及信用卡号等用户信息。

木马的传播方式主要有两种:一种是通过 E-mail,控制端将木马程序以附件的形式夹在邮件中发送出去,收信人只要打开附件系统就会感染木马;另一种是软件下载,一些非正规的网站以提供软件下载为名,将木马捆绑在软件安装程序上,下载后,只要一运行这些程序,木马就会自动安装。

黑客的英文是 hacker,其原意是"开辟、开创"之意。早期的黑客是指热衷于计算机程序的设计者,是一群天资聪颖、勇于探索的计算机迷,他们个个都是编程高手。20 世纪 60～70 年代,作为一名黑客是很荣耀的事。现在黑客是指非法入侵者的行为(也有人称为"骇客"(cracker))。由于在网络中存在操作系统漏洞、网络协议不完善、网络管理的失误等隐患,给一些网络黑客造成了可乘之机,借此攻击网络,或者放置木马程序盗取他人的密码、账户、资料以及控制其他用户的计算机等。

5.2.5　计算机病毒的防治

1. 计算机病毒的传染渠道

(1) 通过磁盘传染。通过移动存储设备来传播。移动存储设备包括光盘、U 盘、软盘、磁带等。在移动存储设备中,光盘、U 盘、软盘是使用最广泛移动最频繁的存储介质,因此也成了计算机病毒寄生的"温床"。许多计算机都是从这类途径感染病毒的。

(2) 通过网络传染。有了互联网,大量的信息可以通过计算机网络快速地进行传播。因此,计算机病毒可以附着在正常文件中通过网络进入一个又一个系统。在信息国际化的同时,病毒也在国际化。这种方式已成为计算机病毒的第一传播途径。

(3) 点对点通信系统和无线通道传播。通过点对点通信系统和无线通道传播,如手机。目前,这种传播途径还不是十分广泛,但随着信息时代的发展,这种途径很可能与网络传播途径成为病毒扩散的两大"时尚渠道"。

2. 计算机病毒症状

病毒感染的症状取决于病毒的种类。通常,出现下列的一些症状可能说明计算机被感染了病毒:

(1) 计算机的运行速度明显减慢,如程序装入的时间或磁盘读写时间变长,程序运行久无结果等;

(2) 用户未对磁盘进行读写操作,而磁盘驱动器的灯却发亮;

（3）磁盘可用空间不正常地变小；

（4）可执行程序的长度增大（文件字节数增多）；

（5）程序或数据莫名其妙地丢失；

（6）屏幕显示异常及机器的喇叭乱鸣；

（7）突然死机或计算机异常重启。

3．防范计算机病毒的措施

计算机病毒的防治要从防毒、查毒、消毒三方面来进行。

1）防毒

防毒是指根据系统特性，采取相应的系统安全措施预防病毒侵入计算机。为了把病毒发生的可能性压到最低程度，防治计算机病毒应采取以预防为主的方针。通过加强管理，完善计算机使用的规章制度，采取积极的预防措施，防止外来病毒入侵；同时，可充分利用已有的技术手段来预防病毒，如具有在线监控的杀毒软件，使用硬盘保护卡、防火墙等软件。

对于一般用户，应充分认识到计算机病毒的危害性，了解病毒的传染链，自觉地养成正确使用计算机的好习惯，以避免病毒的感染及发作。例如，至少应注意以下几点：

（1）不用盗版或来历不明的磁盘，对于外来的磁盘，一定要先检查，确认安全后再使用；

（2）尽量不用软盘、光盘启动系统；

（3）定期进行文件（程序及数据）的备份；

（4）对所有不需写入数据的磁盘进行写保护；

（5）注意观察计算机系统的运行情况，对于任何异常现象都应高度警惕，及时采取消毒措施；

（6）使用防火墙；

（7）安装防毒卡。

2）查毒

查毒是指对于确定的环境，能够准确地报出病毒名称，该环境包括，内存、文件、引导区（含主导区）、网络等。如何检测一台计算机或一个软件是否感染了计算机病毒？病毒的检测与被检病毒的结构、特性、机理等因素有关。从理论上讲，病毒的检测方法通常有效果论方法、解剖论方法及比较论方法等。而从实际操作上讲，可利用已有的工具软件进行病毒的人工检测，以及利用专用的病毒诊断软件进行计算机自动检测，这两种方法可结合使用。一般的用户对于较专业的检测方法及技术手段不太熟悉，可采用观察现象的方法（即效果论方法）来诊断病毒。

3）消毒

消毒是指根据不同类型病毒对感染对象的修改，并按照病毒的感染特性对感染对象所进行的恢复。该恢复过程不能破坏未被病毒修改的内容。感染对象包括内存、引导区（含主引导区）、可执行文件、文档文件、网络等。

一旦发现计算机感染了病毒，要立即采用有效措施将病毒清除。清除病毒的方法有很多，目前最常用、最有效的方法是采用杀病毒软件来杀灭病毒。由于计算机病毒的种类太多，且不断有新病毒出现，因此，能杀灭一切病毒的万能软件是不存在的。在使用杀病毒软件时，要选用已成熟的流行的正版软件。目前比较流行和可靠的查杀计算机病毒的软件有金山毒霸、瑞星、江民、卡巴斯基、360查毒杀毒软件。一般杀病毒软件相互之间会有冲突，因此，用户可根据自己的需求选择一种合适的查杀病毒的软件。当然,任何查杀病毒的软件都具有"副作用",都会占用系统资源,甚至"误杀"文件。

计算机病毒的清除,不可能"一劳永逸",杀毒软件要经常地更新升级,要定期地用防病毒软件对计算机进行检查、清理。总之,与计算机病毒的斗争将伴随着计算机的发展长期进行下去。

针对目前日益增多的计算机病毒和恶意代码,根据所掌握的这些病毒的特点和病毒未来的发展趋势,国家计算机病毒应急处理中心与计算机病毒防治产品检验中心制定了以下的病毒防治策略,供计算机用户参考:

(1) 建立病毒防治的规章制度,严格管理;

(2) 建立病毒防治和应急体系;

(3) 进行计算机安全教育,提高安全防范意识;

(4) 对系统进行风险评估;

(5) 选择经过公安部认证的病毒防治产品;

(6) 正确配置,使用病毒防治产品;

(7) 正确配置系统,减少病毒侵害事件;

(8) 定期检查敏感文件;

(9) 适时进行安全评估,调整各种病毒防治策略;

(10) 建立病毒事故分析制度;

(11) 确保恢复,减少损失。

5.3　信息系统安全技术

5.3.1　加密技术

现在由计算机控制的信息系统中,要获取对系统资源的访问,就会被要求输入密码。例如,在电子商务、电子金融的交易中靠密码来作为安全的保障。这种简单的口令机制在单机系统中能取得较好的效果,因为计算机系统是不会将用户的密码泄露出去。但在网络系统中,这样的口令方式在传输线路上很容易被窃听或篡改。因此,在从用户终端到网络服务器之间传输的数据必须进行加密。

1. 数据加密有关概念

密码学(cryptology)包括密码编码学(cryptography)及密码分析学(cryptanalysis)两个方面的内容。数据加密属于密码编码学范畴。密码技术的基本思想是伪装信息,伪装就是对数据实施一种可逆的数学变换。

伪装前的报文和数据称为明文。伪装后的报文和数据称为密文。把明文伪装的过程称为加密。去掉伪装恢复明文的过程称为解密。加密所采取的变换方法称为加密算法。与加密变换相逆变换的算法称为解密算法。在加密和解密算法中所选用的参数称为密钥。加密时所用的密钥和解密时所用的密钥可以相同,也可以不同。

2. 传统加密技术（古典密码）

从现代密码学的观点看一些传统的密码是很不安全的，特别是有计算机后就更容易破解；但编制传统密码的基本方法对于编制现代密码仍然有效。虽然传统的加密方法多种多样，但用得较多的主要是置换法和代替法。

置换法是把明文中的字母重新排列，字母本身不变，但其位置改变。代替法首先构造一个或多个密文字母表，然后用密文字母表中的字母或字母组来代替明文字母或字母组，各字母或字母组的相对位置不变，但其本身改变。代替法有单表代替和多表代替。

单表代替密码就是一个明文字母对应的密文字母是确定的，加密、解密的参数（密钥）可以是一个数，也可以是一个词语，如恺撒（Caesar）大帝密码等。多表代替密码就是一个明文字母可以表示成多个密文字母，即有多个密文字母表，加密时选用一个词语作为密钥，用密钥字母控制使用哪一个密文字母表，如法国著名密码学家维吉尼亚（Vigenre）使用过的 Vigenre 密码。

一些传统的加密方法，对于不掌握密码分析方法的人可能看起来十分神秘，似乎"牢不可破"，其实并不可靠，特别是在快速的计算机面前更是不堪一击。应该明确，不安全的密码技术比没有密码还要坏，因为它给人们以安全的假象。当然，传统的加密方法也有许多是比较牢固，并且加密效率也比较高，但是密钥的安全传送较为困难或根本无法完成。

3. 现代加密技术

现代密码学主要有两种给予密钥的加密算法——对称加密算法和公开密钥算法。现代加密共同的特点是公开加密的算法，保密的是密钥。现代加密是建立在算法复杂性的基础上的。

1）对称加密算法

对称密钥加密，加密和解密使用相同密钥，并且密钥是保密的，不向外公布。

对称加密算法根据其工作方式，可以分成两类：一类是每次只对明文中的一位进行运算，称为序列加密算法；另一类是每次对明文的一组位进行运算，称为分组加密算法。

对称密钥加密方法中，比较典型的加密算法是数据加密标准算法（data encryption standard，DES）。它是由 IBM 公司研制，于 1977 年被美国定为联邦信息标准，ISO 也将它作为数据加密标准。DES 是国际上商用保密通信和计算机通信的最常用的加密算法，是一种分组密码。明文、密文和密钥都是 64 bit 的 0,1 符号串。由于 DES 是面向二进制的密码算法，它能够加解密任何形式的计算机数据。另外 DES 是对合运算，加解密共用同一算法，使工程实现的工作量减半。DES 综合运用了置换、代替、代数等多种密码技术。它设计精巧、容易实现、使用方便，堪称是适应计算机环境的近代传统密码的一个典范。

这种加密技术的特点是加解密密钥相同或可以相互推出，发送方用密钥对数据（明文）进行加密，接收方收到数据后，用同一个密钥进行解密。实现容易、速度快。算法的安全性完全依赖密钥的安全性，如果密钥丢失，就意味着任何人都可以解密加密信息。为了保证双方拥有相同的密钥、在数据发送接收之前，必须通过安全通道来传递密钥。所以，这种加密方法在网络环境中实现较为困难．因为通信双方无论以何种方式交换密钥都有可能发生失密。此外，它在密钥分发方面主要有以下三项弊端：①接收方必须有密钥才能解密，为此就需分发密钥，而安全送达密钥的代价往往很大；②多人通信时密钥的组合数量往往很大，使得密钥选取和分发变得十分困难,如 3 个人两两通信时总共需要 3 把密钥,6 人时需要 15 把密钥,n 个人两两通信时共需要的密钥数为 $n(n-1)/2$ 把,如果一个 100 多人的团体内部进行两两通信,则需要安全地分发近 5 000 把密钥,代价实在太大;③当通信人数增多、密钥增多时,密钥的管理非常困难,因为在密钥的管理人员或传送人员中,如果有人把密钥泄露出去,就会失去保密的意义。

2) 公开密钥算法

公开密钥加密技术也称非对称密码加密技术。它有两个不同的密钥:一个公布于众,谁都可以使用的公开密钥(称为公钥);一个只有解密人自己知道的私人密钥(称为私钥)。在进行数据加密时,发送方用接收方公开密钥将数据加密,接收方收到数据后使用私人密钥进行解密。公开密钥算法要求,根据公开的加密密钥在计算上是不能够推算出解密密钥。

公开密钥加密技术与对称密钥加密技术相比,其优点是比较明显的:①用户可以把用于加密的密钥,公开地分发给任何需要的其他用户,谁都可以使用这把公共的加密密钥与该用户秘密通信,除了持有解密密钥的合法用户以外,没有人能够解开密文;②公开密钥加密系统允许用户事先把公共密钥公布出来,让任何人都可以查找并使用到,这使得公开密钥应用的范围不再局限于数据加密,还可以应用于身份鉴别、权限区分、数字签名等各种领域;③公开密钥加密技术能适应网络的开放性要求,是一种适合于计算机网络的安全加密方法,由于密钥是公开的,密钥可以随着密文一起在网络中传递,而不必再使用专门的秘密通道。

公钥密钥加密方法的缺点是,算法复杂,加密数据的效率较低。

RSA 体制是 1978 年由 Rivest,Shamir 和 Adleman 提出的公钥密码体制,也是迄今为止理论上最为成熟完善的一种公钥密码体制。RSA 的基础是数论的欧拉定理,它的安全性是基于大整数的因数分解的困难性。由于 RSA 中的加、解密变换是可交换的互逆变换,所以 RSA 还可用作数字签名。

目前世界公认比较安全的公开密码有基于大合数因子分解困难性的 RSA 密码类和基于有限域上离散对数困难性的 E1Gamal 密码类。其中 ElGamal 密码类已用于美国数字签名标准(DSS)。

4. 数字签名

在计算机网络上进行通信时,不像书信或文件传送,可以通过亲笔签名或印章来确认身份,如何对网路上的文件进行身份验证,就是数字签名所要解决的问题。数字签名是对电子信息进行签名的一种方法。

一种完善的签名应满足以下三个条件:①签名者事后不能否认自己的签名;②其他任何人均不能伪造签名;③若当事双方对签名真伪发生争执时,能够在公正的仲裁面前通过验证签名来确认其真伪。

非对称加密算法有两种不同的应用:一种是,若用公开的密钥加密,用私人的密钥解密,这种应用是通常意义上的数据加密;另一种是,若用私人的密钥加密,而用公开的密钥解密,这种应用就是数字签名。因为发送信息的一方用自己的私钥加密的报文别人是无法仿造的,理论上私钥是独一无二的。

由于非对称加密算法的效率较低,对于一些不是特别重要的报文和数据是可以用明文传送的,为了防止报文和数据被人改动或抵赖行为发生,因而用散列函数(Hash 函数)计算原消息的摘要,然后用自己的私钥对消息的摘要进行加密,并将加密后的摘要附在原消息的后面,这就是所谓的数字签名。接收方在收到消息后对原消息用同样的散列函数计算原消息的摘要；用发送方的公钥对发送方用私钥加密的摘要进行解密；以确认发消息的身份和消息是否完整。两者一致，则消息可信；两者不一致，则消息不可信。

常用的散列函数有 MD5，即 message digest algorithm MD5（消息摘要算法第五版），它是计算机安全领域广泛使用的一种散列函数，用以提供消息的完整性保护。它的作用是让大容量信息在用数字签名软件签署私人密钥前被"压缩"成一种保密的格式，就是把一个任意长度的字节串变换成一定长的大整数。MD5 最广泛被用于各种软件的密码认证和钥匙识别上。通俗地讲，就是人们讲的序列号。

目前数字签名已广泛地应用于网络上的安全支付系统、网上证券交易、网上订票系统、网上购物等电子商务系统的应用。

5．数字证书

由于 Internet 网电子商务系统技术，使在网上购物的顾客能够极其方便轻松地获得商家和企业的信息；但同时也增加了对某些敏感或有价值的数据被滥用的风险。为了保证互联网上电子交易及支付的安全性、保密性等，防范交易及支付过程中的欺诈行为，必须在网上建立一种信任机制。这就要求参加电子商务的买方和卖方都必须拥有合法的身份，并且在网上能够有效无误的被进行验证。

数字证书是一种权威性的电子文档。它提供了一种在 Internet 上验证身份的方式，其作用类似于司机的驾驶执照或日常生活中的身份证。它是由一个权威机构 CA（certificate authority）证书授权中心发行的，人们可以在互联网交往中用它来识别对方的身份。当然在数字证书认证的过程中，证书认证中心（CA）作为权威的、公正的、可信赖的第三方，其作用是至关重要的。

随着 Internet 的普及、各种电子商务活动和电子政务活动的飞速发展，数字证书开始广泛地应用到各个领域之中，目前主要包括发送安全电子邮件、访问安全站点、网上招标投标、网上签约、网上订购、安全网上公文传送、网上缴费、网上缴税、网上炒股、网上购物和网上报关等。

5.3.2　防火墙技术

防火墙是一个实施访问控制策略的系统，它是一种由计算机硬件和软件的组合，使互联网与内部网之间建立起一个安全网关（scurity gateway），从而保护内部网免受非法用户的侵入。也就是说，它就是一个把互联网与内部网隔开的屏障，如图 5.1 所示。

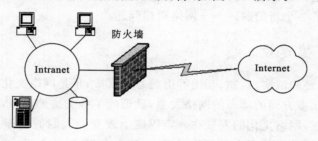

图 5.1　防火墙示意图

实现防火墙的网络安全策略有两条可遵循的规则：①未被明确允许的都将被禁止；②未被明确禁止的都将被允许。两种策略各有利弊，前者过"严"，而后者过"宽"。

防火墙在某种意义上可以说是一种访问控制产品。它在内部网络与不安全的外部网络之间设置障碍，阻止外界对内部资源的非法访问，防止内部对外部的不安全访问。主要技术有包过滤技术、应用网关技术、代理服务技术。防火墙能够较为有效地防止黑客利用不安全的服务对内部网络的攻击，并且能够实现数据流的监控、过滤、记录和报告功能，较好地隔断内部网络与外部网络的连接。但它其本身可能存在安全问题，也可能会是一个潜在的瓶颈。

防火墙如果从实现方式上来分，又分为硬件防火墙和软件防火墙两类，通常意义上讲的硬防火墙为硬件防火墙，它是通过硬件和软件的结合来达到隔离内、外部网络的目的，价格较贵，但效果较好，一般小型企业和个人很难实现；软件防火墙它是通过纯软件的方式来达到，价格很便宜，但这类防火墙只能通过一定的规则来达到限制一些非法用户访问内部网的目的。

防火墙的局限性：①不能防范网络内部的攻击；②不能防范那些伪装成超级用户或诈称新雇员的黑客们劝说没有防范心理的用户公开其口令，并授予其临时的网络访问权限；③不能防止传送已感染病毒的软件或文件，不能期望防火墙去对每一个文件进行扫描，查出潜在的病毒。

5.4　社会责任、道德规范与法律法规

信息化社会的发展加快了人们工作和学习的节奏，生活变得更加丰富多彩。同时信息化社会产生了一些新的社会矛盾和问题。面对一些已经存在或将要发生的问题，我们应该有足够的了解和警惕。针对新的问题，仅靠信息技术手段是不能满足信息化社会的要求，还需要有许多新的道德行为规范来约束；有许多行政法规、法律法规需要建设和完善。

5.4.1　现状与问题

计算机网络的诞生和发展，给了每个人一个极大开放和自由驰骋的空间。在网络这个虚拟空间中，可以天马行空、畅所欲言，能足不出户就享受到购物、聊天、看电影、游戏等生活情趣，还可以获取资源，丰富自己、展示自己，更可以进行贸易和商务活动，实现自己的人生价值。

但是，当人们进入网络时代、享受网络带来的种种便利的同时，也遇到了前所未有的道德困境，一些网络上不道德的现象，也利用网络的神秘性和隐蔽性愈演愈烈。新闻组中和BBS上的不健康言论进行人身相互攻击、漫骂；千百万网站和数不清的电子刊物被剽窃、修改；转贴他人的文章能够完成在分秒之间；充斥网上的假新闻；泛滥成灾的网络色情；横行肆虐的黑客等。所有这些提出了一个新的课题——网络道德问题。

5.4.2　网络道德建设

首先，网民所需要的诚实、自制、互助等道德心理素质，正是网络文化健康发展的要求。其次，为了调节多层次、多方面的动态的网络关系，就形成了各类道德规范，从而极大地丰富了人类道德的内容。第三，网络文化的发展在一定程度上改变了人们的工作方式、交往方式、生活习惯等，从而催生出新的道德观念和行为习惯，如信息意识、时效意识、竞争意识、自律意识等。

道德在网络文化的运用、传播和发展中的作用主要表现在以下几个方面：

　　（1）精神动力功能。由于道德的特点是依靠人们的内心信念、习惯、传统和教育以及社会舆论而形成的一种社会的精神力量，而网络文化的传播与发展是要通过主体人来进行的，因此，这种精神力量就可以作为一种动力推动网络文化的发展。

　　（2）评价功能。所谓道德评价，就是人们依据一定社会和阶级的道德标准，对人们的行为所作的善与恶、应当与不应当、有利与不利的评论判断。通过评判，推动网络文化沿着有利于人类的方向发展。

　　（3）指向功能。道德也通过社会舆论和人们的良心引导着它的发展方向。

　　（4）规范功能。道德的规范性就是道德的约束性，表现为社会整体价值取向对个人、个人对个人、个人对自身的约束。道德在网络活动中的调控功能怎样，就具体表现为这三个方面约束力的大小上，而这种约束性又离不开道德的规范调节。

　　（5）调节功能。网络时代，它不仅需要运用正确的科技政策、法律和一些行政制度、措施来调节和处理错综复杂的关系和矛盾，还需要人们利用内心的道德信念来自觉地调节和控制。

　　对于青少年来说，他们自制能力弱，猎奇心强，还尚未形成较为成熟的是非观，容易受到误导误入歧途，但如果受到良好及时的引导，也能度过网络人生的危险期。为增强青少年自觉抵御网上不良信息的意识，团中央、教育部、文化部、国务院新闻办、全国青联、全国学联、全国少工委、中国青少年网络协会向全社会发布了《全国青少年网络文明公约》。公约内容如下：要善于网上学习，不浏览不良信息；要诚实友好交流，不侮辱欺诈他人；要增强自护意识，不随意约会网友；要维护网络安全，不破坏网络秩序；要有益身心健康，不沉溺虚拟时空。

　　在网络道德建设上，要处理好虚拟世界与现实世界的关系；网络道德与传统道德的关系；信息资源共享与信息资源所有权的关系；个人隐私和网络监督的关系；网络违规和网络犯罪的关系等。

　　加强计算机及网络的道德建设，行政和法律的完善，以及人们的自律要求，目的是保障计算机信息系统的安全，尽可能地预防和避免计算机犯罪，降低计算机犯罪给社会、他人带来的破坏和损失，使信息化社会更快、更健康地发展。

5.4.3　计算机犯罪及相关法律

　　计算机犯罪是随着计算机技术的发展与普及而产生的一种新型犯罪。它是指行为人利用计算机操作所实施的危害计算机信息系统（包括内存数据和程序）安全和其他严重危害社会的犯罪行为。可包括两种形式：一种是以计算机为犯罪工具而进行的犯罪，如利用计算机进行金融诈骗、盗窃、贪污、挪用等犯罪；另一种是以计算机为破坏对象而实施的犯罪，如非法侵入计算机系统罪、破坏计算机信息系统罪等犯罪行为。计算机犯罪事实上是信息犯罪。一般是指采取窃取、篡改、破坏、销毁计算机系统内部的程序、数据和信息，从而实现犯罪的目的。而对计算机实体的窃取一般属于盗窃罪。

　　我国《刑法》第二百八十五条规定："违反国家规定，侵入国家事务、国防建设、尖端技术领域的计算机信息系统属非法侵入计算机信息系统罪。

　　我国《刑法》第二百八十六条规定："破坏计算机信息系统功能；破坏计算机信息系统数据和应用程序；制作、传播计算机破坏性程序的属破坏计算机信息系统罪。

　　我国《刑法》第二百八十七条规定："利用计算机实施金融诈骗、盗窃、贪污、挪用公款、窃取国家秘密或者其他犯罪的，依照本法有关规定定罪处罚。"

　　此外,国务院、公安部、国家保密局也制定了许多计算机信息安全、互联网的管理、商用密码管理、计算机病毒防治管理等与计算机信息网络有关的法令和法规。

　　虽然计算机和网络的发展过程中还会出现新的问题、新的形式的犯罪,出现法律真空的问题,但是相关的法律、法规为进一步完善有关计算机犯罪的法律奠定了基础。

　　总之,随着计算机和网络的发展,信息系统安全、网络道德、计算机知识产权、计算机网络犯罪等还会出现新的矛盾和问题。除了进一步加强信息安全技术建设,进一步健全相应法律法规外,更重要的是加强道德意识和行为规范,加强自律,形成一个完善、成熟的道德体系网,使计算机网络系统朝着健康有序的方向发展。

习　题　5

一、单选题

1. 计算机病毒是(　　　)。
   A. 侵入计算机的生物病毒　　　　　　　B. 已破坏的文件
   C. 人为制造的具有破坏性的程序　　　　D. 已损坏的磁盘

2. 关于计算机病毒,下面说法不正确的是(　　　)。
   A. 大多数病毒具有繁殖性　　　　　　　B. 感染过病毒的计算机具有免疫性
   C. 具有破坏性的程序　　　　　　　　　D. 不破坏计算机硬件

3. 下面不属于计算机病毒特征的是(　　　)。
   A. 激发性　　　　　B. 传染性　　　　　C. 寄生性　　　　　D. 免疫性

4. 下面关于查杀毒软件,说法正确的是(　　　)。
   A. 查杀毒软件滞后于计算机病毒
   B. 查杀毒软件可阻止任何计算机病毒对计算机的入侵
   C. 查杀毒软件可以超前于计算机病毒
   D. 查杀毒软件可以清除任何计算机病毒

5. 大多数寄生于 Office 文档中的病毒属于(　　　)。
   A. 引导型病毒　　　　　　　　　　　　B. 文件型病毒
   C. 复合型病毒　　　　　　　　　　　　D. 宏病毒

6. 一下不属于计算机网络安全技术范畴的是(　　　)。
   A. 访问控制　　　　B. 应急技术　　　　C. 密码技术　　　　D. 防火墙技术

7. 下面不涉及信息安全的领域是(　　　)。
   A. 计算机技术和网络技术　　　　　　　B. 法律法规
   C. 公共道德　　　　　　　　　　　　　D. 资源环境

8. 保障信息安全最基本、最核心的技术措施是(　　　)。
   A. 信息加密技术　　　　　　　　　　　B. 网络控制技术
   C. 防火墙技术　　　　　　　　　　　　D. 反病毒技术

9. 下面属于公钥密码加密的是(　　　)。
   A. Caesar 加密　　　B. Vigenre 加密　　　C. DES 加密　　　D. RSA 加密

10. 下面不属于《刑法》中计算机犯罪条款的是（　　）。

　　A. 第二百五十八条　　　　　　　　B. 第二百八十五条

　　C. 第二百八十六条　　　　　　　　D. 第二百八十七条

二、判断题

1. 计算机病毒总是可以通过最新的杀毒软件清除干净。（　）

2. 导致数据丢失的原因是计算机病毒的破坏。（　）

3. 计算机病毒是具有破坏性的程序。（　）

4. 制造计算机病毒仅属于道德问题，不属于违法行为。（　）

5. 为了防止计算机病毒对磁盘上的文件进行破坏，应在同一磁盘上做一个备份文件。
（　）

6. 防火墙可以阻止计算机病毒的入侵。（　）

7. 信息安全的核心是保护信息资源的安全。（　）

8. 对称密码体制中加密密钥和解密密钥是相同的。（　）

9. 公钥密码体制是公开所有密钥，而加密和解密算法保密。（　）

10. 只要加强网络安全技术和国家的法律，网络的道德建设可有可无。（　）

三、简答题

1. 简述信息安全的核心目标。

2. 简述影响信息安全的因素。

3. 简述计算机病毒的定义

4. 简述计算机病毒的特征。

5. 简述在网络道德建设中要处理好哪些关系。

应 用 篇

第6章 中文 Windows XP

Windows 操作系统是由美国 Microsoft 公司开发的窗口化操作系统,它采用了 GUI(图形用户界面 Graphical User Interface)图形化操作模式,比起以前的指令操作系统(如 DOS)更为人性化。Windows 操作系统是目前世界上使用最广泛的操作系统。最新的版本是 Windows 7。但是目前中国普通用户用得最多的是 Windows XP,并且各种 Windows 版本的操作有很多相似的地方,所以我们这一章主要讲 Windows XP 操作。

6.1 Windows XP 的基本知识和基本操作

Windows XP 是 Microsoft 公司于 2001 推出的操作系统,它是继 Windows 95 操作系统的另一次跨越。作为升级产品,Windows XP 不仅继承了以前版本的诸多特性,还带来了更加人性化和智能化的界面和功能。是当今受瞩目的数字媒体方案平台和融合技术的基础平台。微软最初发行了两个 32 位版本:专业版(Windows XP Professional Edition)和家庭版(Windows XP Home Edition),64 位专业版于 2003 年 3 月 28 日发布。后来在 2005 年又发行了媒体中心版(Windows XP Media Center Edition)和平板电脑版(Windows XP Tablet PC Edition)等。

Windows XP 对计算机硬件的要求较高,如果硬件不能满足需要,将不能很好地运行和安装 Windows XP 操作系统,Windows XP 基本配置如下:233 MHz Pentium 或更高的微处理器(或相当的处理器);128 MB 以上的内存;至少 1.5 GB 的可用硬盘空间;VGA 监视器;键盘、鼠标或兼容光标定位设备;CD-ROM 或 DVD 驱动器。

6.1.1 Windows XP 的新特性

Windows XP Professional 的新特点:
(1) 包含了 Windows XP Home Edition 的全部功能;
(2) 具有移动支持功能;
(3) 高响应能力并且可以同时处理多个任务;
(4) 保护数据安全并维护隐私;
(5) 使用更加高效的管理解决方案;
(6) 可以与世界各地的其他用户高效通信。

6.1.2 Windows XP 启动与退出

1. Windows XP 的启动

若电脑中安装了 Windows XP,只需打开计算机电源,Windows XP 即可自动启动。启动成功后屏幕上将显示 Windows XP 的登录画面。

单击相应的用户名图标后,输入与该用户名对应的密码,按回车键即可进入 Windows XP 系统,这一过程称为登录。如果用户安装时没有设定密码,启动时则直接进入 Windows XP 系统如图 6.1。

图 6.1 Windows XP 系统启动后的界面

2. 退出 Windows XP

退出 Windows XP 的操作是,单击**开始**按钮,在弹出的菜单中选择**关闭计算机**命令,然后在弹出的**关闭计算机**对话框中可选择**待机**、**关闭**或**重新启动**以执行相应的操作。

(1)待机。系统将保持当前的运行,计算机将转入低功耗状态,当用户再次使用计算机时,在桌面上移动鼠标即可以恢复原来的状态,此项操作通常在用户暂时不使用计算机,而又不希望其他人在自己的计算机上任意操作时使用。

(2)关闭。系统将停止运行,保存设置退出,并且会自动关闭电源。用户不再使用计算机时选择该项可以安全关机。

(3)重新启动。将重新启动计算机。

当用户要结束对计算机的操作时,一定要先退出 Windows XP 系统;否则,可能会丢失文件或破坏程序。如果用户在没有退出 Windows 系统的情况下就关机,系统将认为是非法关机,当下次再开机时,系统会自动执行自检程序。

6.1.3 鼠标操作

操作 Windows XP 可以使用鼠标器或键盘。

使用鼠标器是操作 Windows XP 最简便的方式。鼠标还可按键数分为两键鼠标、三键鼠标和新型的多键鼠标。两键鼠标和三键鼠标的左右按键功能完全一致。多键鼠标是新一代的多功能鼠标,除有两键外,如有的鼠标上带有滚轮,大大方便了上下翻页。通过控制面板中的鼠标图标可以交换左、右按钮的功能。下面是有关鼠标操作的常用术语：

（1）单击。按下鼠标左按钮，立即释放。

（2）右击。按下鼠标右按钮，立即释放。单击鼠标右键后，通常出现一个快捷菜单。

（3）双击。是指快速地进行两次单击（左键）操作。

（4）指向。在不按鼠标按钮的情况下，移动鼠标指针到预期位置。"指向"操作通常有两种用法：一是打开子菜单，如当用鼠标指针指向**开始**菜单中的**程序**时，就会弹出**程序**菜单；二是突出显示，当用鼠标指针指向某些按钮时会突出显示一些文字说明该按钮的功能，如在 Microsoft Word 中鼠标指针指向**磁盘**按钮时，就会突出显示**保存**。

（5）拖曳（拖动）。在按住鼠标左键按钮的同时移动鼠标指针。

6.1.4　Windows XP 桌面

1. 桌面

"桌面"就是在安装好中文版 Windows XP 后，用户启动计算机登录到系统后看到的屏幕上的较大区域，在屏幕底部有一条狭窄条带，称为任务栏，如图 6.1 所示。在计算机上做的每一件事情都显示在称为窗口的框架中。

"桌面"是用户和计算机进行交流的窗口，上面可以存放用户经常用到的应用程序和文件夹图标，用户可以根据自己的需要在桌面上添加各种快捷图标，使用时双击该图标就能够快速启动相应的程序或文件。Windows XP 的桌面比以前的版本更加漂亮，大多数图标虽然名称未变，但外观却是全新的。

2. 桌面图标

桌面上的小型图片称为图标。可以将它们视为到达计算机上存储的文件和程序的大门。双击某图标，可以打开该图标对应的文件或程序。桌面上常见的图标的功能如下：

（1）**我的文档**。是一个文件夹，使用它可存储文档、图片和其他文件（包括保存的 Web 页），它是系统默认的文档保存位置。

（2）**我的电脑**。在桌面上双击**我的电脑**图标后，将打开**我的电脑**窗口，通过该窗口，用户可以管理本地计算机的资源，进行磁盘、文件或文件夹操作，也可以对磁盘进行格式化和对文件或文件夹进行移动、复制、删除和重命名，还可以设置计算机的软硬件环境。

（3）**网上邻居**。通过**网上邻居**可以访问其他计算机上的资源。**网上邻居**顾名思义指的是网络意义上的邻居。一个局域网是由许多台计算机相互连接而组成的，在这个局域网中每台计算机与其他任意一台联网的计算机之间都可以称为是网上邻居。通过双击该图标展开的窗口，用户可以查看工作组中的计算机、查看网络位置及添加网络位置等。

（4）**Internet Explorer**。用于浏览互联网上的信息，通过双击该图标可以访问网络资源。

（5）**回收站**。回收站可暂时存储已删除的文件、文件夹或 Web 页，在删除 Windows XP 中的文件或文件夹时，回收站提供了一个安全岛，当从硬盘中删除任意项目时，Windows XP 都会将其暂存在回收站中，当回收站存放满项目以后，Windows XP 将自动删除那些最早进入回收站的文件或文件夹，以存放最近删除的文件或文件夹。Windows XP 为每个硬盘或硬盘分区分配了一个回收站。如果硬盘已经分区或者计算机有多个硬盘，可为它们指定不同大小的回收站。用户可以利用回收站来恢复误删的文件,也可以清空回收站,以释放磁盘空间。必须注意的是:从移动盘或网络上删除的文件或文件夹将永久性地被删除,而不被送到回收站。

3. 任务栏

任务栏位于桌面下方,它显示了系统正在运行的程序和打开的窗口、当前时间等内容,用户通过任务栏可以完成许多操作,也可以对它进行一系列的设置。

每打开一个窗口时,代表该窗口的按钮就会出现在任务栏上。关闭该窗口后,该按钮即消失。当按钮太多而堆积时,Windows XP 通过合并按钮使任务栏保持整洁。例如,表示独立的多个 Word 文档窗口的按钮将自动组合成一个 Word 文档窗口按钮。单击该按钮可以从组合的菜单中选择所需的 Word 文档窗口。

(1) **开始**菜单按钮。它是运行应用程序的入口,提供对常用程序和公用系统区域,如我的电脑、控制面板、搜索等的快速访问。

(2) 快速启动工具栏。由一些小型的按钮组成,单击其中的按钮可以快速启动相应的应用程序,一般情况下,它包括网上浏览工具 Internet Explorer 图标、收发电子邮件的程序 Outlook Express 图标和显示桌面图标等。

(3) 窗口按钮栏。当用户启动应用程序而打开一个窗口时,在任务栏上会出现相应的有立体感的按钮,表明当前程序正在被使用,在正常情况下,按钮是向下凹陷的,而把程序窗口最小化后,按钮则是向上凸起的,这样用户的观察将更方便。

(4) 语言栏。用户可通过语言栏选择所需的输入法,单击任务栏上的语言图标“■”或键盘图标“▭”,将显示一个菜单。在弹出的菜单中可对输入法进行选择。语言栏可以最小化以按钮的形式在任务栏显示,也可以独立于任务栏之外。

(5) 通知区域。提供了一种简便的方式来访问和控制程序。右击通知区域的图标时,将出现该通知区域对应图标的菜单。该菜单为用户提供了特定程序的快捷方式。

任务栏可以从其默认的屏幕底边位置移动到屏幕的任意其他三边,在移动时,首先确定任务栏处于非锁定状态,然后在任务栏上的空白部分按下鼠标左键,将鼠标指针拖动到屏幕上要放置任务栏的位置后,释放鼠标。

要改变任务栏及各区域大小,应首先确定任务栏处于非锁定状态,将鼠标指针悬停在任务栏的边缘或任务栏上的某一工具栏的边缘,当显示鼠标指针变为双箭头形状(“■”/“■”)时,按下鼠标左键不放拖动到合适位置后,释放鼠标按钮。

通过设置任务栏属性可以改变任务栏的显示方式,其操作方法是,右击任务栏,弹出快捷菜单,在其中选择**属性**命令,弹出**任务栏和开始菜单属性**对话框,在此对话框中可以自定义任务栏外观及通知区域。

4. “开始”菜单

Windows XP 系统是基于任务设计的,这使得用户不论是否熟悉计算机操作,都能方便地使用该系统。

(1) 在**开始**菜单中,单击带有右箭头“▸”的菜单项将出现一个级联菜单,其中显示了多个菜单项。

（2）单击带有省略号…的菜单项时，将出现一个对话框。

（3）只有单击既不带箭头又不带省略号的菜单项时，才能启动一个应用程序。

（4）Windows XP 经常会将不常用的程序隐藏起来，当需要使用隐藏的程序时，可以单击菜单底部的向下箭头"˅"，即可显示全部的内容，这样不至于一下子打开很多的程序，造成视觉的混乱。

（5）单击**开始**按钮，在弹出的**开始**菜单中选择**注销**命令后，将出现**关闭 Windows** 对话框，在该对话框中可选择**切换用户**或者**注销**，执行切换或注销用户操作。切换用户是在不关闭当前登录用户的情况下而切换到另一个用户，用户可以不关闭正在运行的程序，而当再次返回时系统会保留原来的状态。注销是保存设置并关闭当前登录用户，用户不必重新启动计算机就可以实现多用户登录。

6.1.5　Windows XP 窗口

Windows XP 是一个图形用户界面操作系统，它为用户提供了方便、有效地管理计算机所需的一切。Windows XP 的图形除了桌面之外还有窗口和对话框两大部分。窗口和对话框是 Windows XP 的基本组成部件，因此窗口和对话框操作是 Windows XP 的最基本操作。图 6.2 是 Windows XP 写字板应用程序窗口。

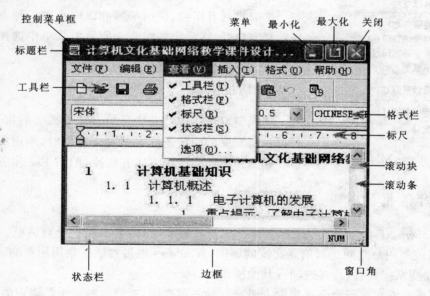

图 6.2　Windows XP 写字板应用程序窗口

1. 移动窗口

将鼠标指针对准窗口的标题栏，拖曳鼠标（此时屏幕上会出现一个虚线框）到所需要的地方，松开鼠标按钮，窗口就被移动了。

2. 改变窗口大小

将鼠标指针对准窗口的边框或角，鼠标指针自动变成双向箭头，拖曳鼠标，就改变了窗口大小。

3. 滚动窗口内容

将鼠标指针移到窗口滚动条的滚动块上，拖动滚动块，即可以滚动窗口中内容。另外，单击滚动条上的上箭头或下箭头，可以上滚或下滚窗口一行内容。

4. 最大化、最小化、复原和关闭窗口

Windows XP 窗口右上角具有最小化、最大化（或复原）和关闭窗口三个按钮。

（1）窗口最小化。单击最小化按钮，窗口在桌面上消失，图标出现在任务栏上。

（2）窗口最大化。单击最大化按钮，窗口扩大到整个桌面，此时最大化按钮变成恢复按钮。

（3）窗口恢复。当窗口最大化时具有此按钮，单击它可以使窗口恢复成原来的大小。

（4）窗口关闭。单击关闭按钮，窗口在屏幕上消失，并且图标也从任务栏上消失。

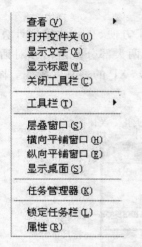

单击窗口左上角的控制菜单框也会出现含有还原、移动、最大化、最小化、关闭等命令的菜单，以供完成各相关功能。

5. 排列窗口

窗口排列有层叠、横向平铺和纵向平铺三种方式。右击任务栏空白处，在弹出如图 6.3 所示的菜单中选择一种排列方式，即可。

6. 切换窗口

切换窗口最简单的方法是单击任务栏上的窗口图标，也可以在所需要的窗口还没有被完全挡住时，单击所需要的窗口。切换窗口的快捷键方式有两种：Alt＋Esc 和 Alt＋Tab。

图 6.3　Windows XP 任务栏菜单

6.1.6　对话框的选项与组成元素

在 Windows XP 的菜单中，打开带有省略号的菜单项时，会出现一个对话框。对话框是 Windows 系统与用户之间进行信息交流的界面，Windows 通过对话框利用用户的回答来获取信息，从而改变系统设置、选择选项或其他操作。

对话框是系统在执行命令过程中人机交互的一种界面，对话框的大小是固定的，不可以改变。与窗口相比较，对话框没有窗口的控制菜单框，一般对话框标题栏最右边是帮助按钮和关闭按钮，对话框的组成如图 6.4 所示。

（1）标题栏。标题栏是对话框的名称标识，可拖动标题栏移动对话框。

（2）选项卡和标签。有些对话框由多个选项卡组成，各个选项卡相互重叠，以减少对话框所占空间。标签，英文名称 Tag，就是对每个选项卡所添加的"关键词"。每个选项卡都有一个标签，每个标签代表对话框的一个功能，单击标签名可以进入标签下的相关选项卡对话框。

（3）文本框。文本框是用来输入文本或数值数据的区域。当文本框内有称为光标的闪烁垂直线时，用户可以直接输入或修改文本框中的数据，此时的光标表示显示键入文本的位置。

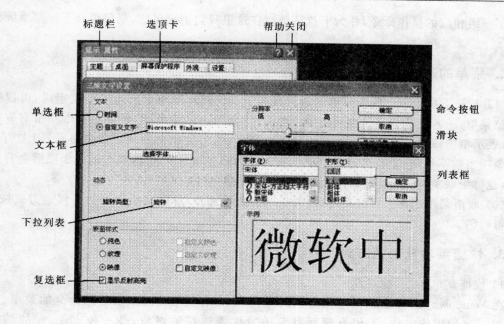

图 6.4　Windows XP 对话框示例

如果在文本框中没有看到光标，则应先单击该框出现光标后才能键入。

（4）下拉列表框。下拉列表框可以让用户从列表中选取要输入的对象，这些对象可以是文字、图形或图文相结合的方式。单击下拉列表中的下三角按钮，可以选择下拉列表框中的列表选项。但不能直接修改其中的内容。

（5）列表框。列表框显示可以从中选择的选项列表。与下拉列表不同的是，无须打开列表就可以看到某些或所有选项。若要从列表中选择选项，单击该选项即可。如果看不到想要的选项，则使用滚动条上下滚动列表。如果列表框上面有文本框，也可以键入选项的名称或值。

（6）选择按钮。选择按钮分为复选按钮和单选按钮两类。复选按钮在一组选项中，可以根据需要选择零个或多个选项，当选项被选定时选项方框内出现"√"，再次单击该选项时，原来的"√"消失，表明该选项未被选定；单选按钮在一组选项中，一次只能且必须选择一个选项，当选项被选中时，选项圆圈内出现"•"，而本组中其他选项的圆圈内的"•"被取消。

（7）命令按钮。单击命令按钮会立即执行一个命令。对话框中常见的命令按钮有**确定**和**取消**两种。如果命令按钮呈灰色，表示该按钮当前不可用，如果命令按钮后有省略号"…"，表示单击该按钮时将会弹出一个对话框。

（8）帮助按钮。在对话框的右上角有一个问号"🔲"按钮，单击该按钮可选定**帮助**，当鼠标指针呈现带有问号的形状"▯?"时，单击某个命令选项，可获取该项的帮助信息。

另外，在有的对话框中还有调节数字的按钮"🔲"，它由向上和向下两个箭头组成，在使用时分别单击箭头即可增加或减少数字，也可直接在框内输入数字。

6.1.7　Windows XP 菜单操作

1. 菜单

在 Windows XP 的每一个窗口中几乎都有菜单栏，在菜单栏中的每个菜单项下又有菜单，提供了一组相应的操作命令,称为下拉菜单。在这里我们把菜单栏、菜单项和下拉菜单统称为菜单。

2. 菜单的基本操作

(1) 打开下拉菜单。单击菜单名或同时按下 Alt 键和菜单名后边的英文字母,可以打开该下拉菜单:①若要选择菜单中列出的一个命令,则单击该命令;②若菜单命令项带有省略号"…",表示单击该命令项时会弹出一个对话框;③若菜单命令项以灰色显示,则表明该菜单命令项当前不可用;④若菜单命令项带有向右的箭头"▸",则表明单击该命令项后会打开子菜单,也称级联菜单。

(2) 取消菜单选择。打开菜单后,若想取消菜单选择,单击菜单以外的任何地方或按 Esc 键即可取消。

3. 快捷菜单及快捷方式

1) 快捷菜单

在 Windows XP 中右击某对象时,会弹出一个带有关于该对象的常用命令的菜单,即快捷菜单。这种操作方法,不但直观而且菜单紧挨着选择的对象,是一种方便、快捷的操作方法。

常见的快捷菜单中的命令简介如下:①创建快捷方式,使用该选项可以对对象创建快捷方式,其具体操作过程见后;②属性,使用该选项可检查和改变对象的属性;③打开,用来打开一个已有的文件和文件夹;④资源管理器,用来管理磁盘或文件夹中的文件;⑤查找,用来查找磁盘或文件夹中的文件;⑥格式化,用来对磁盘进行格式化。

2) 快捷方式

快捷方式是 Windows XP 操作系统的应用技巧,目的是为了快速访问经常使用的文件和文件夹,用户只需双击快捷方式图标便可执行相应的应用程序,而不是在**开始**菜单的多个级联菜单中去搜索查询,也不需要在文件夹里面去查找。用户可以在任何地方创建一个快捷方式。一般快捷图标左下角都有一个小黑箭头。

创建快捷方式的方法有:①右击要创建快捷方式的对象,在弹出的快捷菜单中选择**创建快捷方式**命令,然后将已创建的快捷方式图标移动至桌面即可;②右击要创建快捷方式的对象,在弹出的快捷菜单中选择**发送到→桌面快捷方式**命令即可;③在打开的文件窗口中,选择要创建快捷方式的文件,然后在窗口的**文件**菜单中选择**发送到→桌面快捷方式**命令即可。

6.1.8　Windows XP 剪贴板的使用

剪贴板(ClipBoard)是内存中的一块区域,它是 Windows XP 中一个非常实用的工具,它是文件之间用于传递信息的临时存储区。剪贴板不但可以存储正文,还可以存储图像、声音等其他信息。通过它可以把各文件的正文、图像、声音粘贴在一起形成一个图文并茂、有声有色的文档。剪贴板的使用步骤是先将信息复制或剪切到剪贴板这个临时存储区,然后在目标应用程序中将插入点定位在需要放置信息的位置,再使用应用程序**编辑**菜单中**粘贴**命令将剪贴板中信息传到目标应用程序中。把信息复制到剪贴板,根据复制对象不同,操作也略有不同。

1．把选定信息复制到剪贴板

（1）选定要复制的信息，使之突出显示。选定的信息既可以是文本，也可以是文件或文件夹等其他对象。选定文本的方法是，首先移动插入点到第一个字符处，然后拖动到最后一个字符，或者按住 Shift 键用方向键移动光标到最后一个字符，选定的信息将突出显示。

（2）选择应用程序的**编辑**菜单中**剪切**或**复制**命令。**剪切**命令是将选定的信息复制到剪贴板上，同时在源文件中删除被选定的内容；**复制**命令是将选定的信息复制到剪贴板上，并且源文件保持不变。

2．复制整个屏幕或窗口到剪贴板

在 Windows 中，可以把整个屏幕或某个活动窗口复制到剪贴板。

（1）复制整个屏幕。按下 **PrintScreen** 键，整个屏幕被复制到剪贴板上。

（2）复制窗口。先将要复制的窗口选择为活动窗口，然后按 Alt＋Print Screen 组合键。按 Alt＋Print Screen 组合键也能复制对话框，因为可以把对话框看作是一种特殊的窗口。

3．从剪贴板中粘贴信息

将信息复制到剪贴板后，就可以将剪贴板中的信息粘贴到目标程序中。其操作步骤如下：①首先确认剪贴板上已有要粘贴的信息；②切换到要粘贴信息的应用程序；③光标定位到要放置信息的位置上；④选择该程序**编辑**菜单中**粘贴**命令。

将信息粘贴到目标程序中后，剪贴板中内容依旧保持不变，因此可以进行多次粘贴。既可以在同一文件中多处粘贴，也可以在不同文件中粘贴（甚至可以是不同应用程序创建的文件），所以剪贴板提供了在不同应用程序间传递信息的一种方法。

复制、**剪切**和**粘贴**命令都有对应的快捷键，分别是 Ctrl＋C，Ctrl＋X 和 Ctrl＋V。

剪贴板是 Windows 的重要功能，是实现对象的复制、移动等操作的基础。但是，用户不能直接感觉到剪贴板的存在，如果要观察剪贴板中的内容，就要用剪贴板查看程序。该程序在**系统工具**级联菜单中，典型安装时不会安装该组件。

6.1.9 Windows XP 帮助系统

Windows XP 中文版提供了功能强大的帮助系统，用户可以获得任何项目的帮助信息。有 4 种方法可以获得帮助。

1．通过"开始"菜单的"帮助"命令获得帮助信息

单击**开始**按钮，然后单击**帮助和支持**命令，出现如图 6.5 所示的**帮助**和**支持中心**窗口。该窗口包括帮助主题列表、快速搜索文本框、帮助系统导航工具条。

（1）帮助主题列表。帮助主题列表标签可以按分类浏览主题，其中的内容像一个分层目录，单击其中任何一项就能显示它的子列表，子列表又是一个树形目录列表，显示了各个帮助子主题，单击某主题可以直接获得相应的帮助主题。

图 6.5 Windows XP 的帮助主窗口

（2）快速搜索文本框。在主窗口的**搜索**文本框内输入要搜索的主题关键字，然后单击**搜索**按钮便跳转至搜索结果界面。

（3）导航工具条。单击**索引**按钮可以查看索引列表。在列表框中单击某个主题，然后单击**显示**按钮，就可以得到该主题的具体帮助信息。用户也可以在文本框中直接输入要查找的主题关键字。单击**收藏夹**按钮可以快速查看你已经保存的帮助页面。

单击**历史**按钮查看你在此帮助会话中读过的页面。

单击**支持**按钮可以用远程协助在线获得帮助。

单击**选项**按钮可以从不同的选项中选择，来定制您的帮助与支持中心。

2. 从对话框直接获取帮助

Windows XP 窗口所有对话框的标题栏上都有一个被称为"这是什么"的"?"图标。通过这个图标，可以直接获取帮助。操作步骤如下：

（1）在任何一个对话框中，单击对话框右上角的"?"；

（2）单击要了解的项目；

（3）在屏幕的任意位置单击鼠标即可关闭弹出的帮助窗口。

3. 通过应用程序的"帮助"菜单获取帮助信息

Windows 应用程序一般都有**帮助**菜单。使用应用程序的**帮助**菜单，可以得到该应用程序的帮助信息。

4. 显示 MSDOS 命令的帮助

在命令提示符后输入要得到帮助的命令，在其后跟"/?"。

6.2　Windows XP 的文件与文件夹

文件是有名称的一组相关信息的集合。任何程序和数据都是以文件的形式存放在计算机的外存储器（如磁盘等）上。任何一个文件都有文件名，文件名是存取文件的依据，即按名存取。一个磁盘上通常存有大量的文件，必须将它们分门别类地组织为文件夹，文件夹也叫目录，Windows XP 采用树型结构以文件夹的形式组织和管理文件。

6.2.1　认识文件与文件夹

MS DOS 和 Windows 3.x 使用"8.3"形式的文件命名方式，即最多可以用 8 个字符作为文件主名、3 个字符作为文件扩展名，这种形式在 Windows XP 中就叫短文件名。Windows XP 使用长文件名，即可以使用长达 255 个字符的文件名或文件夹名，其中还可以包含空格。为了保持兼容性，具有长文件名的文件和文件夹还有一个对应"8.3"形式的短文件名。也就是说，在 Windows XP 中，一个文件或文件夹既有长文件名，又有短文件名。

1. Windows XP 文件与文件夹的命名

Windows XP 文件和文件夹的命名约定如下：

（1）在文件名或文件夹名中，最多可以有 255 个字符。其中包含驱动器和完整路径信息，因此用户实际使用的字符数小于 255。

（2）通常，每一文件都有三个字符的文件扩展名，用以标识文件类型和创建此文件的程序。当文档列入**开始**菜单，其文件名不含文件扩展名。

（3）文件名或文件夹名中不能出现\/：*?"<>|"等字符。

（4）不区分英文字母大小写。例如，MYFAX 和 myfax 是同一个文件名。

（5）查找和显示时可以使用通配符"*"和"?"。星号"*"：代表所在位置起 0 个或多个任意字符。如果正在查找以 AEW 开头的一个文件，但不记得文件名其余部分，可以输入 AEW*，查找以 AEW 开头的所有文件类型的文件，如 AEWT.txt，AEWU.EXE，AEWI.dll 等。要缩小范围可以输入 AEW*.txt，查找以 AEW 开头的所有文件类型，并以 txt 为扩展名的文件如 AEWIP.txt，AEWDF.txt。问号"?"代表所在位置的任一个字符。如果输入 love?，查找以 love 开头的任一个字符结尾文件类型的文件，如 lovey.txt，lovei.doc 等。要缩小范围可以输入 love?.doc，查找以 love 开头的一个字符结尾文件类型，并以 doc 为扩展名的文件如 lovey.doc，loveh.doc。

（6）文件名和文件夹名中可以使用汉字。

（7）可以使用多分隔符的名字，如 myreport.sales.totalplan.1996。

2. Windows XP 文件名转换为 MS DOS 文件名

Windows XP 文件名转换为 MS DOS 文件名规则如下：

（1）如果长文件名有多个小数点"."，则最后一个小数点后的前 3 个字符作为扩展名。

（2）如果文件主名小于或等于 8 个字符时，则可以直接作为短文件名，否则选择前 6 个字符,然后加上一个"～"符号,再加上一个数字。例如,假定有两个文件,长文件名分别为"VB 程序设计教程.DOC"和"VB 程序设计课程大纲.DOC",则对应的短文件名分别为"VB 程序～ 1.DOC"和"VB 程序～2.DOC"。

(3) 如果以英文字母作为文件名,则 Windows XP 将把所有字母转换成大写形式。

(4) 如果长文件名中包含 MS DOS 文件命名约定中非法的字符,如空格,则在转换过程中这些字符将被去掉。

3. 文件夹的树状结构

为了便于管理磁盘中的大量信息,更加有效地组织和管理磁盘文件,解决文件重名问题, Windows 使用了多级目录结构——树型目录结构。

在 Windows 中,目录也叫文件夹。由一个根文件夹(根目录)和若干层子文件夹(子目录)组成的目录结构就称为树形目录结构,它像一棵倒置的树。树根是根文件夹,根文件夹下允许建立多个子文件夹,子文件夹下还可以建立再下一级的子文件夹。每一个文件夹中允许同时存在若干个子文件夹和若干文件,不同文件夹中允许存在相同文件名的文件,任何一个文件夹的上一级文件称为它的父文件夹。

4. 文件夹路径

在树形结构文件系统中,为了确定文件在目录结构中的位置,常常需要在目录结构中按照目录层次顺序沿着一系列的子目录找到指定的文件。这种确定文件在目录结构中位置的一组连续的、由路径分隔符"\"分隔的文件夹名叫路径。通俗地说,就是指引系统找到指定文件所要走的路线。描述文件或文件夹的路径有绝对路径和相对路径两种方法。

(1) 绝对路径。从根目录开始到文件所在文件夹的路径称为"绝对路径",绝对路径总是以"盘符:\"作为路径的开始符号,例如图 6.6 访问文件 Readme.txt 的绝对路径是 c:\program files\ Office 97\Readme.txt。

(2) 相对路径。当前文件夹开始到文件所在文件夹的路径称为"相对路径",一个文件的相对路径会随着当前文件夹的不同而不同。如果当前文件夹是 internet,则访问文件 Readme.txt 的相对路径是..\Office 97\Readme.txt,这里的".."代表 internet 文件夹的父文件夹 program.files。

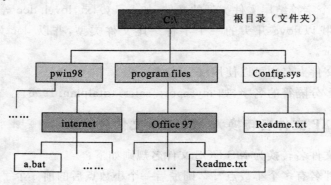

图 6.6　树型目录结构

6.2.2　文件与文件夹的相关操作

1. 选定文件或文件夹

对用户来说,选定文件夹或文件是一种非常重要的操作,因为 Windows XP 的操作风格是先选定操作的对象,然后选择执行操作的命令。例如,要删除文件,用户必须先选定所要删除的文件,然后选择**文件**菜单中**删除**命令或按 **Del** 键。

(1) 选定单个文件或文件夹。单击所要选定的文件或文件夹就可以了。

(2) 选定多个连续的文件或文件夹。鼠标操作步骤是单击所要选定的第一个文件或文件夹然后按住 Shift 键,单击最后一个文件或文件夹;键盘操作步骤是移动光标到所要选定的第一个文件或文件夹上,然后按住 Shift 键,用方向键移动光条到最后一个文件或文件夹上。

(3) 选定多个不连续的文件或文件夹。单击所要选定的第一个文件或文件夹,然后按住 Ctrl 键,逐个单击其他要选的文件或文件夹。

选定文件或文件夹的方法同样适用于选定其他的对象。

2. 复制文件或文件夹

复制文件或文件夹的方法是,选定要复制的文件或文件夹,选择**编辑**菜单中**复制**命令,打开目标盘或目标文件夹后,再选择**编辑**菜单中**粘贴**命令。

此外用户可以用鼠标拖动的方式,实现复制、移动和删除等操作。在拖动过程时,如果有"＋"出现,则意味着复制,否则意味着移动;如果按住 Ctrl 键拖动则是复制,否则当在不同驱动器之间拖动是复制,在同一驱动器之间拖动时是移动。

3. 移动文件或文件夹

移动文件或文件夹的方法类似复制操作只需将选择**复制**命令改为选择**剪切**命令即可。

用户可以按住 Shift 键,同时用鼠标将选定的文件或文件夹拖动到目标盘或目标文件夹中,实现移动操作。如果在同一驱动器上移动非程序文件或文件夹,只需用鼠标直接拖动文件或文件夹,不必使用 Shift 键。需要注意的是,在同一驱动器上拖动程序文件是建立该文件的快捷方式,而不是移动文件。

4. 删除文件或文件夹

首先选定要删除的文件或文件夹,然后选择右键快捷菜单中的**删除**命令。

可以直接用鼠标将选定的文件或文件夹拖动到**回收站**而实现删除操作。如果在拖动时按住 Shift 键,则文件或文件夹将从计算机中删除,而不保存到回收站中。

5. 发送文件或文件夹

在 Windows XP 中,可以直接把文件或文件夹发送到**桌面快捷方式**、**我的文档**、**邮件接收者**,以及一些应用程序等中。发送文件或文件夹的方法是,选定要发送的文件或文件夹,然后用鼠标指向**文件**菜单中**发送到**,最后选择发送目标。

6. 创建新文件夹

用户可以创建新的文件夹来存放具有相同类型或相互有联系的文件,创建新文件夹可执行下列操作步骤:①双击**我的电脑**图标,打开**我的电脑**窗口;②双击要新建文件夹的磁盘,打开该磁盘;③选择**文件→新建→文件夹**命令,或在右击快捷菜单中选择**新建→文件夹**命令即可新建一个文件夹;④在新建的文件夹名称文本框中输入文件夹的名称,按 Enter 键或用鼠标单击其他地方即可。

7. 创建新的空文件

创建新的空文件的方法是,选定新文件所在的文件夹;指向**文件**菜单中**新建**;选择文件类型,窗口中出现带临时名称的文件夹;键入新文件的名称,按 Enter 键或鼠标单击其他任何地方。

需要注意的是,建立的文件是一个空文件。如果要编辑,则双击该文件,系统会调用相应的应用程序把文件打开。

8. 更改文件或文件夹的名称

方法一:①选择需要换名的文件或文件夹;②在**文件**菜单中,选择**重命名**命令;③键入新的名称,然后按 Enter 键。

方法二:右击需要更改的文件或文件夹,在快捷菜单中选择**重命名**命令。

9. 查看或修改文件或文件夹的属性

(1)选定要查看或修改属性的文件或文件夹。

(2)在**文件**菜单或右击快捷菜单中选择**属性**命令,**属性**对话框如图 6.7 所示。

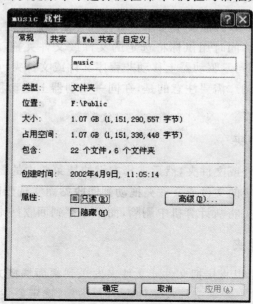

图 6.7　**属性**对话框

（3）在**常规**标签中，显示了以下的信息：长文件名、文件类型、文件描述、所在的文件夹、大小、占用空间、创建的时间和日期、最近一次修改的日期和时间、最近一次访问的日期和时间、属性。

（4）在**属性**栏中修改属性。如果改成是**隐藏**或**系统**的，则在"Windows 资源管理器"中不显示出来，文件夹没有**系统**属性；如果具有**只读**或**系统**属性，则删除时需要一个附加的确认，从而减小了因误操作而将文件删除的可能性。

（5）在修改了属性以后，如果单击**应用**按钮，则不关闭对话框就使所做的操作有效并保留修改；单击**确定**按钮，则关闭对话框并保留修改。

6.3　Windows XP 资源管理器

Windows XP 的资源管理器是浏览本地、网络、Intranet 或 Internet 上资源的最有效工具。用户可以像 WWW 一样浏览本地磁盘或网络。Windows 资源管理器用于显示计算机上的文件、文件夹和驱动器的分层结构。同时显示了映射到计算机上的驱动器号的所有网络驱动器名称。使用 Windows 资源管理器，可以快速便捷的复制、移动、重新命名以及搜索文件和文件夹。"资源管理器"和**我的电脑**是 Windows XP 提供的用于管理文件和文件夹的两个应用程序，利用这两个应用程序可以显示文件夹的结构和文件的详细信息、启动程序、打开文件、查找文件、复制文件以及直接访问 Internet，用户可以根据自身的习惯和要求选择使用这两个应用程序。

6.3.1　启动 Windows XP 资源管理器

方法一：右击**开始**菜单→**资源管理器**。
方法二：右击**我的电脑**→**资源管理器**。
方法三：单击**开始**→程序→附件→**资源管理器**。

6.3.2　Windows XP 资源管理器的组成

为了更方便地运行 Windows XP 资源管理器，用户可以在桌面上创建 Windows 资源管理器的快捷方式。运行 Windows 资源管理器后，出现如图 6.8 所示的窗口。Windows 资源管理器窗口上部是菜单栏和工具栏。工具栏包括标准按钮栏、地址栏。窗口中部分为左窗格和右窗格两个区域。左窗格中有一棵文件夹树，显示计算机资源的结构组织，最上方是**桌面**图标，计算机所有的资源都组织在这个图标下，如**我的电脑**、**我的文档**、**Internet Explorer**、**网上邻居**和**回收站**等。右窗格中显示左窗格中选定的对象所包含的内容。左窗格和右窗格之间是一个分隔条。

标题栏
菜单栏
标准工具栏
地址栏
左窗格
右窗格

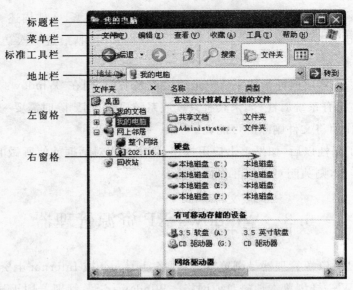

图 6.8　Windows XP 的资源管理器窗口

6.3.3　资源管理器的使用

1. 显示或隐藏工具栏

工具栏是提供给用户的一种操作捷径,其中的按钮在菜单中都有等效的命令。

单击**查看**菜单,指向**工具栏**,显示如图 6.9 所示的级联菜单。级联菜单中有**标准按钮**、**地址栏**、**链接**和**锁定工具栏**、**自定义** 5 个选项。使用**标准按钮**、**地址栏**和**链接**选项可以分别打开或关闭相应的工具栏。**锁定工具栏**选项控制工具栏是否能被拖动。**自定义**选型可以定义自己工具栏的内容以及风格。

图 6.9　工具栏级联菜单

2. 移动分隔条

移动分隔条可以改变左、右窗格的大小,其方法是直接拖动分隔条。

3. 浏览文件夹中的内容

当在左窗格中选定一个文件夹时,右窗格中就显示该文件夹中所包含的文件和子文件夹。如果一个文件夹包含下一层的子文件夹,则在左窗格中该文件夹的左边有一个方框,其中包含一个加号"＋"或减号"－"。当单击某文件夹左边含有加号"＋"的方框时,就会展开该文件夹,并且加号"＋"变成减号"－"。展开后再次单击,则将文件夹折叠,并且减号"－"变成加号"＋"。也可以用双击文件夹图标或文件名的方法,展开文件夹。

4. 改变文件或文件夹的显示方式

除非作了设置,大多数文件不会显示后缀名,而是使用不同的图标表示其类型。如果一个文件的类型没有登记,则使用通用的图标表示这个文件,并且显示文件扩展名。

文件和文件夹的显示方式有**幻灯片**、**缩略图**、**平铺**、**图标**、**列表**和**详细资料** 6 种,它们的区别见表 6.1。如果要改变显示方式,可在**查看**菜单中选以上 6 种方式之一。

表 6.1　查看菜单的命令说明

命令	显示方式
缩略图	缩略图视图将文件夹所包含的图像显示在文件夹图标上,因而可以快速识别该文件夹的内容;默认情况下,Windows XP 在一个文件夹背景中最多显示 4 张图像
平铺	平铺视图以图标显示文件和文件夹,这种图标比图标视图的要大,并且将所选的分类信息显示在文件或文件夹名下面
图标	图标视图以图标显示文件和文件夹,文件名显示在图标之下,但是不显示分类信息;在这种视图中,可以分组显示文件和文件夹
列表	列表视图以文件或文件夹名列表显示文件夹内容,其内容前面为小图标;当文件夹中包含很多文件,并且想在列表中快速查找一个文件名时,这种视图非常有用;在这种视图中可以分类文件和文件夹,但是无法按组排列文件
详细信息	在详细信息视图中,Windows XP 列出已打开的文件夹的内容并提供有关文件的详细信息,包括名称、类型、大小和更改日期;在"详细信息"视图中,也可以按组排列文件
幻灯片	幻灯片视图可用于图片文件夹中,图片以单行缩略图形式显示,可以通过使用左右箭头按钮滚动图片;单击一幅图片时,该图片显示的图像比其他图片大;要编辑、打印或保存图像到其他文件夹,可双击该图片

改变文件或文件夹的显示方式也可以通过标准工具栏中的**查看**按钮实现。使用**详细资料**方式显示文件夹和文件时,可以修改显示文件名、大小、类型、修改日期和时间的列的宽度,以便显示出所需要的信息。修改的方法是用鼠标左右拖动某一列标题右侧的边界。

5. 文件及文件夹的排序

用户可以对文件及文件夹进行排序,排序可以根据名称、类型、大小或日期进行。在**查看**菜单**排序图标**级联菜单中,可选择按名称、按类型、按大小、按可用空间和备注之一的方式来排列图标。

当选择**详细信息**时,可单击右窗格中某一列的名称,就可根据这一列的类型进行排序。例如,单击文件名列的标题**名称**,则在右窗格以文件名进行排序。

6. 排列文件及文件夹的图标

当以图标方式显示文件和文件夹时,在右窗格中可以以行、列对齐的方式显示图标,或把图标拖动到自己选定的位置。

如果在**查看**菜单**排列图标**级联菜单中选定了**自动排列**选项,则移动图标后,系统自动以行、列对齐方式逐行逐列连续地显示图标。

7. 修改其他查看选项

工具菜单中**文件夹选项**命令用来设置其他的查看方式。选择**工具**菜单中**文件夹选项**命令,并且单击**常规**标签,用户可以在其中选择显示风格:是否显示任务导航、浏览文件夹的方式、打开项目的方式。

选择**查看**标签后的对话框如图 6.10 所示。主要进行文件夹视图设置以及一些与文件夹相关的高级设置。

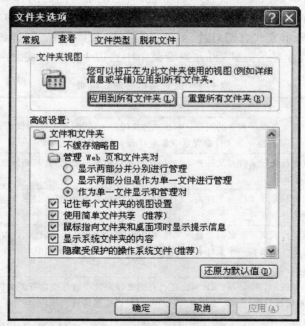

图 6.10　**文件夹选项**对话框的**查看**标签

8. 磁盘格式化

格式化磁盘的操作步骤如下:

(1) 双击**我的电脑**图标或打开**资源管理器**,然后选定要格式化的磁盘;

(2) 单击**文件**菜单中**格式化**命令,或者在右击快捷菜单中选择**格式化**命令,即可。

需要注意的是,对磁盘格式化会丢失磁盘中的所有信息,请谨慎使用此操作。

9. 查找文件

当要查找一个文件或文件夹时,可使用**开始**菜单中**搜索**命令,或者 Windows XP **资源管理**

器或**我的电脑**窗口中的文件查找功能,设置搜索条件,查找所需要的文件。执行**搜索**命令,有下列三种方法:

(1) 单击资源管理器中工具条上的**搜索**按钮,如图 6.11 所示,然后在窗口左侧出现搜索项目选择界面,再选择要搜索的文件的类型以便执行搜索动作。

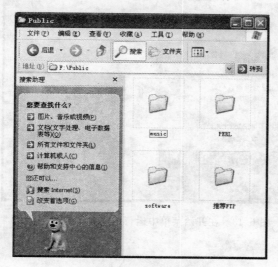

图 6.11 通过工具条**搜索**按钮执行搜索动作

(2) 右击资源管理器中要在其中查找的驱动器或文件夹,在弹出的快捷菜单中选择**搜索**命令,如图 6.12 所示,在全部或部分文件名中输入待查的文件名,然后单击**搜索**按钮。

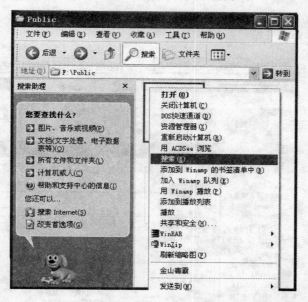

图 6.12 右击要在其中查找的驱动器或文件夹执行搜索

(3) 单击**开始→搜索**命令后,弹出如图 6.13 所示的窗口,该窗口左侧是搜索选项向导视图,用与引导用户搜索合适的文件,右侧窗口与我的电脑窗口一样,显示了计算机上的一些文档目录、本地硬盘、网络硬盘等信息。

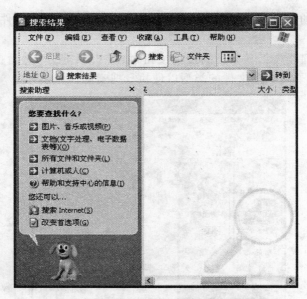

图 6.13　在**开始**菜单中运行**搜索**命令的弹出窗口

10. 文件的压缩

　　WinRAR 是一个很流行的压缩软件包,这个软件可以有效地减小文本文件和. bmp 文件的大小,并可将多个文件或文件夹组合形成一个压缩文件。

　　若已经在计算机上安装了 WinRaR 软件。在你点击 Windows 开始按钮后,应该能在程序菜单中找到它。通常在待压缩或待解压缩文件的快捷菜单中找到。图 6.14 演示了压缩过程。图 6.15 演示了解压过程。

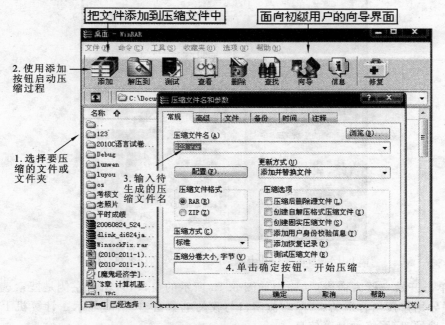

图 6.14　压缩文件

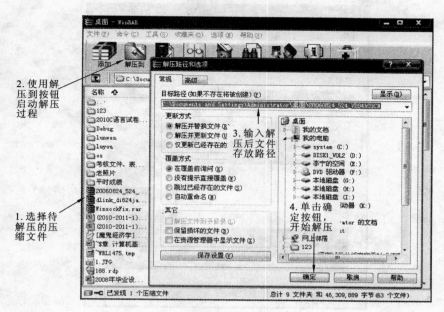

图 6.15　解压压缩文件

6.4　Windows XP 控制面板

　　Windows 系统的控制面板集中了电脑的所有相关设置,想对系统做任何设置和操作,都可以在这里找到。"控制面板"是 Windows XP 的功能控制和系统配置中心,提供丰富的专门用于更改 Windows 外观和行为方式的工具,它允许用户查看并操作基本的系统设置和控制,比如显示属性、字体、添加硬件、添加/删除软件、添加汉字输入方法、安装和删除 Windows XP 组件等。总之"控制面板"是用来对系统进行设置的一个工具集,通过它用户可以根据自己的爱好更改显示器、键盘、鼠标、桌面等硬件的设置。

　　启动"控制面板"的方法很多,常用的有下列三种:

　　(1) 选择**开始→设置→控制面板**命令,打开**控制面板**;

　　(2) 在"Windows XP 资源管理器"左窗格中,单击**控制面板**图标。

　　(3) 在**我的电脑**窗口中,双击**控制面板**图标。

6.4.1　显示设置

　　在**控制面板**中先双击**外观和主题**选择一个类别,再双击**显示**图标,打开**显示 属性**对话框,桌面的大多数显示特性都可以通过该对话框进行设置。**显示 属性**对话框如图 6.16 所示,其中共有显示、桌面、屏幕保护程序、外观、设置 5 个标签,通过这 5 个标签可以设置桌面主题、桌面背景(也称为墙纸)、自定义桌面、屏幕保护程序、选择自己喜欢的外观方案、设置屏幕的颜色和分辨率。

图 6.16　**显示 属性**对话框

6.4.2　字体的安装与删除

　　字体是具有某种风格的字母、数字和标点符号的集合。字体有不同的大小和字形。字体的大小指字符的高度，一般以像素点为单位。字形包括粗体与斜体。

　　用户可以使用的字体和大小，取决于计算机系统中加载的字体和打印机内建的字体。在 Windows XP 中，用户可用的字体包括可缩放字体、打印机字体和屏幕字体。目前流行的 TrueType 字体是典型的可缩放字体，使用这种字体时，打印出来的效果与屏幕显示完全一致，也就是"所见即所得"。如果用户在使用过程中发现打印输出与屏幕显示的字体不同，则可以断定是打印字体和屏幕字体不匹配所致。

　　在应用程序中，字体列表中列出了可用的全部字体。例如，在 Word 或写字板窗口中的下拉字体列表框，可以显示所有的可用字体，如图 6.17 所示。

　　Windows XP 有一个"字体"文件夹，使用该文件夹可以方便地安装或删除字体。在"控制面板"中先双击**外观和主题**选择一个类别，再双击左边的**字体**图标，就打开了 **Fonts** 窗口，如图 6.18 所示。

1. 安装字体

操作步骤如下：

（1）选择**文件**菜单中的**安装新字体**命令，出现**添加字体**对话框，如图 6.19 所示；

（2）选择新字体所在的驱动器和文件夹；

（3）选择新字体；

（4）单击**确定**按钮。

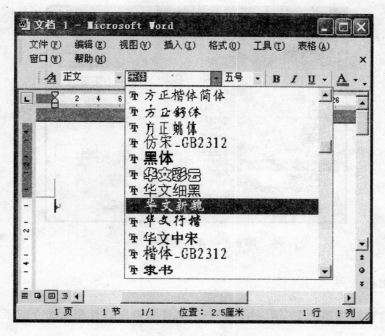

图 6.17　应用程序中字体的显示

图 6.18　Windows XP 中 **Fonts** 窗口

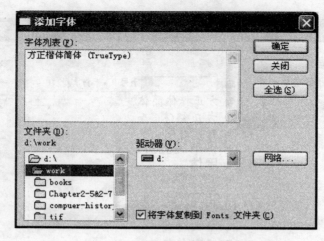

图 6.19　添加字体窗口

2. 删除字体

在字体窗口中选择想要删除的字体,然后从**文件**菜单中选择**删除**命令或者直接按键盘中的 Delete 键。

6.4.3　添加和删除应用程序

在 Windows XP 的控制面板中,有一个添加和删除应用程序的工具。其优点是保持 Windows XP 对添加和删除过程的控制,不会因为误操作而造成对系统的破坏。只要在控制面板中,双击**添加或删除程序**图标,打开**添加或删除程序**窗口,如图 6.20 所示。

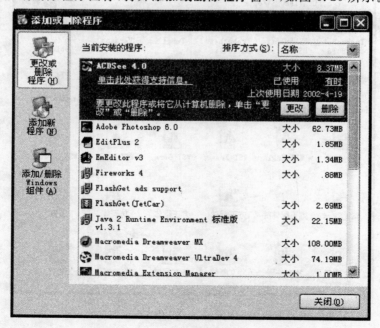

图 6.20　添加或删除程序窗口

1. 删除应用程序

删除应用程序的操作非常简单,只要在**更改或删除程序**标签下的列表框中选择想要删除的应用程序,然后单击**删除**按钮即可。

2. 添加应用程序

安装应用程序的步骤如下:

(1) 在**添加或删除程序**窗口中,选择**添加新程序**标签,如图 6.21 所示。

(2) 单击 **CD 或软盘**按钮。

(3) 插入第一张安装软盘或 CD-ROM,然后单击**下一步**按钮,安装程序将自动检测各个驱动器,对安装盘进行定位。

(4) 如果自动定位不成功,将弹出**运行安装程序**对话框。此时,既可以在**安装程序的命令行**文本框中输入安装程序的位置和名称,也可以用**测览**按钮定位安装程序。如果定位成功,单击**完成**按钮,就开始应用程序的安装。

(5) 安装结束后,单击**关闭**按钮。

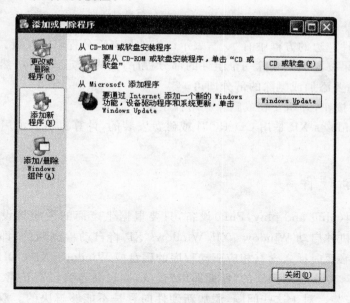

图 6.21 **添加新程序**标签

如果计算机上没有安装你想用的一种汉字输入方法如五笔字型输入法,可以在网上下载这种输入方法的软件,然后双击安装运行就行。

3. 安装和删除 Windows XP 组件

Windows XP 提供了丰富且功能齐全的组件。在安装 Windows 的过程中,考虑到用户的需求和其他限制条件,往往没有把组件一次性安装好。在使用过程中,根据需要再来安装某些组件。同样,当某些组件不再使用时,可以删除这些组件,以释放磁盘空间。

安装和删除 Windows XP 组件步骤如下:

（1）在**添加或删除程序**窗口中，选择**添加/删除 Windows 组件**标签。

（2）在组件列表框中，选定要安装的组件复选框，或者清除要删除的组件复选框，如图 6.22所示。

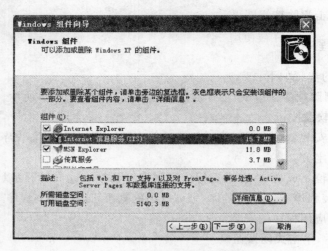

图 6.22　**Windows 组件向导**对话框

注意：如果组件左边的方框中有"√"，表示该组件只有部分程序被安装。每个组件包含一个或多个程序，如果要添加或删除一个组件的部分程序，则先选定该组件，然后单击**详细信息**按钮。选择或清除要添加或删除的部分即可。

（3）单击**确定**按钮，开始安装或删除应用程序。

如果最初 Windows XP 是用 CD-ROM 或磁盘安装的，计算机将提示用户插入 Windows 安装盘。

6.4.4　添加新硬件

对于即插即用（plug and plny，PnP）设备，只要根据生产商的说明将设备连接到计算机上，然后打开计算机并启动 Windows XP，Windows XP 将自动检测新的"即插即用"设备，并安装所需的软件，必要时插入含有相应驱动程序的磁盘或 Windows XP CD-ROM 光盘就可以了。如果 Windows 没有检测到新的"即插即用"设备，则设备本身没有正常工作、没有正确安装或者根本没有安装。对于这些问题，**添加新硬件向导**是不能够解决的。双击"控制面板"窗口中的**添加硬件**图标，打开**添加硬件向导**跟着提示即可安装新硬件。

习　题　6

一、单选题

1. Windows XP 的整个显示屏幕称为（　　）。
　　A. 窗口　　　　　　　B. 工作台　　　　　　C. 桌面　　　　　　D. 操作台

2. 在 Windows XP 中，要浏览本地计算机上所有资源，可以实现的是（　　）。

A. 回收站　　　　　B. 网上邻居　　　　　C. 任务栏　　　　　D. 资源管理器

3. 在 Windows XP 窗口的菜单项中,有些菜单项前面有"√",它表示(　　)。

A. 如果用户选择了此命令,则会弹出下一级菜单

B. 如果用户选择了此命令,则会弹出一个对话框

C. 该菜单项当前正在被使用

D. 该菜单项不能被使用

4. 在 Windows XP 的窗口中,如果想一次选定多个分散的文件或文件夹,正确的操作是(　　)。

A. 按住 Ctrl 键,用右键逐个选取　　　　　B. 按住 Ctrl 键,用左键逐个选取

C. 按住 Shift 键,用右键逐个选取　　　　D. 按住 Shift 键,用左键逐个选取

5. Windows XP 是属于(　　)。

A. 硬件　　　　　B. 应用软件　　　　　C. 操作系统　　　　　D. 文件

6. 以下关于窗口的说法错误的是(　　)。

A. 窗口可以改变大小　　　　　B. 窗口无论何时都可以移动位置

C. 窗口都有标题栏　　　　　D. 我们可以在打开的多个窗口之间进行切换

7. 以下启动应用程序的方法中,不正确的是(　　)。

A. 从**开始**菜单往下选择相应的应用程序

B. 在**开始**菜单中使用运行命令

C. 在文件夹窗口中双击相应的应用程序图标

D. 右键双击相应的图标

8. Windows XP 中,欲选定当前文件夹中的全部文件和文件夹对象,可使用的组合键是(　　)。

A. Ctrl+V　　　　　B. Ctrl+X　　　　　C. Ctrl+A　　　　　D. Ctrl+D

二、填空题

1. 任务栏主要由_____、快速启动栏、打开的程序按钮及_____等组成。

2. 在桌面上创建_____以达到快速访问某个常用项目的目的。

3. 在资源管理器窗口中,显示资料的方式有缩略图、图标、平铺、列表、_____。

4. 在 Windows XP 中,为了弹出**显示 属性**对话框,可右击桌面空白处,然后在弹出的快捷菜单中选择_____选项。

5. 在**回收站**窗口中选定要恢复的文件,单击**文件**菜单中_____命令,恢复到原来位置。

6. 桌面主要由_____、背景和任务栏组成。

7. 在**资源管理器**窗口左侧文件夹列表中,前面有_____符号表示该文件夹含有子文件夹,符号表示该文件夹是一个被展开的文件夹。

8. Windows XP 中的文件夹是_____的替换称呼。

三、判断题

1. **写字板**和**记事本**其实就是同一个程序。　　　　　　　　　　(　　)

2. 在 Windows XP 中能弹出对话框的操作是选择了带省略号的菜单项。　　(　　)

3. 在 Windows XP 窗口的菜单项中,有些菜单项显灰色,它表示该菜单项已经被使用过。　　　　　　　　　　　　　　　　　　　　　　　　　　　　　　（　）

4. Windows XP 中任务栏既能改变位置也能改变大小。　　　　　　　（　）

5. 从桌面删除应用程序的快捷方式就可以删除应用程序了。　　　　（　）

6. 在 Windows XP 中,无法更改桌面上**我的电脑**图标。　　　　　　（　）

7. **资源管理器**的左右两个窗格可以调整大小。　　　　　　　　　　（　）

8. 在 Windows 系统下,正在打印时不能进行其他操作。

四、操作与简答题

1. 在本地计算机的 E 盘根目录下创建一个文件名为**示例**的文件夹,然后在**示例**文件夹下再建立三个分别名为**示例文档**、**示例图片**、**示例影片**的文件夹。

2. 利用**控制面板**系统的桌面背景,并且给 Windows 设置任意一个屏幕保护程序,要求过15 分钟不使用计算机时,执行该屏幕保护程序。

3. 写出用快捷菜单方式下进行文件或文件夹重命名的步骤。

4. 如何恢复删除的文件或文件夹?

5. 在一些菜单命令中,有些命令是深色,有些命令是暗灰色,有些命令后面跟有字母或组合键,它们分别表示什么含义?

6. 试比较窗口和对话框的组成,有哪些异同点?

第7章 Office 基础

7.1 Word 字处理

在众多 Office 应用程序中，Word 以其简单易行的操作排在了首位，它集文字处理，文档排版、长文档编辑、表格制作、图形绘制、图片处理和数据交互等于一身。

7.1.1 认识 Word 2003

1. Word 窗口的组成

Word 窗口中包含有菜单、工具栏、图标等组成部分，如图 7.1 所示。

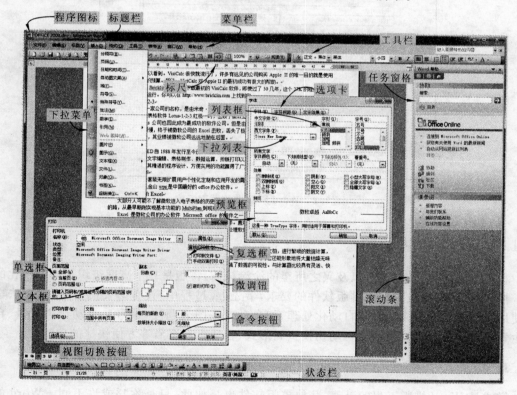

图 7.1　Word 窗口的组成

2. Word 页面的组成元素

Word 页面的组成元素有页眉、页脚、页码、正文、标题、版心等，如图 7.2 所示。

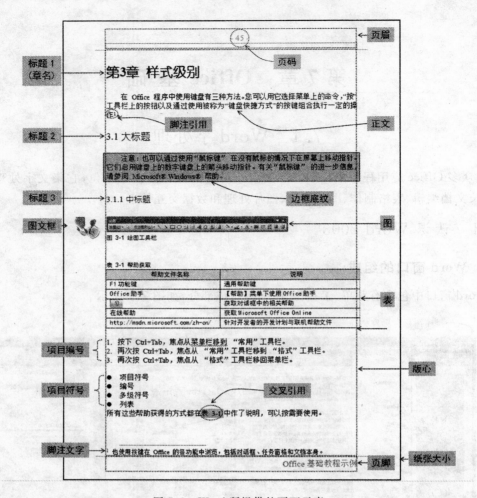

图 7.2　Word 所提供的页面元素

7.1.2　排版的基本概念

相对于简单的文字处理，以及兴之所至的涂涂抹抹，排版是一个高度组织化与结构化的工作。换句话说，如果没有按照排版软件的要求，事先（或过程中）设置必要的格式，就无法享受到使用排版软件所带来的许多自动化处理，如自动产生图表题注（编号）、自动产生目录、自动产生索引、自动产生文档结构、自动切换页码形式、自动更新页眉等方便快捷的功能。

1. 样式

样式是 Word 排版工程的灵魂，其他排版软件也是如此，只是称呼或许不同。Word 的每一项自动化工程，都根据用户事先设定的样式完成。所谓样式，就是用以呈现特定页面元素（扉页、正文、页眉、大小标题、章节名、图表说明、脚注、目录、索引）的一组格式（字体、自距、行距、特殊效果、对其方式、缩进位置）。例如，"电子表格的优点电子表格可以输入输出、显示数据，可以帮助用户制作各种复杂的表格文档，进行繁琐的数据计算，并能对输入的数据进行各种复杂统计运算后显示为可视性极佳的表格。"这段原始内容套用**标题 2** 样式和**正文**样式后，呈现的形貌如图 7.3 所示,其中的**正文**样式如图 7.4 所示。

3.1 电子表格的优点

电子表格可以输入输出、显示数据,可以帮助用户制作各种复杂的表格文档,进行繁琐的数据计算,并能对输入的数据进行各种复杂统计运算后显示为可视性极佳的表格。

图 7.3 样式示例

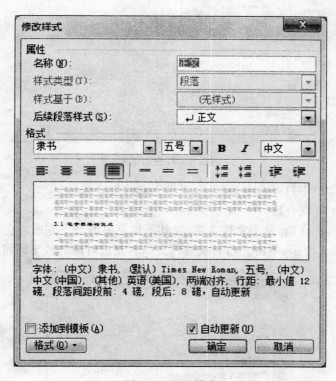

图 7.4 **正文样式**

每个样式必须有一个专属名称,之前所说的 Word 的自动化工程便是根据特定的样式名称进行的。

2. 版面美学

(1) 合适的字号、字距、行距。
(2) 注意适当的"留白"。
(3) 字体、色彩不要过于丰富。
(4) 注意中英文字体的调和搭配。

7.1.3 实战 Word 2003

1. 基本操作

1)打开文件
(1) 直接双击扩展名为 doc 的 Word 文档即可自动启动 Word 程序。

（2）在已经打开的 Word 程序窗口里，单击常用工具栏上的"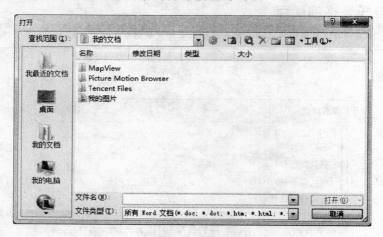"按钮弹出**打开**对话框，如图 7.5 所示。选定需要打开的文件后单击**打开**按钮即可。

图 7.5　**打开对话框**

（3）单击**文件**菜单中**打开**命令，同样会弹出上面的**打开**对话框。

（4）使用 Ctrl＋O 组合建。

（5）快速打开历史文档，单击**文件**菜单，在其下拉菜单的最下方通常会列出几个近期编辑的文档名称，如图 7.6 所示，单击文档名或输入文档名左边对应的数字即可快速打开它。

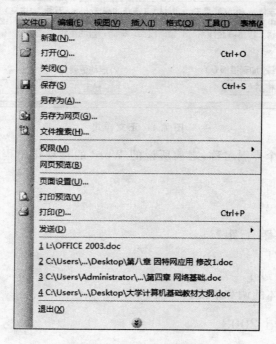

图 7.6　打开历史文档

2）新建文件

（1）新建空白文档。单击**常用**工具栏上的"□"按钮就可以立即新建一个空白文档。

（2）本地模板。Word 中内置了许多本地模板供用户使用，单击**文件→新建**命令，打开**新建文档任务窗格**，如图 7.7 所示。单击**新建文档任务窗格**中的 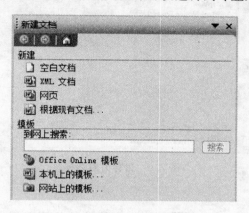本机上的模板... 命令，弹出**模板**对话框，如图 7.8 所示。选择所需要的模板类型即可快速得到专业风格的文档样式。

图 7.7 **新建文档**任务窗格

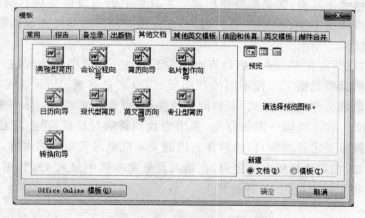

图 7.8 **模板**对话框

（3）网络模板。单击**新建文档任务窗格**中的 Office Online 模板 或者 网站上的模板... 命令，用户可以通过网络下载更多的模板。

3）保存文件

（1）保存新建文档。单击**常用**工具栏上的 按钮或单击**文件→保存**命令（快捷键 Ctrl＋S），打开**另存为**对话框，如图 7.9 所示。在此对话框中指定保存位置、保存类型和文件名，单击**确定**按钮，存盘后文档窗口并不关闭，继续处于编辑状态。

（2）保存已有文档。若当前编辑的是已有文档，单击**常用**工具栏上的 按钮或单击**文件→保存**命令（快捷键 Ctrl＋S），即将文件按原文件名在原位置存盘。

（3）更换保存位置或文件名。单击**文件→另存为**命令，弹出**另存为**对话框，选择另外的文件夹或者输入新的文件名保存即可。

（4）保存多文档。按住 Shift 键的同时单击**文件→全部保存**命令，就可以一次保存多个已编辑修改的文档。

图 7.9　**另存为**对话框

4）工具栏的使用

Word 提供了很多丰富的工具栏供使用者更快捷地找到需要进行的操作，默认打开的窗口包含了**常用**和**格式**工具栏，如果需要使用其他工具栏的话可以用鼠标右键单击菜单栏或工具栏的任意位置即弹出了 Word 的工具栏列表，选定需要使用的即可在编辑窗口中显示出来。

5）浏览与定位

（1）Word 的视图。在 Word 的窗口界面的左下角有一排视图切换按钮，如图 7.10 所示。根据编辑者的不同需要提供了 5 种不同的视图模式，分别是普通、Web 版式、页面、大纲和阅读版式。它们均是以某种角度（方式）观察同一份文档，可说是文档的一体多面。

（2）快速定位。单击**编辑→定位**命令，弹出**查找和替换**对话框，单击**定位**选项卡，在**定位目标**列表框中选择需要定位的项目，然后在右边的文本框里录入相应的内容，就能快速定位到需要的位置。例如，在**定位目标**中选定**页**，在**输入页号**文本框中录入 **15**，如图 7.11 所示，单击**定位**按钮，Word 将光标定位到 15 页的开头。

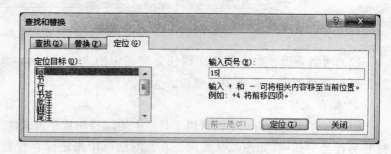

图 7.10　视图切换按钮　　　　　　　　　　图 7.11　定位标签

2. 文本录入

图 7.12 所示为用 Word 写的一封家书，下面以此例来说明文字与符号的录入。

1）文字

中文字符总是全角字符，西文字符则有全角和半角之分，其中英文字母又有大小写之别，全角字符视觉上要比半角的宽。图 7.12 中的"h""o"就是西文半角字符。

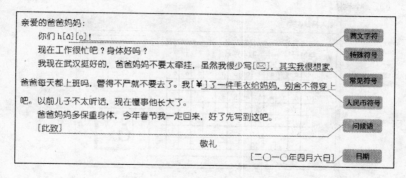

图 7.12　一封家书

2）常见符号

（1）常规插入。单击**插入→符号**命令，打开**符号**对话框，如图 7.13 所示，双击选定的符号即可在光标所在位置将其插入。

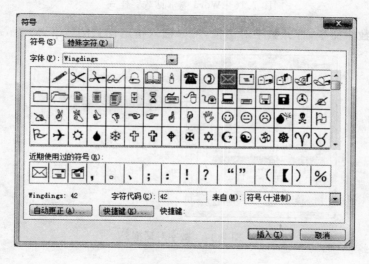

图 7.13　符号对话框

（2）**符号栏**工具栏。单击**视图→工具栏→符号栏**命令，可显示**符号栏**工具栏，如图 7.14 所示。单击其中的符号即可将其插入。

图 7.14　符号栏工具栏

3）特殊符号

单击**插入→特殊符号**命令，弹出**插入特殊符号**对话框，如图 7.15 所示。选择**拼音**选项卡，可插入"家书"中的拼音"ǎ"。

4）数字

Word 里可以使用更多的数字样式，常见样式如图 7.16 所示。

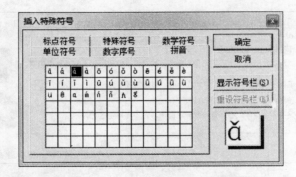

图 7.15　**插入特殊符号**对话框

4	Ⅳ	iv	丁	肆	四	⑷	㈣	4.	④

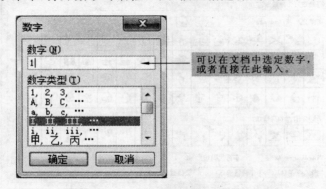

图 7.16　Word 中常见数字样式

单击**插入→数字**命令，打开**数字**对话框，可以插入指定样式的数字，如图 7.17 所示。

图 7.17　**数字**对话框

5）日期

“家书”中的“二〇一〇年四月六日”是一个中文大写的日期格式，单击**插入→日期和时间**命令，弹出**日期和时间**对话框，如图 7.18 所示，双击选择该格式的日期和时间即可。

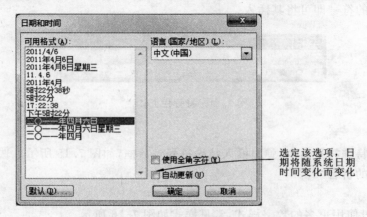

图 7.18　**日期和时间**对话框

6）自动图文集

把光标定位在"家书"中"此致"后面，按下回车键，Word 将自动把"敬礼"填上，若要插入其他中文问候语，可以单击**插入→自动图文集→问候/复信用语**命令，在列出的词条里选择一条插入。

7）公式编辑器

在文档录入中，难免会遇到一些或简单或复杂的公式，如图 7.19 所示。

$$3\sqrt[2]{\frac{3}{8}} + \sum_{i=1}^{10}(a_i + b_i) = (\qquad)$$

图 7.19　示例公式

Word 提供的**公式编辑器**可以解决公式录入的问题。单击**插入→对象**命令，弹出**对象**对话框，如图 7.20 所示。在列表里双击 **Microsoft 公式 3.0** 选项，弹出**公式**工具栏，此时文档进入该编辑器的编辑界面，选择指定的按钮，如图 7.21 所示，移动光标可在不同位置录入所需内容。

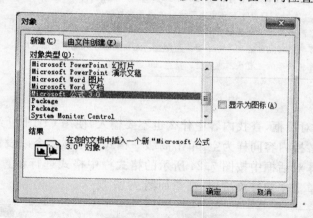

图 7.20　**对象**对话框

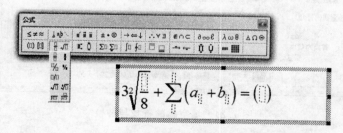

图 7.21　公式编辑器中的**公式**工具栏

在 Word 文档中，需要修改公式的时候，只要双击公式对象就可以重新进入**公式编辑器**编辑。

8）查找与替换

Word 中查找与替换功能的强大，是其他同类软件所无法比拟的，也是日常工作中的常用操作，熟练掌握和理解它们的使用，真正实现轻松高效的文档编辑。

单击**编辑**菜单中**查找**命令，启动查找和替换，弹出**查找和替换**对话框，如图 7.22 所示。所有的查找或者替换操作均在该对话框中设置，替换总是相对查找到的内容而言。

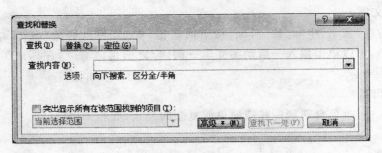

图 7.22　**查找和替换**对话框

以使用 Word 制作试卷填空题为例,可以把答案一并录入,如图 7.23 所示。再使用查找和替换功能,将下划线部分文字设置为白色,字符间距加宽 3 磅,字符位置降低 3 磅并保留下划线。

一、填空题（每空 1 分，共 20 分）
1、Excel 是为处理数字制作报表而设计的电子表格软件。
2、典型的电子邮件地址一般由用户名和主机域名组成，中间用符号@连接。
3、计算机逻辑元件经历了电子管、晶体管、集成电路和大规模集成电路四个阶段。
4、计算机病毒的主要来源有光盘、硬盘、U盘和网络。

图 7.23　试卷填空题示例文档

打开**查找和替换**对话框,查找内容中什么也不要输入,使用 Ctrl+U 组合键直接设置查找带有下划线的内容,替换内容同样为空,单击**高级→格式→字体**命令以设置替换文本的字体格式,在打开的**替换字体**对话框中按图 7.24 所示的**格式**栏中格式进行设置,然后**确定**按钮返回**查找和替换**对话框,单击**全部替换**按钮,结果如图 7.25 所示。

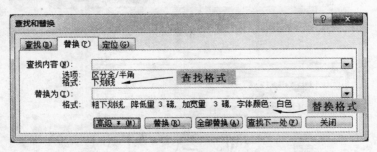

图 7.24　填空题的查找与替换

一、填空题（每空 1 分，共 20 分）
1、_____是为处理数字制作报表而设计的电子表格软件。
2、典型的电子邮件地址一般由_____和主机域名组成，中间用符号____连接。
3、计算机逻辑元件经历了电子管、_____、集成电路和大规模集成电路四个阶段。
4、计算机病毒的主要来源有光盘、_____、U盘和_____。

图 7.25　格式替换结果

3.　选定、删除、移动与修改操作

（1）选定。通过鼠标、键盘或两者结合操作，可以选定连续或非连续的文本，见表 7.1。

表 7.1　选定文本常用操作

功能	操作
全选	按 Ctrl＋A 组合键或鼠标三击
选定段落	先按 Ctrl＋↑组合键，再按 Ctrl＋Shift＋↓组合键或鼠标双击
选定句子	Ctrl＋鼠标单击
从光标处到文档结束位置	Ctrl＋Shift＋End
从光标处到文档起始位置	Ctrl＋Shift＋Home
一个位置到另一个位置（扩展）	单击后按下 F8 或者 Shift 键，再单击另一位置
选定矩形区域	Alt＋鼠标拖动
选定非连续区域	先选定第一个区域，按住 Ctrl 键，再选定所需的其他区域

（2）删除。Delete 键，删除所选内容或删除光标后一个字符，表格中仅删除表格内容而保留表格。BackSpace 键，删除所选内容或删除插入点前一个字符，若插入点在表格中，则可以选择删除行、列或表格。

（3）移动。选定需移动的内容，按住鼠标拖动到目标位置后释放鼠标左键。若离目标位置较远。可以执行**编辑→剪切**命令，再将光标定位至目标处，再执行**编辑→粘贴**命令。

（4）改写。如图 7.26 所示，当状态栏中的改写模式处于激活状态时，Word 处于改写模式，在此模式下，键入的新文字将替换后面的文字。

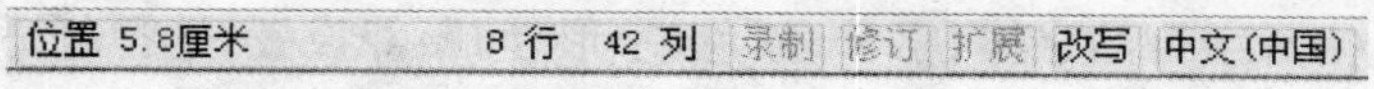

位置 5.8厘米　　　　8 行　42 列　录制 修订 扩展 改写 中文(中国)

图 7.26　改写模式

切换改写/录入模式的方法：双击状态栏中的**改写**命令或按下键盘上的 Insert 键。

4.　复制、剪切与粘贴

（1）鼠标拖动。选定需移动的内容，按下 Ctrl 键，然后拖动至目标位置后释放鼠标。此法快捷使用，同样适用于表格、图形等。

（2）按钮命令。单击**常用工具栏**中的剪切"✂"、复制"📋"与粘贴"📋"按钮，或者单击**编辑→复制**命令和**编辑→粘贴**命令，进行复制操作。

（3）经典快捷键。复制 Ctrl＋C、剪切 Ctrl＋X、粘贴 Ctrl＋V。

（4）智能粘贴。向文档中进行粘贴时，通常会出现粘贴选项按钮"📋"，单击此按钮，出现一个菜单，如图 7.27 所示。根据文档需要，选择相应的粘贴格式。

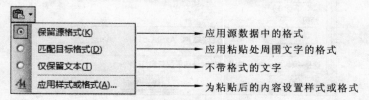

图 7.27　智能粘贴按钮选项

（5）选择性粘贴。单击**编辑→选择性粘贴**命令，弹出**选择性粘贴**对话框，如图 7.28 所示。选择某种格式单击**确定**按钮即可。

图 7.28　**选择性粘贴**对话框

（6）Office 剪贴板。单击**编辑→Office 剪贴板**命令，打开**剪贴板**任务窗格。Office 的剪贴板支持 24 个项目的复制/粘贴，这些项目也可以是从其他程序中收集的文字和图形对象，当复制项目超过 24 项时，将自动替换最先的复制项。

（7）截屏。Print Screen 键可以用来捕捉当前屏幕中的内容。Alt＋Print Screen 组合键可用于捕捉当前活动窗口中的内容。然后再用 Ctrl＋V 组合键将剪贴板中的截屏内容粘贴于文档中。

5. 格式的设置

1）字符格式

字符的格式包括对字符的字体、字号、颜色、字形、间距等设置，选择好适合的格式内容，不仅可以美化文档，还能让文档层次清晰、轻重分明。

（1）字体修饰。单击**格式→字体**命令，弹出**字体**对话框，如图 7.29 所示，此对话框中包含了**字体、字符间距**和**文字效果**三个选项卡。

图 7.29　**字体**对话框

在**字体**选项卡中，可以对文档中的字符设置字号、字形、颜色、下划线、着重号等。在**效果**栏中还可以对文档中被选定字符设置一些特殊效果，如空心、阴影、上下标、隐藏文字等。所有这些设置都将在**预览**框中看到最终效果，如图 7.30 所示。

字号20　四号字体　**华文隶书**　红色　下划线（点横线）　着重号

删除线　空心　阴影　上^标　下_标

图 7.30　**字体**选项卡设置示例

在**字符间距**选项卡中，**缩放**与**格式**工具栏上的"**公·**"（字符缩放）按钮效果是一样的，可以设置文字的横向缩放效果，即选择大于 100% 的值如 150%，若选择小于 100% 的值如 66% 时，可见到变窄的效果，如图 7.31 所示。**间距**所调整的是字符之间的间隔距离，有标准、加宽、紧缩三种选项。**位置**可以对文档中选中的字符实现相对于现有位置的提升或降低的效果，提升、降低的多少取决于录入的"磅值"，如图 7.32 所示。在**文字效果**选项卡里提供了多种针对字符的修饰动画效果，但这些效果只能作为电子文档中的装饰，若要打印的话效果就不是很理想。

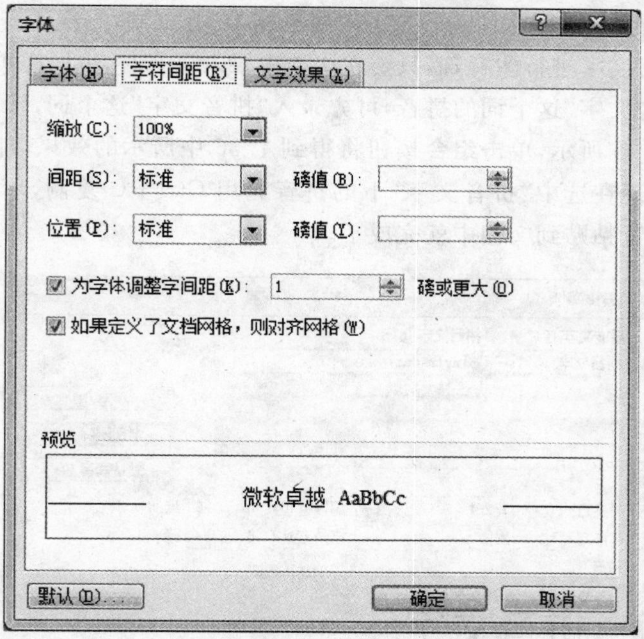

图 7.31　**字符间距**选项卡

字符缩放 150%　　　字符缩放 66%

间距标准　　　间 距 加 宽 10 磅　　　间距紧缩2磅

位置标准　　位置提升5磅

位置降低 10 磅

图 7.32　**字符间距**选项卡设置示例

（2）调整宽度。在文档中经常会遇到要将多行词组排列整齐的情况，此时用调整宽度来实现此要求将会是最好的选择。选定需要调整距离的文字，单击**格式→调整宽度**命令，弹出**调整宽度**对话框，如图 7.33 所示。在**新文字宽度**组合框中录入希望达到的文字宽度 **6.5 字符**，确定后退出对话框，刚才选定的文字就会按新设置的宽度重新排列，如图 7.34 所示的 4 行都是按"6.5 字符"的宽度设置的。

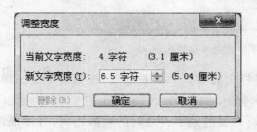

图 7.33　**调整宽度**对话框

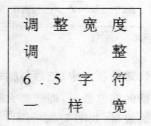

图 7.34　**调整宽度**示例

2）中文版式

格式菜单**中文版式**级联菜单中的命令，是一些在文档中可以实现的中文版式。

（1）利用拼音指南快速录入拼音。Word"拼音指南"有限制，一次注音的文字不能超过 30 个。如果并不需要对文字进行注音，而只要在文档中录入拼音时，也同样可以用拼音指南来实现。例如，录入"拼音文字"这个词的拼音，可先录入"拼音文字"这个词，然后选定它，打开**拼音指南**对话框，如图 7.35 所示，单击**组合**按钮将得到 7.36 中所示的效果，即 Word 把所有字的拼音组合成了一句，现在选中"拼音文字"下的拼音利用 Ctrl＋C 复制，单击**取消**按钮退回文档，再将刚复制的拼音粘贴到文档中就完成了。

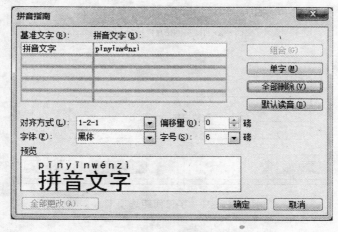

图 7.35　**拼音指南**对话框

（2）带圈字符。效果如图 7.36 中所示，注意此操作必须先选定文字，再设置带圈字符。

（3）纵横混排。先选定要横排的文字，然后单击**格式→中文版式→纵横混排**命令，弹出**纵横混排**对话框，取消**适应行宽**选项的选定状态，单击**确定**按钮完成了图 7.36 中所示的效果。

图 7.36　**中文版式**示例

（4）合并字符。此功能可以让选定的文本实现上下并排的效果，如图 7.36 中所示实现的上下标的效果。先在文档中录入数字"25＋3－4"，选定要转成上下标的"＋3－4"，单击**格式→中文版式→合并字符**命令，弹出**合并字符**对话框，如图 7.37 所示，单击**确定**按钮就完成了上下标的并排录入。

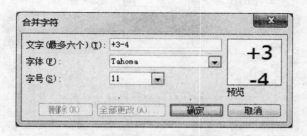

图 7.37　**合并字符**对话框

（5）双行合一。双行合一的效果与合并字符类似，不同的是合并字符得到的结果在 Word 里被视为一个字符，而双行合一仍然保持为原来的字符，如图 7.36 中所示。

3）段落格式

段落是 Word 文档中最重要的组成部分，下面将介绍段落的水平对齐、垂直对齐、缩进、换行控制以及快速复制、清除格式。

（1）水平对齐。各种段落水平对齐效果见表 7.2。

表 7.2　段落水平对齐效果

对齐方式	按钮	实际效果
左对齐	▤	这里展示的是段落的左对齐 ▤ 效果示意
两端对齐	▤	这里展示的是段落的两端对齐 ▤ 效果示意
右对齐	▤	这里展示的是段落的右对齐 ▤ 效果 示意
居中对齐	▤	这里展示的是段落的居中对齐 ▤ 效果 示意
分散对齐	▤	这里展示的是段落分散对齐 ▦ 效果 示　　　　意

（2）垂直对齐。当段落中含有嵌入式图片时，可以设置段落的垂直对齐方式以控制文本与图片的相对位置。单击**格式→段落**命令，在弹出的**段落**对话框中选择**中文版式**选项卡，如图7.38 所示，单击**文本对齐方式**下拉列表框，可以设置段落的垂直对齐方式，各选项具体效果见表7.3。

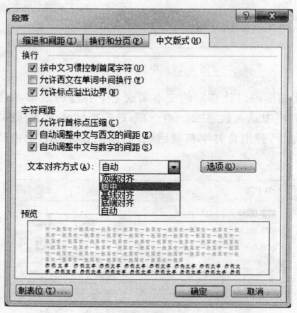

图 7.38　**段落**对话框

表 7.3　段落垂直对齐方式

对齐方式	实际效果
自动对齐	段落垂直对齐之自动对齐
顶端对齐	段落垂直对齐之顶端对齐
居中对齐	段落垂直对齐之居中对齐
基线对齐	段落垂直对齐之基线对齐
底端对齐	段落垂直对齐之底端对齐

（3）缩进。给段落选择不同的缩进方式可以让段落呈现出不同的层次效果，有利于增强文档的层次感。段落的缩进可分为左缩进、右缩进、首行缩进和悬挂缩进。各个缩进方式的效果见表7.4。设置段落缩进的方法有两种：①拖动水平标尺上的各个段落缩进滑块，如图7.39所示，可以快速设置当前段落或所选段落的缩进值；②单击**格式→段落**命令，弹出**段落**对话框，

在**缩进和间距**选项卡中,可以精确设置段落缩进值,如图7.40所示。

表 7.4　段落缩进方式

缩进方式	说明	效果图	备注
左缩进	设置段落左边起始位置离正文左边框的距离		将光标定位在段落除第一行以外的任意行行首,按下 Tab 键可增加左缩进
右缩进	设置段落右边起始位置离正文右边框的距离		——
首行缩进	设置段落第一行起始位置与段落左边沿的距离	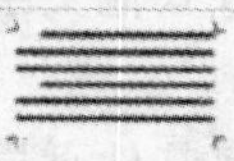	将光标定位在段落第一行的行首,按下 Tab 键增加首行缩进
悬挂缩进	设置段落中除第一行外所有行的起始位置与第一行起始位置间的距离		——

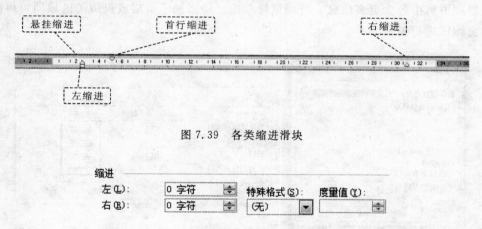

图 7.39　各类缩进滑块

图 7.40　**段落**对话框的缩进设置

4) 页眉与页脚

打开一部小说并注意对开页。有可能会在一页的顶端看到作者姓名,而在另一页的顶端看到书名。在书页的底端是连续的页码。这些详细信息位于文档的页眉和页脚中。

Word中的页眉和页脚具有许多优点,主要优点之一是,当在文档中添加或删除内容时页码能自动重编。

处理页眉和页脚时所用的文档区与文档主体是相互分离的,Word将这些区域称为页眉区和页脚区。

单击**视图→页眉和页脚**命令,Word会打开一个空白页眉并将插入点放在其中,且同时显示出**页眉和页脚**工具栏,如图7.41所示,此处显示为缩短状态(默认情况下,显示为单行按钮)。

图 7.41　**页眉和页脚**工具栏

如果只想向页眉或页脚添加文字,可以简单地将其键入到页眉区或页脚区中。但是,通过使用**页眉和页脚**工具栏,可以添加其他类型的信息。例如,可以让 Word 以下列格式添加页码"第 1 页共 10 页"等。甚至可以添加图片或每当文档打开时都会更新的日期和时间。

页眉和页脚工具栏是一种特殊的工具栏,仅在使用页眉和页脚时才会打开,并且它不出现在**工具栏级联菜单**上。必须关闭该工具栏才能切换回主文档。使用**页眉和页脚**工具栏中的**在页眉和页脚间切换按钮**"⬚"可以迅速地将插入点从页眉区移至页脚区,反之亦然。在添加页眉和页脚内容以后,可以使用与设置其他文字相同的方式来设置其格式,如更改字号或颜色以及使其居于页面正中。

如果只需要页码,而不需要任何其他页眉或页脚信息,则可以使用**插入**菜单中**页码**命令。以这种方式插入页码非常简单而快速。可以在**页码**对话框中选择使页码位于页面顶端还是页面底端,单击**格式**按钮还可以继续设置页码的数字格式等内容,如图 7.42 所示。如果稍后还想在页眉和页脚中包含更多信息。可用鼠标双击已经添加了页眉或页脚的区域即可再次进入页眉和页脚区进行编辑。

图 7.42 **页码和页码格式**对话框

5) 页面背景与水印

在**格式**菜单**背景**级联菜单中,选择任意颜色后,如图 7.43 所示,将会把当前文档的白色背景修改为刚选中的颜色,但这个颜色打印不出来,只能在除普通视图和大纲视图以外其他视图中欣赏到,此功能主要用于 Web 浏览。

在**背景**级联菜单的最下方是**水印**选项,可打开**水印**对话框,如图 7.44 所示。水印是衬显在文档各页文本下方的文字或图片,它可以对文档进行标记或者添加版权信息,且水印是可以打印出来的。

选定**图片水印**单选按钮将激活它下方的相关选项,通过单击**选择图片**按钮来查找希望衬于文档中的图片。选定**文字水印**单选按钮可根据其后激活的各个选项来设置将要插入到文档中的文字效果。

插入到文档中的这些水印,如果插入后又不满意,可进入页眉页脚编辑状态对所插入的这些水印进行删除或修改。

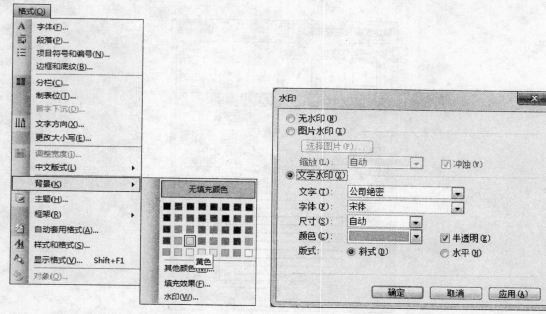

图 7.43　背景级联菜单　　　　　　　　图 7.44　水印对话框

6）项目符号与编号

（1）项目符号。项目符号一般应用于对文档中的某些段落进行突出显示,选定所有需要应用项目符号的段落,然后单击**常用**工具栏中的"⧉"（项目符号）按钮,Word 将用上次使用的项目符号来自动应用于选定的段落。

如果想将项目符号"●"改为"★",只需用鼠标双击该项目符号"●",或右击此项目符号,在弹出的快捷菜单中选择**项目符号和编号**命令,弹出**项目符号和编号**对话框,如图 7.45 所示。若对话框中有需要的项目符号,可以直接选取并确定;现在需要的并未在列表中,可单击**自定义**按钮打开**自定义项目符号列表**对话框,如图 7.46 所示,然后单击对话框中的**字符**按钮,打开**符号**对话框,找到所需的符号,单击**确定**按钮,退出所有对话框就完成了项目符号的修改。

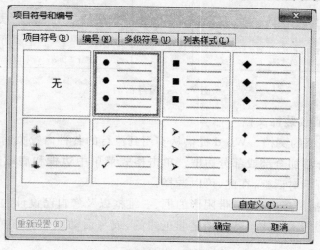

图 7.45　**项目符号和编号**选项卡

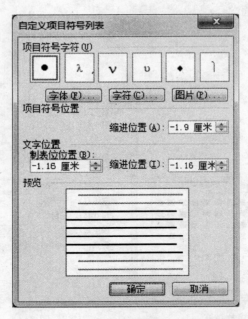

图 7.46　**自定义项目符号列表**对话框

（2）编号。编号是一种数字类型的连续编号，如图 7.47 中就是采用编号形式来逐项说明的示例，编号的自动应用与项目符号的自动运用及修改方法都是一样的。所不同的是，它存在一个数字的起始值的问题。如图 7.47 在中若想让"5. 修改工作表：修改工作表中的文本、数字和公式。"的编号从"1"开始重新编号，右击编号后选择**重新开始编号**即可。若想让"5. 修改工作表：修改工作表中的文本、数字和公式。"的编号以"3"为起始编号且编号样式改为"三"，可双击该编号打开**项目符号和编号**对话框，并在**编号**选项卡中单击**自定义**按钮打开**自定义编号列表**对话框，如图 7.48 所示，在**起始编号**组合框中录入 **3**，在**编号样式**下拉列表中选择**一，二，三**，单击**确定**按钮退出所有对话框，效果如图 7.47 所示。

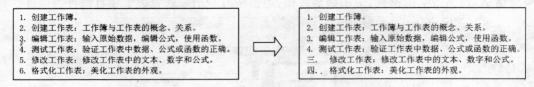

图 7.47　编号示例

7）使用边框和底纹装饰文档

（1）带有页面边框的文档。Word 提供从实用到流行的各种内置页面边框，可以为文档的任何页面的任何部分添加全部或部分边框。单击**格式**菜单中**边框和底纹**命令，选择**页面边框**选项卡，如图 7.49 所示对话框，在此，可以选择：

①边框类型，包括简单的方框、带阴影的框、三维框以及您自己设计的自定义样式；②线条样式、颜色和粗细；③艺术样式。若文档是非正式的，或与活动或假日有关，使用艺术样式，将会非常有意思。

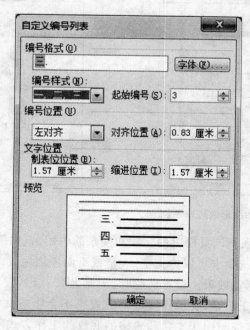

图 7.48　**自定义编号列表**对话框

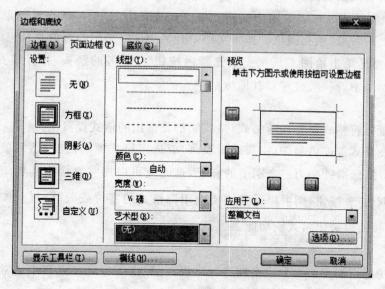

图 7.49　**边框和底纹**对话框

（2）用于文字、表格和图形的边框。可在几个不连续的文本块周围添加边框，将它们与文档的其余部分分开。还可使用边框装饰表格和图形，如图 7.50 所示。若要添加边框，选定文字、表格、表格单元格或图形。然后打开**边框和底纹**对话框，单击**边框**选项卡，再选择样式、宽度、颜色等。如果使用**自选图形**，添加边框的方法将有所不同。选择图形后，使用**绘图**工具栏上的**线条颜色按钮**"🖊"和**线条样式按钮**"☰"完成。

图 7.50　文字、表格和图形的边框示例

图 7.51　底纹示例

（3）底纹。底纹用于强调该页面上的标题和摘录的引用语，如图 7.51 所示。通过使用**边框和底纹**对话框中的**底纹**选项卡可以为文字、表格或页面添加底纹。如同对待边框一样，可以使用各种颜色和样式，并预览效果。设置底纹时，预览尤其有用，因为为底纹选择的颜色和斜线可能使页面上的文字难于辨认，要确保所选择的效果不会影响文字本身的显示。同对待边框一样，用于自选图形的底纹与用于文字和表格的底纹的工作方式不同。选择图形，然后使用**绘图**工具栏上的**填充颜色**按钮"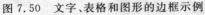"。

（4）图形填充效果。可以采用诸如渐变等填充效果为图形对象（自选图形、文本框、艺术字和绘图画布上的对象）填充颜色。如果文档中有某个这些类型的对象并且想添加填充效果，则首先选定它，然后单击**绘图**工具栏上**填充颜色**按钮""旁的箭头，打开**填充效果**对话框。使用选项卡添加图案、渐变、纹理和其他效果。

8）格式刷

无论是设置字符格式还是段落格式，格式刷都是常用的格式设置工具。

光标定位在格式源的内容中（字符或者段落）或选定格式源的内容，然后单击**常用**工具栏中的""按钮，鼠标指针变为一个刷子的样子，这时就可以用它直接刷到要应用源格式的字符或段落。若双击按钮，则可以反复刷要应用源格式的字符或段落，直到按下 Esc 键或者再次单击""按钮以关闭格式刷功能。

9）分栏

利用分栏功能可以将页面分成多列进行排版，此种排版方式在报刊中经常见到。选定段落，单击**格式**→**分栏**命令，打开**分栏**对话框。

在此对话框中可以设置分栏的栏数，每栏的宽度，栏与栏之间的间距。在选择了两栏以上的分栏后，Word 会自动按所设栏数将选定的部分平均分在两列上。如果不希望各栏的宽度相同时，可取消**栏宽相等**的选定状态，就能对各栏的宽度和栏间距按要求进行调整，如图 7.52 所示。

10）首字下沉

使用首字下沉可以强调页面上的第一个字母：①将光标定位在要用下沉的首字开头的段

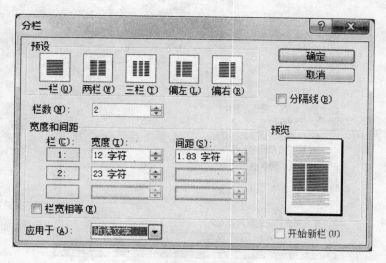

图 7.52　分栏对话框

落。注意该段落必须含有文字;②单击**格式→首字下沉**命令,打开**首字下沉**对话框;③选择**下沉**或**悬挂**的下沉效果;④根据需要再设置其他选项。

6. 表格

1) 制作表格

图 7.53 所示为一份个人简历表,下面通过对它的制作来介绍表格中的一些基本操作。

个人简历

姓名		性　　别		
民族		出生年月		照片
籍贯		政治面貌		
学历		专　　业		
职称		毕业学校		
电话		身份证号		
专业特长				
工作学习经历				

图 7.53　个人简历表

　(1) 插入表格。单击**表格→插入→表格**命令,打开**插入表格**对话框,如图 7.54 所示。设定 5 列 9 行后,单击**确定**按钮,得到一个 9 行 5 列的表格,如图 7.55 所示。

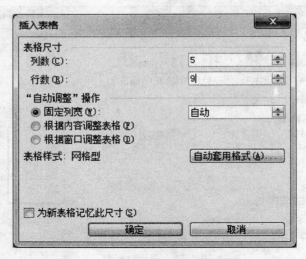

图 7.54 **插入表格**对话框

图 7.55 简历表图示 1

（2）合并单元格。选定区域 A 中的单元格，在右击快捷菜单中选择**合并单元格**命令。同样，完成对 B，C，D，E，F 区域中的单元格合并。在单元格中录入对应文本，如图 7.56 所示。

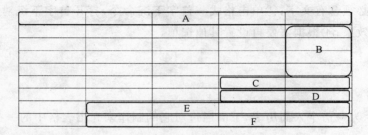

图 7.56 简历表图示 2

（3）设置表格选项。双击表格左上角的表格标记"田"，弹出**表格属性**对话框，如图 7.57 所示。单击**居中**选项，以设置表格水平对齐方式。单击**选项**按钮，打开**表格选项**对话框，设置表格默认单元格左右边距为 0，如图 7.58 所示。

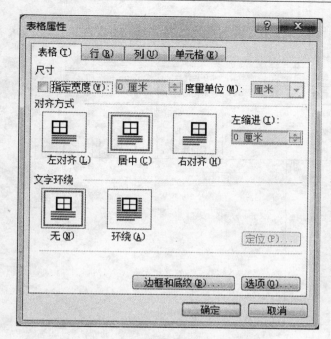

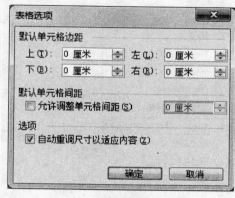

图 7.57　**表格属性**对话框

图 7.58　**表格选项**对话框

（4）拆分单元格。右击图 7.56 中区域 G，在弹出的菜单中单击**拆分单元格**命令，打开**拆分单元格**对话框，将单元格拆为 1 行 18 列，如图 7.59 所示。

（5）设置行高。双击表格左上角的表格标记"田"，弹出**表格属性**对话框，单击**行**选项卡，将其所有行高设置为 0.8 厘米的固定值，如图 7.60 所示。反复单击**下一行**按钮，Word 会自动选定下一行，当选定**专业特长**所在的行时，设置为 2 厘米的固定行高；当选定**工作学习经历**所在行时，设置 5.5 厘米的固定行高，单击**确定**按钮。

（6）设置单元格对齐方式。选定表格后单击鼠标右键，将表格中的单元格设置为**中部居中**的对齐方式，如图 7.61 所示，结果如图 7.62 所示。

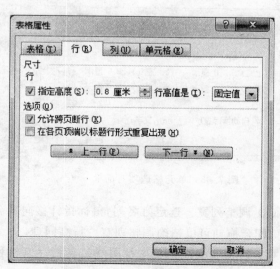

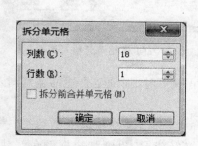

图 7.59　**拆分单元格**对话框

图 7.60　表格行高设置

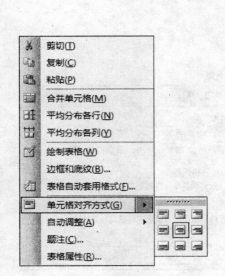

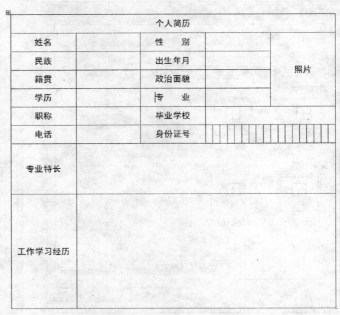

图 7.61　单元格对齐方式　　　　　　　图 7.62　简历表图示 3

（7）设置单元格选项。选定**个人简历**单元格，单击**表格→表格属性**命令，打开**表格属性**对话框，单击**单元格**选项卡，单击**选项**按钮，打开**单元格选项**对话框，按图 7.63 所示进行设置。单击**格式**工具栏中的"▤"按钮，以分散对齐方式水平分布文字。同样，将**工作学习经历**单元格中的上下边距设置为 1 厘米，在此单元格右击快捷菜单中选择**文字方向**命令，打开**文字方向-表格单元格**对话框，将文字设置为纵向分布形式，如图 7.64 所示。单击**格式**工具栏中的"▥"按钮，以分散对齐方式分布文字。

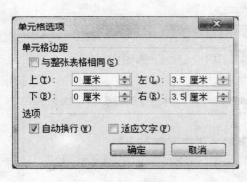

图 7.63　**单元格选项**对话框　　　　　　图 7.64　**文字方向-表格单元格**对话框

（8）调整列宽。选定**姓名**列，鼠标指针移向列分割线呈"⇔"时，拖动至合适的宽度，按住 Alt 键配合拖动可以精确调整列宽。行高同理。

（9）边框和底纹。单击**视图→工具栏→表格和边框**命令，调出**表格和边框**工具栏，选定第 2～第 9 行所有单元格，如图 7.65 所示在工具栏上设置好线形、粗细和边框颜色。然后单击"▦ ▾"按钮旁的小三角形,选择**外侧框线**按钮。选中第一行的单元格,设置前和设置好的框线情况如图 7.66 所示。最后利用该工具栏上的"▧ ▾"按钮来设置单元格或表格的填充背景色。

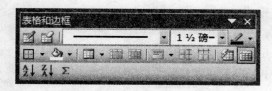

图 7.65　**表格和边框**工具栏

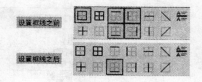

图 7.66　第一行的框线设置

2) 标题行重复

选定第一行或包含第一行的多个标题行,单击**表格→标题行重复**命令,可使标题行在后续各页的上面重复显示。

3) 绘制斜线表头

单击**表格→斜线表头**命令,打开**插入斜线表头**对话框,选择一种表头样式,可以为所选表格的第一行第一个单元格绘制斜线表头。

4) 表格/文本转换

单击**表格→转换→表格转换为文本**命令,打开**表格转换成文本**对话框,选定**制表符**单选框,单击**确定**按钮后得到以制表符为分隔符的文本内容。

5) 简单的计算功能

(1) 自动求和。单击**视图→工具栏→表格和边框**命令,显示**表格和边框**工具栏,使用"Σ"按钮可对单元格进行自动求和计算。

(2) 表格/公式。单击**表格→公式**命令,打开**公式**对话框,可以在指定单元格区域进行计算和设置计算结果的数据显示形式,如图 7.67 所示。

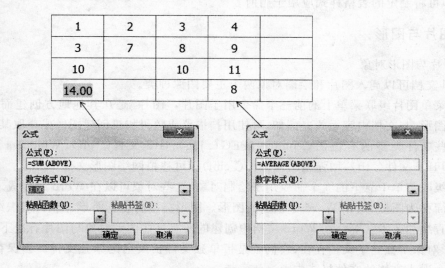

图 7.67　插入表格/公式计算

6）自动套用格式

使用内置的表格格式可以快速得到专业设计、规范、一致的文档表格。制作完一张表格后，将光标定位在表格中，选择**表格→表格自动套用格式**命令，打开**表格自动套用格式**对话框，如图 7.68 所示。

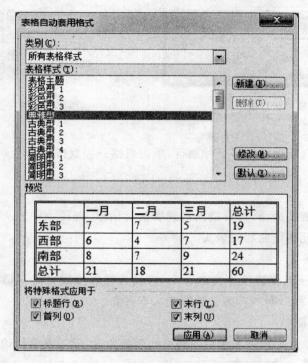

图 7.68　**表格自动套用格式**对话框

在**表格样式**列表框中选择所需的样式，并在**将特殊格式应用于**中选取所需的选项，单击**应用**按钮，即可将制定的表格样式应用于当前表格。

7. 图片与图形

1）图片与图形对象

Word 文档可以插入图片和绘图对象两个主要图像种类。

插入菜单**图片**级联菜单上的前三个命令用于图片，"图片"是在其他地方创建而后导入到文档中的图形，与文档内容无关。例如，可使用扫描仪或数码相机创建图像或获取某些电子剪贴画。这些文件类型的有位图（.bmp）、JPEG（.jpg）、GIF 文件（.gif）、Windows 图元文件（.wmf）、TIFF 文件（.tif）、增强型图元文件（.emf）和可移植网络图形文件（.png）。

图片级联菜单中靠下的 5 个命令用于绘制对象，这些对象可以在 Word 中生成。"图形对象"（有时简称为图形）是在 Word 中创建的图形。图形类型有自选图形、图示、组织结构图、图表、曲线、直线和艺术字等。在 Word 文档中创建的所有这些图形对象与图片有以下两点关键不同：图形对象不独立于文档存在；它们不是带单独文件扩展名的单独文件。当保存文档时，图形对象会融入文档的文件格式中。

此外，还可以使用**绘图**工具栏插入某些图形对象，并且该工具栏还可用于对插入后的图形进行编辑,如图 7.69 所示。当插入图形时,该工具栏自动出现,也可以手动将其从工具栏列表下调出。

图 7.69　绘图工具栏

2) 插入图片

插入任何类型的图形都从同一位置开始操作,即位于**插入**菜单中的**图片**级联菜单。根据图片或绘图类型,具体的图形插入操作会有所不同。

(1) 插入剪贴画。在文档中要插入剪贴画的位置单击。单击**插入→图片→剪贴画**命令,打开**剪贴画**任务窗格,使用简单的关键字搜索想要的主题,然后从搜索结果图像中选择,如图 7.70 所示。

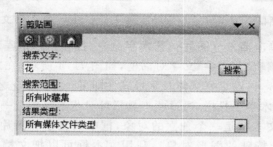

图 7.70　剪贴画任务窗格

(2) 从文件插入图片。如果手边有想要使用的特定图形,如照片图像,可以单击**插入→图片→来自文件**命令。然后从硬盘、服务器、网站或其他位置中找到图片,从那里插入图片。默认情况下,Word 会从**图片收藏**文件夹中寻找。插入图片后,单击图片就会调出**图片**工具栏,如图 7.71 所示,可以对图片做一些简单的处理。

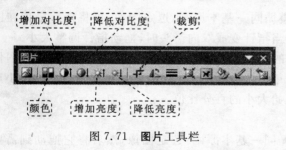

图 7.71　图片工具栏

图 7.72　自选图形工具栏

(3) 插入自选图形。插入自选图形将打开**自选图形**工具栏,如图 7.72 所示。其中,形状包括线条、连接符、箭头、卡通标注批注框和许多其他基本图形,在**自选图形**工具栏中选择所需形状。执行此操作时,将显示绘图画布。在想要显示形状的位置处拖动即可。形状插入后,可以对其执行移动、调整大小、旋转或者更改等操作。

(4) 图示和组织结构图。提供各种图示,包括组织结构图和循环图、放射图、棱锥图、维恩图、目标图。单击**插入→图示**,弹出**图示库**对话框,如图 7.73 所示,其中有每种图示的描述,双击要插入的图示即可。当插入组织结构图时,**组织结构图**工具栏将显示,帮助添加内容和设置选项。对于所有其他图示,也会自动显示相应的**图示**工具栏。除了组织结构图和图示外,还可以通过在**图片**级联菜单中单击**图表**命令插入数据图表。

图 7.73　**图示库**对话框

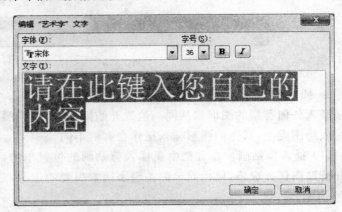

图 7.74　**编辑"艺术字"文字**对话框

（5）插入艺术字。单击**插入→图片→艺术字**命令,打开**艺术字库**对话框,选择一种"艺术字"样式,确定后会弹出**编辑"艺术字"文字**对话框,如图 7.74 所示,在**文字**文本框中输入想要设置成艺术字的文本内容,再设置好字体及字号属性即可。插入的艺术字如需进一步修改,可用单击该艺术字,弹出**艺术字**工具栏,通过此工具栏可对艺术字作进一步的调整。

（6）使用文本框。文本框是一个独立的对象,框中的文字和图片可以随文本框移动,实际上,可以把它视为一个特殊的图形对象。利用文本框可以把文档编排得更加丰富多彩。单击**插入→文本框→横排**或**竖排**命令,或者单击**绘图**工具栏中的 ▣（横排文本框）按钮或其右边的**竖排文本框**按钮,按住鼠标左键拖动绘制文本框,当大小适合后放开左键。此时插入点在文本框中,可以在其中输入文本、表格或插入图片以及项目符号等,并设置文字或段落格式。

3）调整图像的大小

当调整大多数类型的图形大小时,要遵循同一基本原则:选定图像,再将指针定位在图像顶部、底部、两侧或各角上的尺寸控点上。当指针变成双向箭头时,拖动指针调整大小。

如果想维持图像纵横比（高度与宽度的比）,可使用角部控点;使用侧边控点会使图像失真。要微调图像大小,可右击该图形,然后单击快捷菜单上的**设置图片格式**命令。在**大小**选项卡上,可以输入精确的尺寸,也可以输入原始大小的百分比值。

4）移动图像

与调整大小一样,移动图形时也需遵循同一基本原则:选定图像,然后将它拖动到需要的位置。与调整大小不同的是,不同类型图形的移动操作之间略有差别。

（1）对于绘图画布上的图像,可以同时移动绘图画布和图像,方法是将指针定位在图像或绘图画布的边框上,出现四向箭头"✛"后,就可以拖动图像或绘图画布了。

（2）对于不在绘图画布上的图像,不会出现四向箭头。但是,一旦开始拖动图像,指针旁边就会出现一个小框"▨",同时指针所在的文本行中出现一个特殊插入点,以帮助指引定位操作。

（3）对于图示,包括组织结构图,则需要选择该图示,然后将指针放在其边框上,出现四向箭头"⊞"后,即可拖动图示。

5) 复制、组合或旋转绘图画布上的图像

绘图画布的一个优点是,可以方便地复制、组合和旋转画布上的图像。

(1)复制。如果想要多次使用一个图像,只需单击该图像将其选定,然后像文本那样进行复制和粘贴。

(2)组合。组合操作可以将若干单独的图像变成一个单元,以便在涉及其他内容时将其作为整体进行操控。例如,有若干形状,想要按同一角度旋转。只需将它们组合起来,然后旋转该组即可。若要组合对象,可在按住 Ctrl 键的同时单击每个对象,以便选定所有对象。然后右击选定的对象,指向快捷菜单上的**组合**并单击**组合**命令。

(3)旋转。在绘图画布上单击图像时,会注意到顶部有一个绿色选择控点,那是旋转控点。将指针定位在控点上时,会出现一个环形箭头,拖动该箭头即可将图像旋转到所需的任意角度。

需要注意的是图示,包括组织结构图,放置在一种特殊类型的绘图画布上,因此不能旋转。

6) 图片的环绕方式

为了将图形准确地放置在理想的位置,需要指定图形与文本的相互作用方式。

右击图像,然后单击相应的**格式**命令,如**设置图片格式**或**设置自选图形格式**,快捷菜单上的特定命令因图形类型而异。在**版式**选项卡中,使用**环绕方式**选项指定图片和文本如何排布,如图 7.75 所示。同时,该选项卡中还可以指定水平对齐方式。

8. 分隔符的使用

单击**插入→分隔符**命令,弹出**分隔符**对话框,如图 7.76 所示,里面列出了多种可供选择的分隔符,它们在文档中各有其不同的作用。

图 7.75　版式选项卡上的文字环绕选项

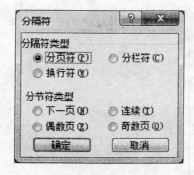

图 7.76　**分隔符**对话框

(1)换行符。换行符也叫手动换行,它表示在此结束当前行的录入,将后续文本在下一行继续。行结尾处插入的"↓"标记,就是换行符。从表面上看插入了换行符的地方被划分了段落,实际上 Word 仍把它们当成一个段落,保持一致的段落格式。

（2）段落标记。Word里面的每一篇文档都是由很多段落组成的，单击**常用**工具栏上的"┇"按钮，就会在每个段落结尾看到一个"↵"标记，这个就是段落标记，也叫回车符。段落标记是通过键盘上的 Enter 键录入的，若想删除只需将光标定位在段落结尾处，按下 Del 键就能将之删除。

（3）分页符。若在页面中录入了部分内容，希望后面将要录入的内容在下一页出现，并且能够延续之前的页面、样式等设置信息时，即在页中某一特定位置实现强制分页时，就可以选定**分页符**单选按钮手动插入一个分页符。

9. 页面设置

单击**文件→页面设置**命令，打开**页面设置**对话框，在这个对话框中包含有**页边距、纸张、版式**和**文档网格** 4 个选项卡，下面根据表 7.5 的排版要求，来学习这些设置。

表 7.5　标准公文排版

类型	项　目		参数
页面	纸张	类型	A4
		尺寸	210 mm×297 mm
	天头（上边距）		37 mm±1 mm
	订口（左边距）		28 mm±1 mm
	版心尺寸（不含页码）		156 mm×225 mm
	页码距页边界		25 mm
正文	字体		仿宋体
	字号		3 号
	每页行号		22 行
	每行字数		28 个

（1）页边距。如图 7.77 所示，页边距是指页面中的正文编辑区域到页面边沿之间的空白区域。根据前面给出的标准公文的各项参数，计算出各个页边距的值，将这些数值分别填入**页边距**选项卡中对应的录入框中，如图 7.78 所示。

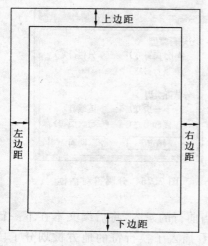

图 7.77　页边距

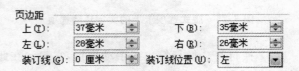

页边距			
上（T）：	37毫米	下（B）：	35毫米
左（L）：	28毫米	右（R）：	26毫米
装订线（G）：	0 厘米	装订线位置（U）：	左

图 7.78　设置页边距

（2）纸张。如图 7.79 所示，选择好纸张类型，宽度和高度 Word 会按标准进行默认设置。

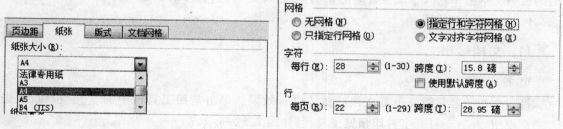

图 7.79　设置纸张　　　　　　　　　　图 7.80　设置文档格式

（3）版式。在**版式**选项卡中可以设置文档的页眉和页脚距离页面边界的值，这个数值一般不应大于上、下页边距的尺寸。这里根据要求将页脚设置为 25 mm。

（4）文档网格。首先单击**文档网格**选项卡下方的**字体设置**按钮，弹出**字体**对话框，在此对话框中按要求设置字号为三号，中文字体为仿宋，然后确定。选定**文档网格**选项卡中的**指定行和字符网格**单选按钮，使字符和行选项都处于可编辑状态，然后再按要求将字符中的数值设为 28，行的数值设为 22，如图 7.80 所示。

10．文档安全性

（1）防打开，即设置打开密码。对于一些重要文件，必须加设密码以防止任意用户打开。在当前文档中，单击**工具→选项**命令，打开**选项**对话框，单击**安全性**选项卡，如图 7.81 所示。在**打开文件时的密码**文本框中输入打开文件时的密码，单击**确定**按钮，打开**确认密码**对话框，再次输入打开文件时的密码即可。

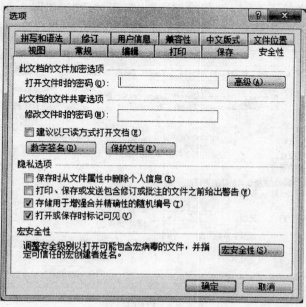

图 7.81　**安全性**选项卡

（2）防修改，即设置修改密码。对于某些文档，也可以设置修改密码或者只读方式以限制用户对文档的修改。单击**工具→选项**命令，打开**选项**对话框，单击**安全性**选项卡，在**修改文件时的密码**文本框中输入修改文件时的密码，单击**确定**按钮，打开**确认密码**对话框，再次输入修改文件时的密码确认即可。

11. 文档输出

1）打印预览

打印文档前通常需要预览文档的整体排版效果。单击**常用**工具栏中的""按钮，可进入预览视图，并自动打开了**打印预览**工具栏，如图 7.82 所示。

图 7.82　**打印预览**工具栏

在预览视图中，显示的是接近文档打印的实际效果，通过它，可以查看文档排版的实际效果，并能及时发现打印可能发生的问题。

在打印预览中编辑文本的步骤：①单击文档中的编辑区，Microsoft Word 会放大显示此区域；②单击**打印预览**工具栏中的""按钮，指针会由放大镜形状变成 I 形，此时即可开始修改文档；③若要返回初始显示比例，可单击""按钮，再单击该文档；④若要退出打印预览并返回文档的上一个视图，单击**关闭**按钮即可。

2）打印设置

以默认方式打印当前文档，可直接单击**常用**工具栏上的""按钮；自定义打印的话，可单击**文件→打印**命令或者按下 Ctrl＋P 组合键，弹出**打印**对话框，如图 7.83 所示。

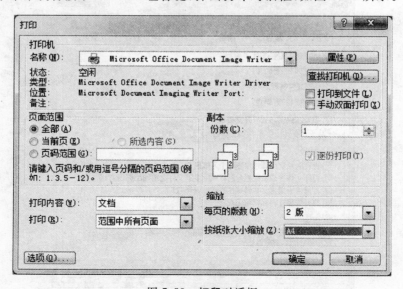

图 7.83　**打印**对话框

（1）打印内容的设置。在**打印**对话框中单击**打印内容**下拉列表，可设置不同的打印内容。表7.6列出了6个打印内容。

表7.6　设置打印内容

打印内容	说　明
文档	打印当前文档
文档属性	打印当前文档的"文件属性"
显示标记的文档	打印具有修订标记的文档
标记列表	打印**审阅**窗格中的内容
样式	打印当前文档管理器对话框中的样式
"自动图文集"词条	打印当前为你的那个关联模板和 Normal.dot 模板中的所有自动图文集

（2）奇偶打印与双面打印。在对话框中选择**打印**下拉列表中的特定选项即可实现。

（3）打印任意页。可以在**页面范围**中选择需要打印的当前文档范围。

（4）打印缩放。可以缩放文档以适应不同的纸张尺寸，也可以在一张纸上打印多页文档。假设当前文档为 A3 纸共 2 页的内容，设置**打印**对话框**缩放**栏的内容如图 7.83 所示，单击**确定**按钮，将打印为 1 页 A4 纸。

12. 文档信息

（1）字数统计。单击**工具→字数统计**命令，弹出**字数统计**对话框，如图 7.84 所示，这里显示了所选内容或者文档的统计信息。

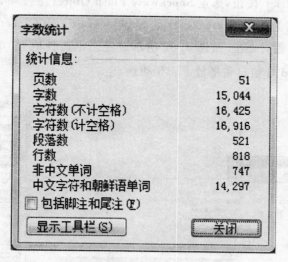

图 7.84　**字数统计**对话框

（2）自动编写摘要。自动编写摘要功能可以自动获得文档的摘要，以供用户快速浏览该文档的大致内容，在报告、科学论文等组织结构清晰的文档中使用效果更好。单击**工具→自动编写摘要**命令，打开**自动编写摘要**对话框，如图 7.85 所示，用户可根据实际需要设置其中的项目。

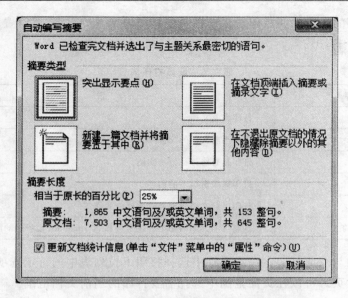

图 7.85　**自动编写摘要**对话框

13. 与其他应用程序的协作

1）让 Word 动起来

如果当前计算机已能正确播放（打开）Flash 动画（＊.swf）时，则可以将 Flash 动画插入到 Word 文档中，按以下步骤让 Word"动"起来：①单击**视图→工具栏→控件工具箱**命令，打开**控件工具箱**工具栏，单击"<img>"按钮，选定 **Shockwave Flash Object** 下拉项，如图 7.86 所示。②光标位置自动插入一个名为 **ShockwaveFlash1** 的 Shockwave Flash Object 控件，单击**控件工具箱**中的"<img>"按钮，打开**属性**对话框，按图 7.87 所示设置三个属性值；③单击**退出设计模式**工具栏中的"<img>"按钮，Word 开始自动播放 Flash 动画。

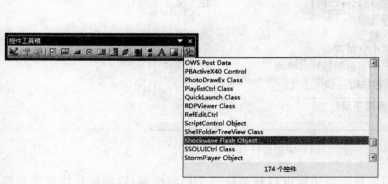

图 7.86　**控件工具箱**工具栏

图 7.87　**属性**对话框

2）在 Word 中插入 Excel 的图表

Word 中可以有几种方式插入如图 7.88 所示的 Excel 图表。

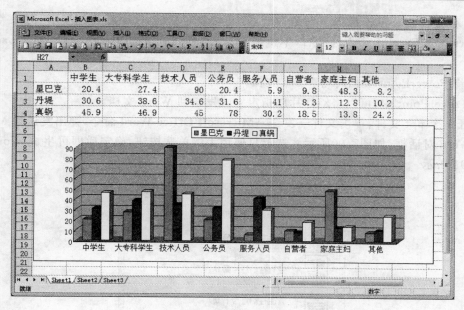

图 7.88　Excel 中的图表

（1）复制/粘贴。复制 Excel 中的图表，在 Word 插入点处按下 Ctrl＋V 组合键，单击右下角的**粘贴选项**按钮，根据表 7.7 的说明选择"粘贴选项"。

表 7.7　粘贴选项

粘贴选项	说　明
图表图片（较小文件）	以图片形式粘贴图表，图表中的数据不可更改
Excel 图表（整个工作表）	可直接在 Word 中编辑该图表
链接到 Excel 图表	Excel 中的原始图表更改时，Word 中的图表可自动更新

（2）插入/对象。可将已有的 Excel 工作簿以对象的形式插入到 Word 中。单击**插入→对象**命令，打开**对象**对话框，单击**由文件创建**选项卡，如图 7.89 所示，可插入指定路径下已有的 Excel 工作簿。如果选定**链接到文件**复选框，当原工作簿中的数据或者图表更新时，Word 中的图表或数据也将随之更新。

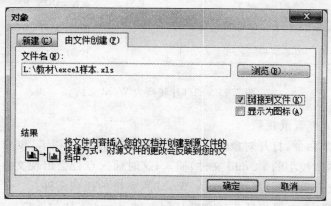

图 7.89　插入 Excel 对象

（3）创建图表。单击**插入→对象**命令，打开**对象**对话框，选定**新建**选项卡，对象类型列表框中 **Microsoft Excel** 工作表选项后，单击**确定**按钮，即可向文档中插入一个新的 Excel 图表对象。

3）将 PowerPoint 文档转为 Word 文档

在 PowerPoint 中，可以将幻灯片以指定方式发送到 Word 文档。

打开一个 ppt 文件，单击**文件→发送→Microsoft Office Word** 命令，弹出**发送到 Microsoft Office Word** 对话框，如图7.90所示。选定**只使用大纲**单选按钮，确定后即可生成 Word 文档，如图 7.91 所示。

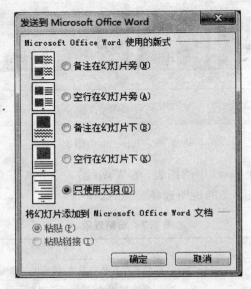

图 7.90　**发送到 Microsoft Office Word** 对话框

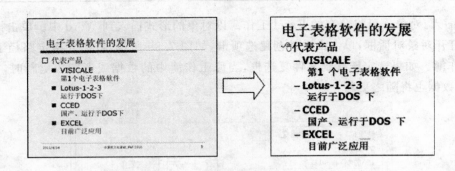

图 7.91　幻灯片转换为 Word 文档

4）Word 中播放声音或视频

单击**插入→对象**命令，打开**对象**对话框，单击**由文件创建**选项卡，浏览计算机找到相应的音乐文件（一般用体积较小的 *.mid 文件）插入，这时插入点处会出现文件的图标和音乐的名字，用鼠标双击播放音乐。同理，可以插入 Word 所支持的视频文件。

使用**插入→对象**方式，可以插入或创建任何一种 Word 支持的外部程序对象类型。

7.1.4　Word 的操作误区

（1）忽视帮助文件。Word 程序提供了很多帮助文件和使用帮助的方法,正确使用帮助文档是快速掌握 Word 的基础。获取帮助的主要方式见表 7.8。

表 7.8　获取帮助的主要方式

帮助文件名称	说　　明
F1 功能键	通用帮助键
键入需要帮助的问题　▼ ×	直接键入需要帮助的问题或问题的关键字
Office 助手	**帮助**菜单下使用 Office 助手获取帮助
?	获取对话框中的相关帮助
在线帮助	获取 Microsoft Office Online 在线帮助
http://msdn.microsoft.com/zh—cn/	针对开发者的开发计划与联机帮助文件

（2）使用空格设置段落缩进。在 Word 中使用**段落**对话框或者拖动水平标尺上的相应标记,可以很方便地为所选内容进行首行缩进、悬挂缩进、左缩进和右缩进。

（3）使用空格对齐。把空格作为距离的填充符是不正确的也是不精确的操作方式。在 Word 中可以使用段落的左对齐,居中对齐、右对齐,来实现数据/文本的精确对齐,也可以使用表格实现各种方式的对齐。

（4）使用空白段落。使用空白段落来增加段落间距或者提升单元格行高,这也是比较常见的误区。通过设置**段落**对话框中段前和段后间距来增加段落间距,通过设置**表格属性**对话框中的行高值提升表格行高,都是很准确的设置方法。

（5）绘制表格。虽然 Word 自身提供了**绘制表格**命令,通常使用**插入表格**命令能更好地制作出规范、漂亮的表格。

（6）手动编号。手动编号容易出错,也会在增加或删除过程中"牵一发而动全身"。在 Word 中可以使用**常用**工具栏中的**编号**命令或者**格式**菜单中**项目符号和编号**命令进行自动编号。

除了这些使用中的常见误区外,还应注意规范合理使用 Word:①Word 有其使用极限,不要让 Word 处理超过其极限的工作,比如处理超级大字、超大页面等;②正确应用 Word 功能,不要"张冠李戴",比如用文本框拼成"表格",显然是不合适的。

Word 不是万能的,尺有所短,寸有所长。Microsoft Office 组件之间各有所长又互为补充,因此,对于每一使用者来说,要想真正的提高工作效率,就要根据自己的实际需要,灵活应用软件。

7.2　Excel 电子表格

7.2.1　电子表格概述

1. 电子表格的历史

（1）VisiCalc。世界上第一个电子表格 VisiCalc 是 Dan Bricklin 和 Bob Frankston 在 1978 年创造的。那时个人计算机在办公环境中还很少被听说过。VisiCalc 是运行在 Apple II 计算机上的,以现在的标准来说,这个有趣的小机器有点像小玩具。VisiCalc 从根本上给以后的电子表格打下基础,它的行列布局和公式语法在现代的电子表格产品中仍然可以看到。Dan Bricklin 的网站上还可以下载最初的 VisiCalc 软件,即使过了 30 几年,这个 27K 的程序仍然可以在现在的 PC 上运行。在 http://www.bricklin.com 上可以找到它。

(2) Lotus1-2-3。Lotus 最初是一家公司的名称,是由米奇·凯普在 1982 年创建的软件公司。20 世纪 80 年代初,这家公司的著名个人计算机电子表格软件 Lotus1-2-3 红极一时,击败了微软公司的 Multiplan 软件,一度几乎垄断了电子表格市场。Lotus 公司也因此成为最成功的软件公司;但由于 Lotus 的软件较为单调,大获成功的 Lotus1-2-3 升级缓慢,终于被微软公司的 Excel 击败,丢失了极为重要的电子表格软件市场。

(3) CCED。DOS 版的 CCED 发行于 1988 年,是国内著名字表处理软件之一。它首创中文字表编辑之概念,将文字编辑、表格制作、数据运算、排版打印以及数据库报表输出等多项功能融为一体。问世以来,以其精湛的程序设计、方便实用的功能赢得了广大用户的喜爱,

(4) Microsoft Excel。大部分人可能不了解微软进入电子表格的历史可以追溯到 20 世纪 80年代早期。微软的电子表格经过了漫长的路,从最早期刚实现基本功能的 MultiPlan 到现在强大的 Excel 2010。Excel 是微软公司的办公软件 Microsoft Office 的组件之一,是由 Microsoft 为 Windows 和 Apple Macintosh 操作系统的计算机而编写和运行的一款软件。直观的界面、出色的计算功能和图表工具,再加上成功的市场营销,使 Excel 成为最流行的微机数据处理软件。

2. 电子表格的优点与制作过程

电子表格可以输入输出、显示数据,可以帮助用户制作各种复杂的表格文档,进行繁琐的数据计算,并能对输入的数据进行各种复杂统计运算后显示为可视性极佳的表格,同时它还能形象地将大量枯燥无味的数据变为多种漂亮的彩色商业图表显示出来,极大地增强了数据的可视性。与计算器比较具有灵活、快速、可反复编辑、自动运算、打印等优点。

电子表格的制作过程,如图 7.92 所示。

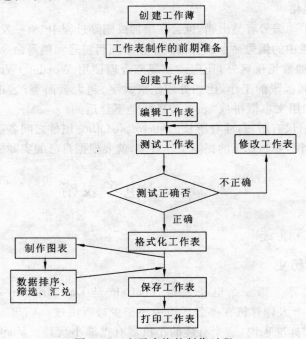

图 7.92　电子表格的制作过程

3. 电子表格的常用功能

（1）文件管理。实现电子表格文件的建立、存储、页面设置、打印以及文件搜索等功能。

（2）编辑功能。输入数据、复制与粘贴、单元格合并与拆分，单元格数据填充，插入或删除单元格或工作表，查找或替换数据记录等。

（3）数据计算。编辑公式、使用函数。

（4）图表。编辑图表、修饰图表。

（5）数据管理。数据清单、数据排序、数据筛选、分类汇总。

（6）使用条件格式用来醒目显示重要数据。应用到选定工作范围中符合满足条件的单元格，并突出显示要检查的动态数据

（7）设置有效性。为所选取的数据区域设置一个有效范围，可以给出一个输入提示信息。

（8）为单元格添加注释信息。提供一些提示信息。

（9）共享工作簿。让多个用户同时使用同一工作簿。

（10）保护工作表或单元格。防止改变工作表中的单元格或图表中的数据及其他图表项，并防止他人查看隐藏的数据行、列和公式。

7.2.2 Excel 的基本操作

1. Excel 的工作界面

启动 Excel 之后会自动地创建一个新的空白工作簿，如图 7.93 所示。工作簿是 Excel 的文件类型，文件扩展名是 xls。

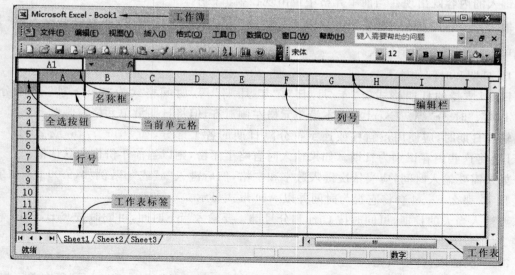

图 7.93 Excel 的界面

一个工作簿可由多个工作表组成，每一个工作表的名称在工作簿的底部以标签形式出现，例如，**Book1** 工作簿由三个工作表组成，它们分别是 **Sheet1**，**Sheet2** 和 **Sheet3**（自动命名，可进行修改）。一个工作簿最多可包含 255 个工作表。

　　工作表分为行、列和单元格。在工作表中，列从上至下垂直排列，行从左向右水平排列，行和列相交的区域便是单元格，单元格是 Excel 中最小的单位。

　　每一列顶部都会显示一个字母标题。前 26 列的标题为字母 A 到 Z。每个工作表共包含 256 列，在 Z 列之后，列标题以双字母的形式从头开始编号，从 AA 到 AZ。在 AZ 之后，双字母将变为 BA 到 BZ，依此类推，直至 IA 到 IV。每一行也有标题。行标题用从 1 到 65 536 的数字表示。

　　单击某个单元格时，列上的字母标题和行上的数字标题将指示出其在工作表中的位置。列标题和行标题共同组成单元格地址，也称为单元格引用。

　　编辑栏：用来显示当前活动单元格中的数据和公式。选定某单元格后，就可用来在该单元格输入或编辑数据。对已有内容的当前单元格来说，可通过查看编辑栏了解该单元格中的内容是公式还是常量。

　　名称框：位于编辑栏左侧，用来显示当前活动单元格的位置，名称框还可以用来对单个或多个单元格进行命名，以使操作更加简单明了。

　　工作表区域：占据屏幕最大、用以记录数据的区域，所有数据都将存放在这个区域中。

　　工作表标签：用于显示工作表的名称，单击工作表标签将激活相应工作表，还可以通过标签滚动按钮来显示不在屏幕内的标签。

2. 输入数据

　　在工作表的任何单元格和区域中都可以输入数据。Excel 中的数据可以是数值型与字符型的，此外也可以输入日期和时间数据。输入前都要先单击选定单元格，再键入数字或字符，此时键入的内容既出现在当前单元格中也出现在编辑栏中。

　　输入完成后按 Enter 键或单击编辑栏旁边的"✔"按钮确定输入，如要取消输入，按 Esc 键或单击"✖"按钮取消输入。

　　1）日期和时间的输入

　　Excel 支持的日期格式有"年/月/日"、"年-月-日"等，时间格式为"时:分:秒"、"时:分:秒 AM/PM"、"时:分"等。Excel 将文本沿单元格左侧对齐，但将日期沿单元格右侧对齐。

　　输入日期时，应使用正斜杠或连字符分隔日期的各个部分，如 2011/7/16/或 2011-7-16。Excel 会将这些内容识别为日期。如果输入时省略了年份，则以当前年份作为默认值。

　　如果需要输入时间，应当依次键入数字和空格，然后键入"a"或"p"，例如，9:00 p。如果只输入数字，那么 Excel 会将它视为时间并以 AM 形式显示。

　　要输入当天的日期，可同时按 Ctrl 和分号键。要输入当下时间，可同时按 Ctrl，Shift 和分号键。

　　2）一次键入，自动填充

　　（1）序列填充。若要添加一年中的前 6 个月，选键入"一月"，再选定"一月"所在单元格，再将鼠标指针放在单元格的右下角，直至出现黑色十字形的填充柄。在填充范围内拖动填充柄直到屏幕提示显示"六月"，如图 7.94 所示，然后释放鼠标按钮，即可自动填入月份序列。对于有些序列，需要键入两个条目才能建立填充模式。例如，若要填入 3，6，9 这样的序列，要先键入 3 和 6，然后选定这两个单元格，再拖动填充柄。可以向上或向左拖动，还可以向下或向右拖动。

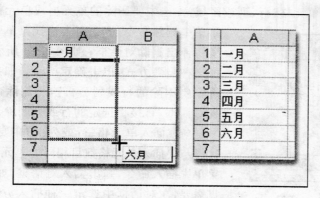

图 7.94 自动填充序列示例

（2）复制填充。如果需要多次键入相同的文本，只需将文本键入一次，然后，将填充柄拖过需要填充的行或列，就可以自动输入相同的文本。

3. 工作表的基本操作

（1）选择工作表中的数据：①选定连续单元格区域，左上角＋Shift＋右下角或用鼠标拖选；②选定不连续区域，单击＋Ctrl＋多次单击；③选定行或列，直接用鼠标单击某行（列）号即可；④选定整个工作表，单击工作表左上角的选择全选按钮或按 Ctrl＋A 组合键。

（2）工作表的更名。右击工作表标签，选择**重命名**命令。

（3）插入与删除工作表。右击工作表标签，选择**插入**或**删除**命令。

（4）复制工作表。右击要复制工作表标签，在弹出的菜单列表里选择**移动或复制工作表**命令，打开**移动或复制工作表**对话框，如图 7.95 所示，选定**建立副本**复选框，再选定复制的工作表需要放置的，复制的工作表可以放在同一工作簿里也可以复制到其他已打开的工作簿中。

（5）编辑工作表：①编辑单元格数据，选定单元格后按 F2 功能键或直接双击要编辑的单元格；②如果是要在原先已有内容的单元格输入新的数据，则只需选定要编辑的单元格，直接输入数据；③选定单元格，单击编辑栏，在编辑栏内输入内容；④移动或拷贝数据，使用工具栏按钮、鼠标拖动或快捷键。

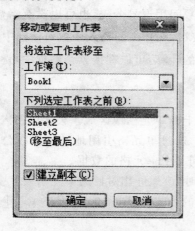

图 7.95 **移动或复制工作表**对话框

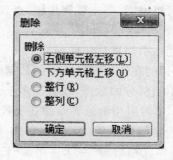

图 7.96 **删除**对话框

（6）插入与删除单元格、行、列或区域：①选中要删除的单元格或单元格区域；②单击**编辑**菜单中**删除**命令，或在右击快捷菜单中选择**删除**命令，系统将弹出**删除**对话框，如图7.96所示；③在对话框中选择一种删除方式，单击**确定**按钮。如果要删除行或列，则选定要删除的行或列后再执行**删除**命令的话，将不会出现对话框，直接将选定的行或列删除。

图 7.97　**插入**对话框

（7）插入单元格、行或列：①在要插入单元格的位置选择与要插入单元格数目相同的单元格；②选择右击快捷菜单中**插入**命令，弹出**插入**对话框，如图7.97所示；③根据需要，在对话框中选定一种插入方式，确定即可。直接右击行（列）号，可以快速在当前行（列）前插入新行（列）。

4. 公式与函数的应用

1）创建公式

（1）创建公式的意义。公式就是一个等式，是一组数据和运算符组成的序列。或者是利用单元格的引用地址对存放在其中的数值数据进行计算的等式。

（2）公式的组成。公式由等号、运算数据和运算符三部分组成。

（3）公式的创建步骤：①选定要输入公式的单元格；②输入等号；③输入公式的具体内容；④进行确认操作。

2）函数的使用

函数是 Excel 自带的一些已经定义好的公式。Excel 提供了十几类大函数，每一类有若干个不同的函数。使用函数处理数据的方式与直接创建的公式处理数据的方式是相同的。

例如，函数"＝SUM(B4:E4)"和公式"＝B4＋C4＋D4＋E4"的作用是相同的。

使用函数不仅可以减少输入的工作量，而且可以减小输入时出错的概率。

所有函数都是由函数名和位于其后的一系列参数（括在括号中）组成的，函数的一般形式如下：

函数名([参数 1][,参数 2[,…]])

函数名后紧跟括号，可有一个或多个参数，参数间用逗号分隔，也可以没有参数。

插入函数的方法是单击编辑栏左边的"f_x"按钮，在弹出的**插入函数**对话框中选择所需函数。如果不清楚是否有函数可以帮助你完成相应的计算，可以在**搜索函数**框中，键入所要进行操作的简短说明，单击**转到**按钮，查找相关的函数。

3）单元格引用地址

单元格引用地址的作用在于唯一表示工作簿上的单元格或区域。公式中引入单元格引用地址，其目的在于指明所使用的数据的存放位置。通过单元格引用地址可以在公式中使用工作簿中不同部分的数据，或者在多个公式中使用同一个单元格的数据。

（1）相对引用地址。是指在公式移动或复制时，该地址相对目的单元格发生变化，此类型地址由列名行号表示，如 A1。例如，G3 单元格里的公式"＝D3＊0.3＋E3＊0.2＋F3＊0.5"复制到 G5 单元格后为"＝D5＊0.3＋E5＊0.2＋F5＊0.5"。

（2）绝对引用地址。表示该地址不随复制或移动目的单元格的变化而变化。绝对引用地址的表示方法是在相对地址的列名和行号前分别加上一个美元符号"＄"，如＄A＄1。美元符号"＄"就像一把"小锁"，锁住了参加运算的单元格，使它们不会因为复制或移动目的位置的变化而变化。例如，I3 单元格公式"＝G3－＄F＄12"复制到 I5 单元格后为"＝G5－＄F＄12"。

（3）混合地址。如果单元格引用地址一部分为绝对引用地址，另一部分为相对引用地址组成，如＄A1 或 A＄1。例如，J3 单元格公式"＝＄D3＊0.3＋＄E3＊0.2＋＄F3＊0.5"复制到 G5 单元格后为"＝＄D5＊0.3＋＄E5＊0.2＋＄F5＊0.5"。

通过以上三种类型的单元格地址表示法，可以创建出灵活多变的公式来。

4）创建三维公式

到目前为止，我们所介绍的公式创建一直在同一张工作表中进行。但现实工作中，常常需要把不同工作表甚至是不同工作簿中的数据应用于同一个公式中进行计算处理，这类公式被形象地称为三维公式。

三维公式的构成：不同工作表中的数据所在单元格地址的表示为"工作表名称！单元格引用地址"；不同工作簿中的数据所在单元格地址的表示为"［工作簿名称］工作表名称！单元格引用地址"。

三维公式的创建与一般公式一样，可直接在编辑栏中进行输入。例如，"＝［Sale1. xls］销售统计！＄E＄4＋［Sale2. xls］销售统计！＄E＄4＋［Sale3. xls］销售统计！＄E＄4"这个三维公式就分别引用了三个工作簿（Sale1. xls，Sale2. xls 和 Sale3. xls）里的单元格数据进行了求和。

7.2.3　应用实例：用 Excel 对学生考试成绩进行分析

目标：建立学生考试成绩表，求出每个科目的平均分和每个学生的总评成绩，并做一些相关的数据分析和统计，根据总评成绩排出名次，最后绘制相应的图表进行成绩的分析。

1. 建立"学生档案"表

（1）单击**常用**工具栏上的"□"按钮，新建一个工作簿文件。

（2）右击 Sheet1 工作表标签，选择弹出的快捷菜单中**重命名**命令，将此工作表的名字改为**学生档案**。

（3）在 A1：H1单元格内分别输入**学号、姓名、性别、出生日期、民族、籍贯、政治面貌、联系电话**。

（4）分别在 B2：B16 单元格内输入学生的姓名。

（5）在输入学号时会发现，当输入 01001 后，单元格里显示的却是 **1001**，原因是系统默认输入的是数值型数据而自动将前端的 0 舍掉了，而这里的学号并不是为了做运算，所以要改变学号这部分单元格的属性。选定 A2：A16 单元格，单击**格式**菜单中**单元格**命令，打开**单元格格式**对话框，如图 7.98 所示，在**数字**选项卡中，选定**分类**列表框中的**自定义**，在**类型**文本框中输入 **0＃＃＃**，确定后完成单元格的格式设置，1001 会显示成 **01001**。

（6）在 A3 单元格输入 01002，选定 A2：A3两个单元格，如图 7.99 所示。向下拖动右下方的填充柄至 A16 单元格，此时学号就填好了。

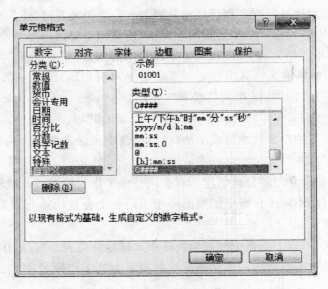

图 7.98　**单元格格式**对话框

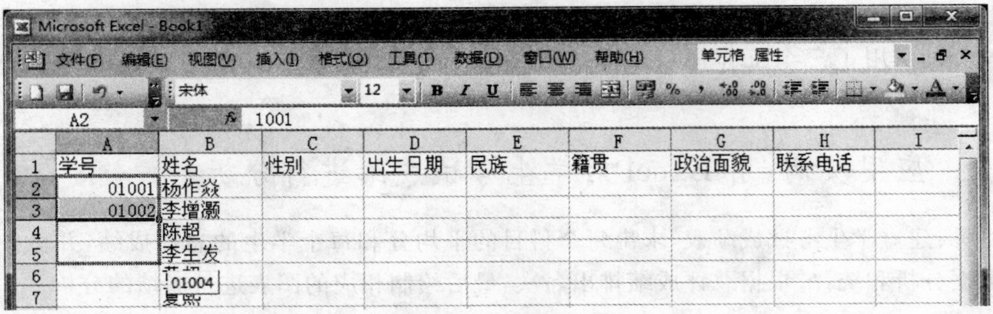

图 7.99　**自动填充学号**

(7) 在 C2 和 C3 单元格内分别填入性别**男、女**,然后单击 C2 单元格,复制后将其粘贴到 C4 单元格。用同样的方法将其他学生的性别填好。

(8) 选中 D2:D16 单元格,单击**格式**菜单中**单元格**命令,打开**单元格格式**对话框,在**数字**选项卡中,选定**分类**列表框中的**日期**,在**类型**列表框中选定×年×月×日形式,完成单元格的日期格式设置。在 D2 中输入 3/14,单元格内自动显示为 **2011 年 3 月 14 日**,同理输入 D3:D16 内的日期。这时,再选定 D2:D16 单元格,单击**编辑**菜单中**替换**命令,在**查找**文本框中输入 **2011**,在**替换为**文本框中输入 **1993**,单击**全部替换**按钮,最后手动修改一下出生日期是 1994 年的学生信息。

(9) **民族** E2:E16 和**政治面貌** G2:G16 这部分单元格也可以使用填充柄或复制来快速完成录入。最后再将**籍贯**和**联系电话**这部分单元格一一补充好,这张表的内容就输入完毕了。

(10) 接下来美化一下表格,按下 Ctrl+A 组合键选定整个工作表,单击**格式**工具栏上的"▤"按钮,选定 A1:H1 单元格,在**单元格格式**对话框中设置字体和单元格底纹颜色,选定 A1:H16 设置外边框和内部的线条,最后适当的调整行高和列宽,这是完成的学生档案表如图 7.100所示。

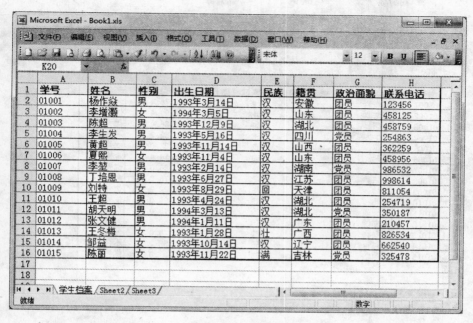

	A	B	C	D	E	F	G	H
1	学号	姓名	性别	出生日期	民族	籍贯	政治面貌	联系电话
2	01001	杨作焱	男	1993年3月14日	汉	安徽	团员	123456
3	01002	李增灏	女	1994年3月5日	汉	山东	团员	458125
4	01003	陈超	男	1993年12月9日	汉	湖北	团员	458759
5	01004	李生发	男	1993年5月16日	汉	四川	党员	254863
6	01005	黄超	男	1993年11月14日	汉	山西	团员	362259
7	01006	夏熙	女	1993年11月4日	汉	山东	团员	458956
8	01007	李笋	男	1993年2月14日	汉	湖南	党员	986532
9	01008	丁培恩	男	1993年6月27日	汉	江苏	团员	998614
10	01009	刘特	女	1993年8月29日	回	天津	团员	811054
11	01010	王超	男	1993年4月24日	汉	湖北	团员	254719
12	01011	胡天明	男	1994年3月13日	汉	湖北	党员	350187
13	01012	张文健	男	1994年1月11日	汉	广东	团员	210457
14	01013	王冬梅	女	1993年1月28日	壮	广西	团员	826534
15	01014	邹益	男	1993年10月14日	汉	辽宁	团员	662540
16	01015	陈丽	女	1993年11月22日	满	吉林	党员	325478
17								
18								

图 7.100 **学生档案表**

2. 建立"计算机成绩"表

（1）把 Sheet2 工作表重命名为**计算机成绩**,单击 A1 单元格,输入"＝学生档案! A1",然后选定 A1 单元格,用填充柄拖动到 A16 单元格后,选定 A1:A2 单元格,拖动填充柄到 C16,此时学生的学号、姓名和性别都填好了。

（2）在 D1:G1 单元格中分别填上**平时成绩**、**笔试成绩**、**上机成绩**、**总评分**和**等级**,并填好除**总评分**单元格和**等级**单元格外的所有其他相应的分数。

（3）计算机的总评分是根据公式"＝平时成绩＊0.1＋笔试成绩＊0.4＋上机成绩＊0.5"计算出来的,单击选定 G2 单元格,在编辑栏输入"＝D2＊0.1＋E2＊0.4＋F2＊0.5"后回车,这个时候 G2 里显示的就是第一个人的总评分。

（4）选定 G2 单元格,利用自动填充功能拖动右下角的填充柄至 G16 单元格,此时所有学生的总评分就计算出来了。

（5）评级的标准:优秀(80≤总评分)、合格(60≤总评分＜80)、不合格(总评分＜60),选定 H2 单元格,输入"＝IF(G2＞＝60,IF(G2＞＝80,"优秀","合格"),"不合格")"。再次利用自动填充功能得到每个同学的等级。

（6）同学生档案表一样,最后修饰工作表,如图 7.101 所示就是完成的**计算机成绩**表。

3. 建立"期末成绩"表

（1）把 Sheet3 工作表重命名为**期末成绩**,与建立**计算机成绩**表的方法相同,引用**学生档案**表里的**学号**、**姓名**和**性别**单元格填充到当前工作表的 A1:C16 单元格。

（2）在 D1:J1 单元格中分别填**英语**、**高数**、**政治**、**计算机**、**体育**、**总分**和**名次**,并填好除**计算机**、**总分**和**名次**单元格外的所有其他相应的分数。

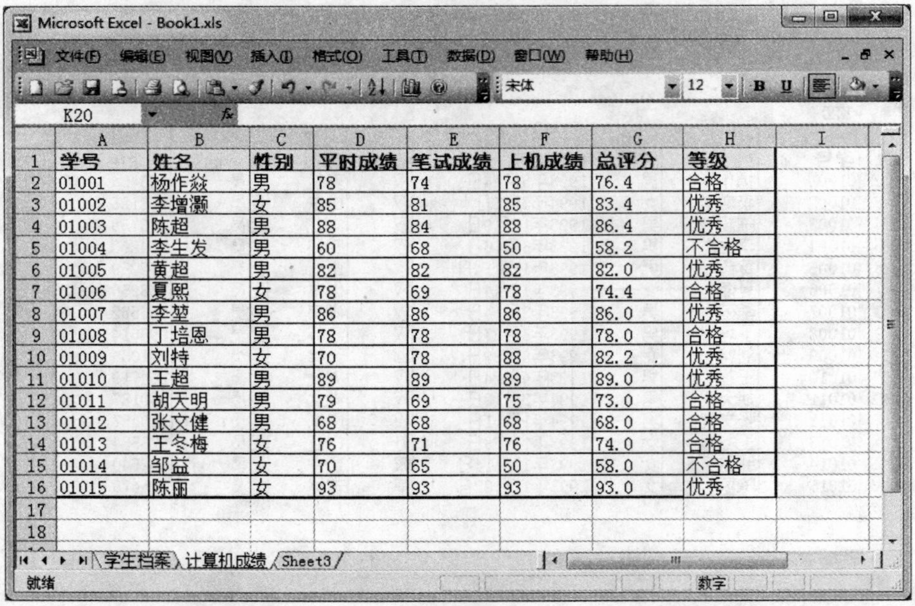

	A	B	C	D	E	F	G	H
1	学号	姓名	性别	平时成绩	笔试成绩	上机成绩	总评分	等级
2	01001	杨作焱	男	78	74	78	76.4	合格
3	01002	李增灏	女	85	81	85	83.4	优秀
4	01003	陈超	男	88	84	88	86.4	优秀
5	01004	李生发	男	60	68	50	58.2	不合格
6	01005	黄超	男	82	82	82	82.0	优秀
7	01006	夏熙	女	78	69	78	74.4	合格
8	01007	李堃	男	86	86	86	86.0	优秀
9	01008	丁培恩	男	78	78	78	78.0	合格
10	01009	刘特	女	70	78	88	82.2	优秀
11	01010	王超	男	89	89	89	89.0	优秀
12	01011	胡天明	男	79	69	75	73.0	合格
13	01012	张文健	男	68	68	68	68.0	合格
14	01013	王冬梅	女	76	71	76	74.0	合格
15	01014	邹益	女	70	65	50	58.0	不合格
16	01015	陈丽	女	93	93	93	93.0	优秀
17								
18								

图 7.101　**计算机成绩表**

(3) 单击选定 G2 单元格，输入“＝计算机成绩！G2”，利用自动填充功能将填充柄拖到 G16 单元格，选定 G2:G16 单元格，单击**格式**菜单中**单元格**命令，在**数字**选项卡里的**分类**列表里选定**数值**，**小数位数**设为 **1**，回到工作表，**计算机**的分数以一位小数的格式显示。

(4) 选定 B18 单元格，输入**平均分**，在 D18 单元格中填入“＝AVERAGE(D2:D16)”，得到**英语**的平均分。利用自动填充功能拖至 H18 就求出了其他各科的平均分。

(5) 在 I2 单元格中输入“＝SUM(D2:H2)”，意思是求 D2:H2的总和，拖动填充柄至 I16 就求出了每名学生的总分。利用单元格格式设置，将**平均分**和**总分**都设置为 1 位小数的形式。

(6) 选定 J2 单元格，输入“＝RANK(I2,$I$2:$I$16)”，利用自动填充功能从 J2 单元格拖至 J16 单元格，得到每名同学在班级的名次。

4. 建立数据清单

(1) 数据清单是包含列标题的一组连续数据行的工作表格，是特殊的表格。可以把数据清单视为数据库，行——记录，列——字段，字段名是字段内容的概括和说明。数据清单也称关系表，表中的数据是按某种关系组织起来的。数据清单的组成：表结构和纯数据。其中，表结构——是第一行列标题；纯数据——Excel 管理的对象。

(2) 选定**期末成绩**表中的 A1:J16 单元格，单击**插入→名称→定义**命令，弹出**定义名称**对话框，如图 7.102 所示。在**在当前工作簿的名称**下的文本框输入数据清单名**期末成绩**，然后单击**添加**按钮，再单击**确定**按钮，指定区域的数据清单就建好了。

5. 排序

(1) 排序是数据组织的一种手段。通过排序管理操作可将数据清单中的数据按字母顺序、数值大小以及时间顺序进行排序。当排序的约束条件只有一个时，可采用**升序**按钮“AZ↓”

和**降序**按钮"$\boxed{\text{Z↓}}$"实现快速排序。如果需要设置两个以上的排序约束条件,可使用**排序**对话框进行排序条件的设定。

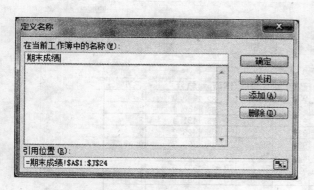

图 7.102　**定义名称**对话框

图 7.103　**排序**对话框

(2)单击**数据**菜单中排序命令,打开**排序**对话框,如图 7.103 所示,在**主要关键字**列表下选**名次**,排序方式是**升序**,在**次要关键字**列表下选**高数**,排序方式是**降序**。排序后的**期末成绩**表,如图 7.104 所示。

	A	B	C	D	E	F	G	H	I	J	K
1	学号	姓名	性别	英语	高数	政治	计算机	体育	总分	名次	
2	01008	丁培恩	男	96	87	93	78.0	85	439.0	1	
3	01003	陈超	男	84	93	88	86.4	85	436.4	2	
4	01001	杨作焱	男	87	97	91	76.4	80	431.4	3	
5	01007	李堃	男	76	93	75	86.0	95	425.0	4	
6	01009	刘特	女	98	73	89	82.2	81	423.2	5	
7	01005	黄超	男	77	94	89	82.0	74	416.0	6	
8	01006	夏照	女	81	87	79	74.4	85	406.4	7	
9	01002	李增灏	男	81	75	81	83.4	82	402.4	8	
10	01004	李生发	男	85	88	93	58.2	75	399.2	9	
11	01011	胡天明	男	82	86	82	73.0	74	397.0	10	
12	01010	王超	男	81	78	84	89.0	65	397.0	10	
13	01012	张文健	男	69	76	88	68.0	87	388.0	12	
14	01013	王冬梅	女	91	76	88	74.0	60	371.0	13	
15	01014	邹益	女	85	68	78	58.0	70	359.0	14	
16	01015	陈丽	女	55	56	74	93.0	75	353.0	15	
17											
18		平均分		81.9	80.6	84.8	77.5	78.2			

图 7.104　排序

6. 筛选

(1)筛选功能实现在数据清单中提炼出满足筛选条件的数据,不满足条件的数据只是暂时被隐藏起来,并未真正被删除掉,一旦筛选条件被撤走,这些数据又重新出现。

（2）筛选出所有英语成绩高于 80 分学生，单击**数据→筛选→自动筛选**命令，此时第一行的每个表头项旁出现一个黑色三角形，单击**英语**旁边的**筛选箭头**，在拉出的列表中选**自定义**，弹出**自定义自动筛选方式**对话框，在**英语**列表下选**大于**，后面的框里直接输入英语课程的平均分 **81.9**，单击**确定**按钮完成筛选。筛选的结果如图 7.105 所示。

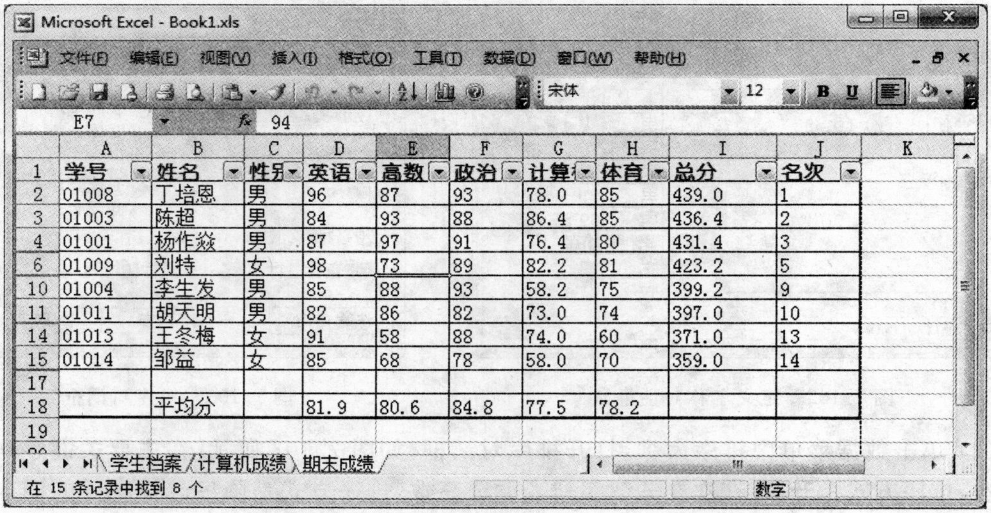

	A	B	C	D	E	F	G	H	I	J	K
1	学号	姓名	性别	英语	高数	政治	计算	体育	总分	名次	
2	01008	丁培恩	男	96	87	93	78.0	85	439.0	1	
3	01003	陈超	男	84	93	88	86.4	85	436.4	2	
4	01001	杨作焱	男	87	97	91	76.4	80	431.4	3	
6	01009	刘特	女	98	73	89	82.2	81	423.2	5	
10	01004	李生发	男	85	88	93	58.2	75	399.2	9	
11	01011	胡天明	男	82	86	82	73.0	74	397.0	10	
14	01013	王冬梅	女	91	58	88	74.0	60	371.0	13	
15	01014	邹益	女	85	68	78	58.0	70	359.0	14	
17											
18		平均分		81.9	80.6	84.8	77.5	78.2			
19											

图 7.105　自动筛选

（3）需要还原工作表的话，单击**数据**菜单中**筛选**，去掉对**自动筛选**复选框的选定即可。

7. 分类汇总

（1）分类汇总，顾名思义，就是首先将数据分类（排序），然后再按类进行汇总分析处理。它是在利用基本的数据管理功能将数据清单中大量数据明确化和条理化的基础上，利用 Excel 提供的函数进行数据汇总。

（2）在**期末成绩**表中，如果想要分别察看男生和女生各自的总分的平均分的话，就需用到**分类汇总**功能。

（3）先对数据清单进行排序，单击**数据→排序**命令，在**主要关键字**列表下选**性别**，排序方式是**升序**。

（4）在要分类汇总的数据清单中，单击任一单元格，选定该数据清单，单击**数据→分类汇总**命令，打开**分类汇总**对话框，在**分类字段**下拉列表框中，选**性别**作为要用来分类汇总的数据列。**汇总方式**下拉列表框中，选**平均值**，在**选定汇总项（可有多个）**框中，选定**总分**复选框对其汇总计算，分类汇总结果如图 7.106 所示。

（5）需要清除分类汇总的话，在**分类汇总**对话框中单击**全部删除**按钮即可。

8. 成绩统计

新建一张工作表，并重命名为**英语成绩分析**，在这张工作表上我们要分析一下英语这科的考试成绩。选定新工作表中 E2:F3 单元格，单击**格式**工具栏上的"▦"按钮，在合并后的大单元格中输入**成绩分析**，并设置相应的字体、字号等格式。

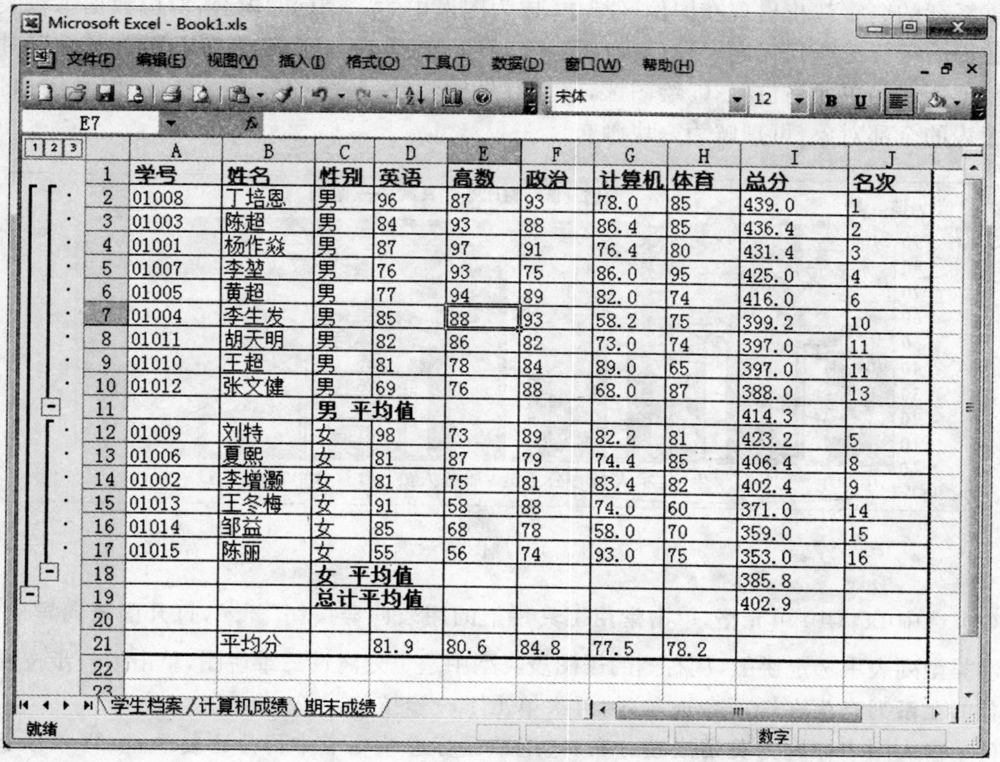

图 7.106　分类汇总

（2）在做成绩分析之前,我们先要统计出各分数段的人数。在 B6:B10 单元格中分别输入
90 分以上、80～89 分、70～79 分、60～69 分和 60 分以下。单击 C6 单元格,填入"＝
COUNTIF(期末成绩！ ＄D＄2:＄D＄16,"＞＝90")",单击 C7 单元格,填入"＝COUNTIF
(期末成绩！ ＄D＄2:＄D＄16,"＞＝80")－C6",单击 C8 单元格,填入"＝COUNTIF(期末成
绩！ ＄D＄2:＄D＄16,"＞＝70")－C6－C7",单击 C9 单元格,填入"＝COUNTIF(期末成绩！
＄D＄2:＄D＄16,"＞＝60")－C6－C7－C8",最后单击 C10 单元格,填入"＝COUNTIF(期末
成绩！ ＄D＄2:＄D＄16,"＜60")",这样英语成绩的各分数段的人数就统计出来了。

9.　绘制图表

（1）图表的作用是将表格中的数字数据图形化,以此来改善工作表的视觉效果,更直观、
更形象地表现出工作表中数字之间的关系和变化趋势。图表的创建是基于一个已经存在的数
据工作表的,所创建的图表可以同源数据表格共处一张工作表上,也可以单独放置在一张新的
工作表(又称图表工作表)上。

（2）如图 7.107 所示为一个图表的示例,图表中的元素:①数据标志,一个数据标记对应
于工作表中一个单元格中的具体数值,它在图表中的表现形式可以有柱形、折线、扇形等;②数
据系列,绘制在图表中的一组相关数据标记,来源于工作表中的一行或一列数值数据。图表中
的每一组数据系列都以相同的形状和图案颜色表示。通常在一个图表中可以绘制多个数据系
列,但是在饼图中只能有一个数据系列;③坐标轴,通常由分类(X)轴和数值(Y)轴;④图例,每

个数据系列的名字都将出现在图例区域中,成为图例中的一个标题内容,对应数据工作表则为这组数据的行标题或列标题,只有通过图表中图例和类别名称才能正确识别数据标记对应的数值数据所在的单元格位置;⑤绘图区,它含有坐标轴、网格线和数据系列;⑥图表区,它含有构成图表的全部对象,可理解为一块画布。

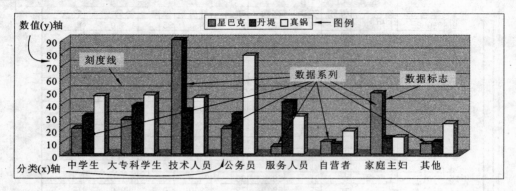

图 7.107　图表示例

（3）选中 B6:C10 单元格,单击**常用**工具栏上的**图表向导**按钮"**山**",打开**图表向导**对话框,在**标准类型**列表中选定**饼图**,从右侧的**子图表类型**中选定**分离性三维饼图**,单击**下一步**按钮。

（4）在**系列产生在**选项旁选定**列**,再次单击**下一步**按钮。

（5）输入图表标题为**英语成绩分布**,选定**数据标志**选项卡中**百分比**复选框,再单击**下一步**按钮。

（6）单击**完成**按钮,三维饼图就插入**英语成绩分析**工作表中了,最后适当调整饼图的位置和大小,效果如图 7.108 所示。

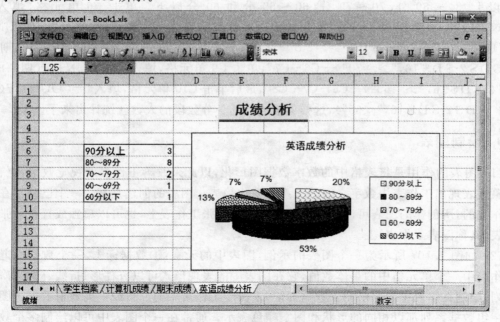

图 7.108　绘制三维饼图

7.3　PowerPoint 电子演示文稿

PowerPoint 是用于设计制作报告、教师授课、产品演示、广告宣传的电子版幻灯片的软件,能够制作出集文字、图形、图像、声音以及视频剪辑等多媒体元素于一体的演示文稿,制作的演示文稿可以通过计算机屏幕或投影机播放。

7.3.1　PPT 演示文稿

PPT 有两种,一种是给别人看的,另一种是给别人讲的。共同点是都是要别人了解我们的东西。不同的,是前一种可以用邮件发出去并支持转发,因为里面的东西会说得很清楚,有很多小字很多注释,或者纯是图文,不需要做的人来解释,就可以看懂的。平常作的分析、分享、总结大部分属于这种。这样的 PPT,观看者是面对计算机屏幕看的,他们眼球和屏幕的距离不会超过 1 m。

另一种是给别人讲的,就是 PPT 的内容通常非常简单,PPT 背后的东西非常多。这种关键是"讲",不讲别人没法弄清楚。PPT 里面通常有大幅的画面,或者非常非常大的字。这种 PPT 一定是通过投影打在大屏幕上,演讲者手舞足蹈在前面讲的。

7.3.2　制作完美 PPT 的流程

(1) 先用笔在纸上写出提纲,越细越好。

(2) 打开 PPT,不要用任何模板,将提纲按一个标题一页整理出来。

(3) 有了整篇结构性的 PPT,就可以开始去查资料了,将适合标题表达的内容写出来或从网上复制过来,稍微修整一下文字,每页的内容做成带"项目编号"的要点。

(4) 看看 PPT 中的内容哪些是可以做成图的,如其中带有数字、流程、因果关系、障碍、趋势、时间、并列、顺序等内容的,全都考虑用图的方式来表现。

(5) 选用合适的母版,根据 PPT 呈现出的情绪选用不同的色彩搭配,加背景图、Logo、装饰图等。

(6) 在母版视图中调整标题、文字的大小和字体,以及合适的位置。

(7) 根据母版的色调,将图进行美化,调整颜色、阴影、立体、线条,美化表格、突出文字等。

(8) 最后在放映状态下,全部演示一遍,哪里不合适或不满意就调整一下。

7.3.3　制作一份电子演示文稿

1. PowerPoint 的工作界面

打开 PowerPoint,它会自动新建一个名为**演示文稿 1** 的空白演示文稿,如图 7.109 所示。

2. 幻灯片、文字和备注

(1) 幻灯片窗格。在 PowerPoint 中打开的第一个窗口有一块较大的工作空间,该空间位

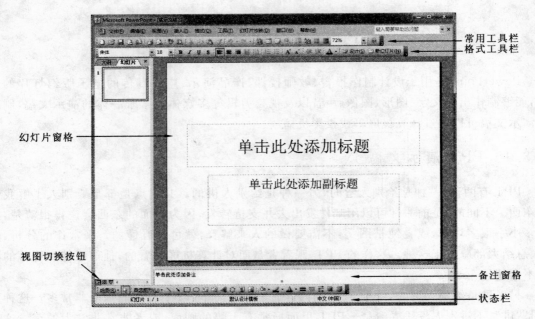

图 7.109　PowerPoint 的界面

于窗口中部，这块中心空间是幻灯片区域，正式名称为"幻灯片窗格"。在此空间中工作时，您将直接在幻灯片上键入文本。在其中键入文本的区域是一个带虚线边框的方框，称为"占位符"。在幻灯片上键入的所有文本都位于这样的方框中。大多数幻灯片包含一个或多个占位符，用于输入标题、正文文本（如列表或常规段落）和其他内容（如图片或图表）。

（2）幻灯片缩略图。左侧区域是**幻灯片**选项卡，可以单击此处的幻灯片缩略图在幻灯片之间导航。

（3）备注窗格。键入在演示时要使用的备注。可以拖动该窗格的边框以扩大备注区域。请使用备注补充或详尽阐述幻灯片中的要点。这有助于避免幻灯片上包含过多内容，让观众感到繁琐。

（4）添加新幻灯片。打开 PowerPoint 时，放映中只有一张幻灯片。若要添加新幻灯片，可以逐步添加幻灯片，也可以一次添加多张幻灯片。插入新幻灯片的方法有很多种，此处介绍两种添加幻灯片的快捷方法：①在窗口左侧的**幻灯片**选项卡上，单击要在其后添加新幻灯片的幻灯片缩略图，然后按 Enter 键；②右击要在其后添加新幻灯片的幻灯片缩略图，然后在快捷菜单上单击**新幻灯片**按钮。

（5）键入文本。正文文本占位符通常位于标题下方，在正文文本占位符中键入文本。其默认格式为项目符号列表。完成一个段落后，按 Enter 键，然后按 Tab 键可转至下一个缩进级别。

3. 设计与版式

1）应用设计模板

设计模板决定幻灯片的外观和颜色，包括幻灯片背景、项目符号以及字形、字体颜色和字号、占位符位置和各种设计强调内容。在创建放映的任何阶段均可应用模板。如果后来决定使用不同的设计模板,也可随时更换另一个模板。

单击**格式**菜单中**幻灯片设计**命令,打开**幻灯片设计**任务窗格,如图 7.110 所示。PowerPoint 提供了很多模板供可供选择。

在**幻灯片**选项卡上选择一个幻灯片缩略图。在**幻灯片设计**任务窗格中,单击模板缩略图以将该模板应用于所有幻灯片。

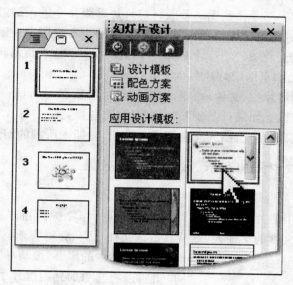

图 7.110　应用设计模板

2）使用配色方案

配色方案由幻灯片设计中使用的 8 种颜色组成,用于背景、文本和线条、阴影、标题文本、填充、强调和超链接。演示文稿的配色方案由应用的设计模板确定。

在**幻灯片设计**任务窗格中选定**配色方案**来查看幻灯片的配色方案。设计模板包含默认配色方案以及可选的其他配色方案,这些方案都是为该模板设计的。单击**配色方案**旁的下拉菜单,可以选择将配色方案应用于一个幻灯片、选定幻灯片或所有幻灯片以及备注和讲义。

选定某种**配色方案**,单击任务窗格最下方的**编辑配色方案**命令,打开**编辑配色方案**对话框,在此可以为幻灯片中的任何或所有元素更改颜色。

修改配色方案后,修改结果会成为一个新方案,它将作为演示文稿文件的一部分,以便以后再应用。

3）应用版式

在创建幻灯片时,在每次添加幻灯片时,PowerPoint 都会显示可供选择的**幻灯片版式**,以便帮助用户将所需元素放到幻灯片上特定的位置上,这就是版式。

所应用的版式会排列内容以适应特定的占位符组合。例如,如果已知幻灯片上将包含文本,并且还想放置某种图片或图形,则可选择能够提供所需占位符类型和排列方式的版式。

单击**格式**菜单中**幻灯片版式**命令,打开**幻灯片版式**任务窗格,选定一个幻灯片缩略图,在**幻灯片版式**任务窗格中,单击版式缩略图以将其版式应用于选择幻灯片。

4) 幻灯片母版

幻灯片母版是存储关于模板信息的设计模板的一个元素,这些模板信息包括字形、占位符大小和位置、背景设计和配色方案。幻灯片母版的目的是进行全局更改(如替换字形),并使该更改应用到演示文稿中的所有幻灯片。

通常可以使用幻灯片母版进行下列操作:①更改字体或项目符号;②插入要显示在多个幻灯片上的艺术图片,如徽标;③更改占位符的位置、大小和格式。

若要查看幻灯片母版,可单击**视图→母版→幻灯片母版**命令进入**幻灯片母版视图**。可以像更改任何幻灯片一样更改幻灯片母版;但要记住母版上的文本只用于表示样式,实际的文本(如标题和列表)内容应在普通视图的幻灯片上键入,而页眉和页脚应在**页眉和页脚**对话框中键入。

5) 使用其他演示文稿里的幻灯片

单击**插入**菜单中**幻灯片(从文件)**命令,弹出**幻灯片搜索器**对话框。在其中**浏览**到包含要使用的幻灯片的演示文稿。如果只需要某些幻灯片,可选择相应幻灯片。要保留幻灯片格式,可选定**保留源格式**复选框。单击**插入**或**全部插入**按钮,以插入所需的幻灯片。

4. 向幻灯片放映中添加音乐、歌曲或声音效果

(1) 单击选定要添加音乐或声音效果的幻灯片。

(2) 单击**插入**菜单中**影片和声音**命令,再执行下列操作之一:①插入声音文件,单击**文件中的声音**,找到包含所需文件的文件夹,然后双击该文件;②从剪辑管理器中插入声音剪辑,单击**剪辑管理器中的声音**,滚动并查找所需的剪辑,然后单击它以将其添加到幻灯片中。

(3) 双击要插入的声音文件,当显示消息时,执行下列操作之一:①要在转到幻灯片时自动播放音乐或声音,可单击**自动**;②要仅在单击声音图标时播放音乐或声音,可单击**在单击时**。

(4) 调整声音文件停止时间的设置。用鼠标右键单击声音图标"",然后单击**自定义动画**。在**自定义动画**的任务窗格中,单击插入项目右边的箭头,然后选定**效果选项**,如图 7.111 所示,弹出**播放声音**对话框,在**效果**选项卡的**停止播放**下,执行下列操作之一:①要在鼠标单击此幻灯片时停止声音文件,可选择**单击时**(默认);②要在此幻灯片之后停止声音文件,可选择**当前幻灯片之后**;③要为多张幻灯片播放此声音文件,可选择"在 张幻灯片后",然后设置要为其播放文件的幻灯片总数。

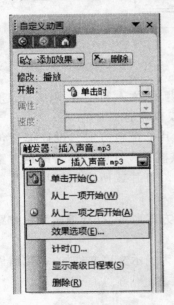

图 7.111　设置声音文件的停止时间

5. 超链接与动作按钮

超链接是从一个幻灯片到另一个幻灯片、自定义放映、网页或文件的连接。超链接本身可能是文本或对象(例如图片、图形、形状或艺术字)。动作按钮是现成的按钮,可以插入演示文

稿并为其定义超链接。

当指向超链接时,指针变成"手"形,表示可以单击它。表示超链接的文本用下划线显示,并且文本采用与配色方案一致的颜色。可以添加动作设置(例如声音和突出显示)来强调超链接。

(1) 插入超链接:①选定希望用于代表超链接的文本或对象;②单击**插入**菜单中**插入超链接**命令,打开**插入超连接**对话框;③在**链接到**之下,单击选定所需创建的链接目标,再设置相应信息即可。默认情况下,在幻灯片或大纲上键入电子邮件或 Internet 地址会自动创建超链接。

(2) 插入动作按钮:①选定要放置按钮的幻灯片;②单击**幻灯片放映**菜单中**动作按钮**命令,再选择所需的按钮,如**第一张、后退或前一项、前进或下一项、开始、结束**或**上一张**;③单击该幻灯片在适当位置拖动出动作按钮;④弹出**动作设置**对话框,确保**超链接到**已被选定。单击选择**超链接到**列表中建议的超链接,然后单击**确定**。

6. 动画效果

可以使幻灯片上的文本、图形、图示、图表和其他对象具有动画效果,这样就可以突出重点,并增加演示文稿的趣味性。

1) 使用预设(现成)的

使用已经预置好的动画方案,通过简单的几次单击鼠标可将它应用到几个幻灯片或整个放映中。单击**幻灯片放映**菜单中**动画方案**命令,打开**幻灯片设计**任务窗格的**动画方案**选项列表,如图 7.112 所示。

在任务窗格中单击选定方案将它应用于已选择的幻灯片中。如果希望方案应用于放映的所有幻灯片上,再进行一个步骤,单击**应用于所有幻灯片**。

图 7.112　使用**动画方案**

2) 自定义动画

单击**幻灯片放映**菜单中**自定义动画**命令,打开**自定义动画**任务窗格,如图 7.113 所示。

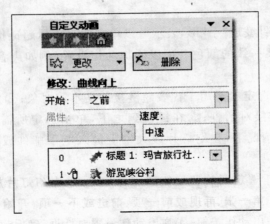

图 7.113　　**自定义动画任务窗格**

（1）效果列表。它显示了组成方案的动画效果，并列出了它们应用于幻灯片上的内容和顺序。这里显示了标题和副标题的两个效果。

（2）数字表示效果的播放顺序。"0"和"1"表示在播放幻灯片时先播放标题，再播放副标题。幻灯片上的项也会显示这些数字。

（3）鼠标图标表示此效果以单击鼠标开始。

（4）星号表示效果的类型；这里绿色的星号表示使用的是进入效果。

（5）更改动画效果。若要以另一个效果替换一个效果，可在效果列表中选定该效果，再单击**更改**按钮展其菜单和子菜单，然后从菜单中选择新效果。

（6）添加动画效果。若要添加效果，可单击幻灯片上希望使之具有动画效果的内容—标题、副标题、图片或其他任何内容。**更改**按钮变成**添加效果**按钮，从其菜单中选择任何一个效果。

7. 幻灯片的切换

适当的使用幻灯片切换效果可以使播放的效果更加流畅。

（1）在幻灯片放映的演示文稿中向所有幻灯片添加同一切换：①单击**幻灯片放映**菜单中**幻灯片切换**命令；②在列表中，单击所希望的切换效果；③单击**应用于所有幻灯片**。

（2）在幻灯片之间添加不同的切换。对要添加不同切换的每张幻灯片重复执行以下步骤：①在普通视图的**幻灯片**选项卡中，选定要添加切换的幻灯片；②单击**幻灯片放映**菜单中**幻灯片切换**命令；③在列表中，单击所希望的切换效果。

8. 打印与准备放映

创建完首先在计算机上预览放映，运行拼写检查。然后，使用打印预览查看备注和讲义的样子，并为其选择正确的打印选项。接下来，将演示文稿文件"打包"，然后复制到服务器或刻录到光盘中，供演示时使用。

1）在计算机上预览

要打开幻灯片放映视图，可选定第一张幻灯片，然后单击**幻灯片放映**按钮；或者直接按 F5

键,以便始终从幻灯片 1 开始。此时,计算机屏幕显示幻灯片放映视图,**幻灯片放映**工具栏显示在左下角。此工具栏包含两个导航箭头和两个菜单。如果不想逐个单击所有幻灯片,可按 Esc 键返回上次在 PowerPoint 中所在的视图。

创建放映时,可随时在**幻灯片放映视图**中预览它。在此视图中,幻灯片将占据整个计算机屏幕。要在放映中导航,可选择下列方法:①单击鼠标;②按 PageDown 键;③按向下键;④单击**幻灯片放映**工具栏上的**下一张**箭头。

2)设置打印输出

单击**常用**工具栏上的"🔍"按钮,从**打印内容**框选择打印输出的类型。每页讲义最多可包含 9 张幻灯片。单击**选项**按钮,然后指向**颜色/灰度**,可为打印输出选择一个颜色选项。

(1)**颜色**。这将在打印输出上再现放映的所有颜色。如果打印到黑白打印机,此选项变为**彩色(黑白打印机)**。

(2)**灰度**。将获得以黑、白和灰色显示放映颜色的修改版本。

(3)**纯黑白**。这是默认选项。此时渐变效果较弱-灰色减少-并会丢失阴影产生的维度效果,但比较经济。

3)打包演示文稿

在准备演示前,将演示文稿打包到某个文件夹中或刻录到 CD,并确保可从演示计算机访问该文件夹或 CD。

使用**文件**菜单中**打包成 CD** 命令,将演示文稿文件及其所需的其他文件复制到某个文件夹或 CD 中。默认情况下,Microsoft Office PowerPoint Viewer 包含在 CD 上,即使其他某台计算机上未安装 PowerPoint,它也可在该计算机上运行打包的演示文稿。

习　题　7

一、单选题

1. Word2003 的文档以文件形式存放于磁盘中,其文件默认扩展名为(　　)。
   A. txt　　　　　　　　　B. exe　　　　　　　　C. doc　　　　　　　　D. sys
2. 在 Word2003 中,按(　　)键与工具栏上的"复制"按钮功能相同。
   A. Ctrl+C　　　　　　　B. Ctrl+V　　　　　　C. Ctrl+A　　　　　　D. Ctrl+S
3. 在字处理系统的编辑状态下,为文档设置页码,可以使用(　　)。
   A. **工具**菜单中的命令　　　　　　　　B. **编辑**菜单中的命令
   C. **格式**菜单中的命令　　　　　　　　D. **插入**菜单中的命令
4. 一个默认的工作簿包含(　　)个打开的工作表,分别命名为(　　)。
   A. 16 个、Sheet1 到 Sheet16　　　　　　B. 10 个、Book1 到 Book10
   C. 3 个、Sheet1 到 Sheet3　　　　　　　D. 3 个、SheetA 到 SheetC
5. 在 Excel 中对"清除"和"删除"的意义描述正确的是(　　)。
   A. 完全一样
   B. 删除是指对选定的单元格和区域内的内容作删除,单元格依然存在;而清除则是将选定的单元格和单元格内的内容一并清除

C. 清除是指对选定的单元格和区域内的内容作清除,单元格依然存在;而删除则是将选定的单元格和单元格内的内容一并删除

D. 删除是指对选定的单元格或区域内的内容作删除,单元格的数据格式和附注保持不变;而清除则将单元格的数据格式和附注以及单元格的内容一并删除

6. 在 Word 2003 的编辑状态下,执行**文件**菜单中**保存**命令后(　　)。

A. 将所有打开的文档存盘

B. 只能将当前文档存储在原文件中

C. 可以将当前文档存储在已有的任意文件夹内

D. 可以先建立一个新文件夹,再将当前文档存储在该文件夹内

7. Word 窗口**编辑**菜单中**复制**命令的功能是将选定的文本或图形(　　)。

A. 复制到剪贴板　　　　　　　　　　B. 由剪贴板复制到插入点

C. 复制到文件的插入点　　　　　　　D. 复制到另一文件的插入点

8. 如果同时将单元格的格式和内容进行复制,则应该在**编辑**菜单中选择(　　)命令。

A. 粘贴　　　　　B. 选择性粘贴　　　　C. 链接　　　　　D. 粘贴为超链接

9. 当 Word **编辑**菜单中的**剪切**和**复制**命令呈浅灰色不能被选时,则表示的含义是(　　)。

A. 选定的内容是页眉或页脚。　　　　B. 选定的内容太长,剪贴板放不下

C. 剪切板中已经有内容了　　　　　　D. 在文档中没有选定任何信息

10. 在 Word 的编辑状态下,若要调整左右边界,利用(　　)的方法更直接、快捷。

A. 工具栏　　　　　B. 格式栏　　　　　C. 菜单　　　　　D. 标尺

11. 在 Word 中,段落标记是(①);要在文档中添加符号"★",应该使用(②)中的命令;在进行字符"替换"操作时,应当使用(③)中的命令。

①A. 句号　　　　　B. 回车符　　　　　C. 空格　　　　　D. 分页符

②A. **文件**菜单项　　　　　　　　　　B. **编辑**菜单项

　 C. **格式**菜单项　　　　　　　　　　D. **插入**菜单项

③A. **工具**菜单　　　　　　　　　　　B. **视图**菜单

　 C. **格式**菜单　　　　　　　　　　　D. **编辑**菜单

12. 在 Word 中,文本框中可插入(　　)。

A. 表格　　　　　　　　　　　　　　B. 图片

C. 文字和表格　　　　　　　　　　　D. 文字、图片和表格

13. 一个工作表中第 9 行与第 H 列的单元格地址叫(　　)。

A. 9H　　　　　　　　　　　　　　　B. 第 H9 个单元格

C. H9　　　　　　　　　　　　　　　D. 第 9H 个单元格

14. Excel(　　)。

A. 广泛应用于工业设计、机械制造、建筑工程

B. 广泛应用于美术设计、装潢、图片制作等各个方面

C. 广泛应用于统计分析、财务管理分析、股票分析和经济、行政管理等各个方面

D. 广泛应用于多媒体制作

15. Excel 提供的工作表有(　　)行和(　　)列。

A. 16384,256　　　　B. 16350,256　　　　C. 17000,250　　　　D. 65536,256

16. 在 Excel 电子表格系统中,下列不能实现的功能是(　　　)。

　　A. 数据管理　　　　　　B. 自动编写摘要　　　C. 图表　　　　　　　D. 绘图

17. 下列选项中,属于单元格的绝对引用的表示方式的是(　　　)。

　　A. B2　　　　　　　　B. ￥B￥2　　　　　C. ＄B2　　　　　　　D. ＄B＄2

18. 在单元格中输入公式"＝SUM(B2:B3,D2:E2)"时,其功能是(　　　)。

　　A. ＝B2＋B3＋C2＋C3＋D2＋E2　　　　B. ＝B2＋B3＋D2＋D3＋E2

　　C. ＝B2＋B3＋D2＋E2　　　　　　　　D. ＝B2＋B3＋C2＋D2＋E2

19. 在(　　　)视图中,不可以编辑修改幻灯片。

　　A. 浏览　　　　　　　　B. 普通　　　　　　　C. 大纲　　　　　　　D. 备注页

20. 创建新的 PowerPoint 演示文稿一般使用下列的(　　　)。

　　A. 内容提示向导　　　　　　　　　　B. 设计模板

　　C. 空演示文稿　　　　　　　　　　　D. 打开已有的演示文稿

二、填空题

1. Word 2003 是在＿＿＿＿＿＿操作系统之中运行的大型应用软件系统。

2. Word 启动后默认的视图方式为＿＿＿＿＿＿视图,具有所见即所得的显示效果的是＿＿＿＿＿＿视图。

3. PowerPoint 文件的扩展名是＿＿＿＿＿。

4. 要在 Word 主窗口中显示**图片**工具栏,应当选择＿＿＿＿＿菜单的＿＿＿＿＿命令。

5. Word 在正常启动之后会自动打开一个名为＿＿＿＿＿的文档。

6. 如果要将编辑区的 doc 文档保存为纯文本文件,需使用＿＿＿＿＿命令。

7. Word2003 提供了普通、Web 版式、＿＿＿＿＿、大纲和阅读版式 4 种视图模式。

8. Word 程序窗口中的**常用**工具栏上的每一个图形按钮都相当于一条＿＿＿＿＿。

9. 打开一个 Word 文档是指把该文档从＿＿＿＿＿调入内存,并将其显示在窗口的编辑区。

10. Word 中如要输入数学符号,应打开＿＿＿＿＿菜单中的菜单项"符号"。

11. Word 中系统或用户定义并保存的一系列排版格式叫＿＿＿＿＿,如要查看此格式,可以单击＿＿＿＿＿菜单的＿＿＿＿＿项,打开对话框。

12. 在 Word 下,将文档中的某段文字误删除之后,可用工具栏上的＿＿＿＿＿按钮恢复到删除前的状态。

13. 填充时,当系统认为产生的数据是序列时,按序列填充,否则按＿＿＿＿＿填充。

14. Excel 的公式中引用单元格地址时有＿＿＿＿＿引用和＿＿＿＿＿引用两种引用方式。

15. 完整的单元格地址通常包括工作簿名、＿＿＿＿＿、列标行标。

三、判断题

1. 在 Word 中,用户设置的页边距只影响当前页。　　　　　　　　　　　　　　(　　)

2. 先后打开了 d1.doc 文档和 d2.doc 文档,则只能显现 d2.doc 文档的窗口。　　(　　)

3. 在 Word 文档中插入图形时,可以选择**文件**菜单中的**打开**命令再选择某个图形文件。

　　　　　　　　　　　　　　　　　　　　　　　　　　　　　　　　　(　　)

　4. Word 中可使用**编辑**菜单中**页眉和页脚**命令建立页眉和页脚。　　　　　　（　　）

　5. Word 中的"拼写和语法"功能只能对中文进行语法检查。　　　　　　　　（　　）

　6. Excel 中只能根据列数据进行排序。　　　　　　　　　　　　　　　　（　　）

　7. Excel 工作表的基本组成单位是单元格,用户可以向其中输入数据、文本、公式,还可以插入小型图片等。　　　　　　　　　　　　　　　　　　　　　　　　　　　（　　）

　8. Excel 中删除工作表中对图表有链接的数据时,图表中也会自动删除相应的数据点。
　　　　　　　　　　　　　　　　　　　　　　　　　　　　　　　　　　（　　）

　9. PowerPoint 中可在"普通视图"下对母板进行编辑和修改。　　　　　　　（　　）

　10. 如果希望在演示过程中终止幻灯片的演示,则可按下 Esc 键。　　　　　（　　）

第8章 Internet 应用

8.1 WWW 资源浏览器的使用

8.1.1 浏览器的基本使用方法

Internet 是一个信息的海洋,里面包含有各种各样的信息。如果想要尽情地遨游其中,随心所欲地获取自己需要的信息,就必须善于使用一种被称为 Web 浏览器的软件来为自己导航,这也是进行网上冲浪的第一步。

如前面第 4 章中所述,万维网以客户/服务器的形式和超链接(HyperLink)的方式传送图形、文字、声音、图像等信息。通过在客户机上浏览器软件的单一操作界面和简单直观的操作,便可以享用因特网上绝大部分的网络资源的信息服务。

每个遵守 WWW 协议的服务器都有属于 WWW 系统本身的唯一资源地址:统一资源定位符 URL。用户在使用 Web 服务时,在浏览器的地址栏中输入 URL 来访问某个页面。浏览器一般将 HTTP 协议作为默认的协议名,如果用户没有输入协议名,浏览器将自动在主机地址前加上"http://"。

浏览器将 URL 解析后取出其中的 Web 服务器地址,通过地址建立链接,并提出请求,要求得到 URL 中指定的文件。Web 服务器接收到请求后,将核对是否存在被请求的文件,以及用户是否有权限访问被请求的文件。如果文件存在且允许访问,服务器将该文件发送给浏览器,浏览器将解释收到的页面文件,使用户能以正确的格式阅读页面。如果文件不存在或是权限不够,Web 服务器将给出错误信息。

目前广泛使用的 Web 浏览器是运行在 Windows 操作系统上的 Internet Explorer (IE),其他常用的 Web 浏览器有 Mozilla FireFox,Google Chrome,Opera 等,其中部分浏览器可以同时在 Linux 和 Windows 操作系统上运行。要访问某个网站,必须首先知道它的网络地址(URL)或者网络实名,然后在浏览器的**地址**栏中输入 URL 或者网络实名。

以 IE 浏览器为例,如果要访问中国教育科研网,那么首先需要启动 IE,在 IE 窗口的**地址**栏中输入 www.edu.cn,然后按 Enter 键,浏览器会自动在主机地址前加上"http://",随后显示出中国教育科研网的主页,如图 8.1 所示。

8.1.2 IE 浏览器的使用技巧

1. 禁止弹出式广告

通过修改 IE 选项相关的设置可以拒绝弹出式广告的出现。在 **Internet 选项**对话框中,选择**安全**选项卡,单击**自定义级别**按钮,弹出**安全设置**对话框。在**设置**列表框中,找到**脚本**项,在**活动脚本**下选定**禁用**单选按钮,如图 8.2 所示,确定之后网络中的弹出式广告就不会出现了。

图 8.1　Web 页示例

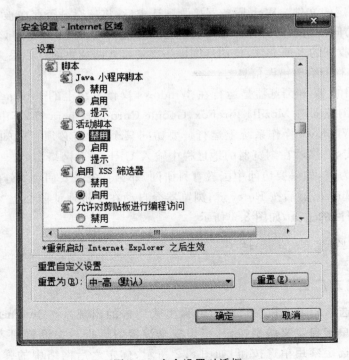

图 8.2　**安全设置**对话框

2. 直接进入自己的精选网址

使用 IE 浏览器上网的用户会经常使用"收藏夹"功能,用户可以把自己的"收藏夹"制作成一个 HTML 文件,并把该文件设置成 IE 的起始页,这样就可直接进入自己的精选网址。选择**文件菜单中**的**导入和导出**命令,在**请选择要执行的操作**列表框中选择**导出收藏夹**,然后在导出收藏夹源文件夹列表框中 **Favorites** 下选择自己需要放在精选网址中的部分所在的文件夹。在**导出到文件或地址**框中,直接输入导出路径和文件名或者单击**浏览**选择导出路径,如图 8.3 所示。在 **Internet** 选项对话框**常规**选项卡**主页**栏的**地址**框中输入刚才设定的导出路径和文件名,如图 8.4 所示。按以上步骤将导出的文件 bookmark. htm 输入 Internet 选项中的地址框。确定之后每次启动 IE 时,会首先显示一个包含以上精选网址的页面 bookmark. htm,再由此进入其中任一网址都非常方便。

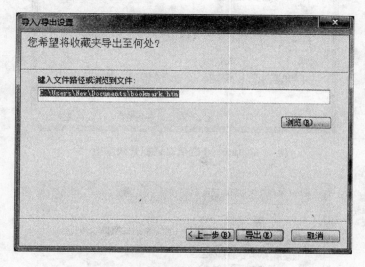

图 8.3　**导入/导出设置**对话框

3. 改变 IE 临时文件的大小

使用 IE 浏览器上网浏览时,系统会自动将网页中的内容在硬盘上保存一个副本(IE 临时文件),此后再次浏览相同网站时,系统就会自动将事先保存的副本与 Internet 上的网页进行对照,若内容没有发生变化就直接打开保存在硬盘上的副本,从而加快了浏览速度;但由于系统对 IE 临时文件大小有一定的限制,超过这个范围之后就会将最早的临时文件删除,以便腾出位置保存新的临时文件,这就会导致系统不能支持较长时间之前浏览过的网站,从而影响用户的浏览速度。可以通过 IE 选项修改临时文件的大小,以便能够保存更多的副本文件。单击 **Internet 选项**对话框**常规**选项卡**浏览历史记录**栏中**设置**按钮,弹出 **Internet 临时文件和历史记录设置**对话框。在**要使用的磁盘空间**组合框中,按照需要修改增减框中的数值,单击**确定**即可,如图 8.5 所示。如果每次浏览的网页都不固定,也没有必要将此文件夹设置得过大,以免浏览器在硬盘的临时文件夹中浪费搜索时间。

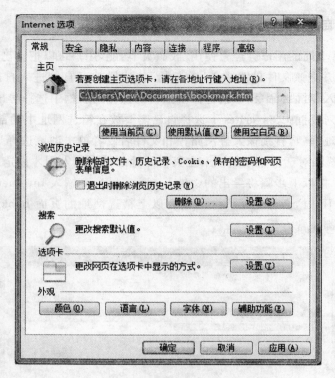

图 8.4　**Internet 选项**对话框**常规**选项卡

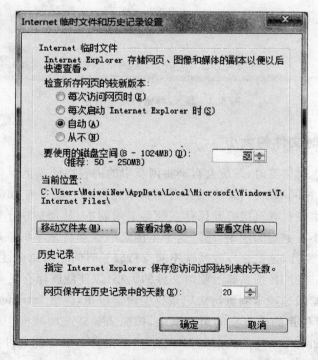

图 8.5　**Internet 临时文件和历史记录设置**对话框

4. 修改 IE 临时文件的保存位置

默认情况下，IE 浏览器的临时文件与各种系统文件保存在一起，可能会引发种种弊端。可以通过修改 IE 选项将临时文件保存到某个非系统盘的特定文件夹中。单击 **Internet 临时文件和历史记录设置**对话框中**移动文件夹**按钮，打开**浏览文件夹**对话框，如图 8.6 所示。在该对话框中选择某个指定的文件夹。确定后，系统就会将该文件夹定义为专用的临时文件夹，并将现有的临时文件全部转移到该文件夹中，从而实现了将临时文件与系统文件分离的目的，避免了潜在问题的发生。

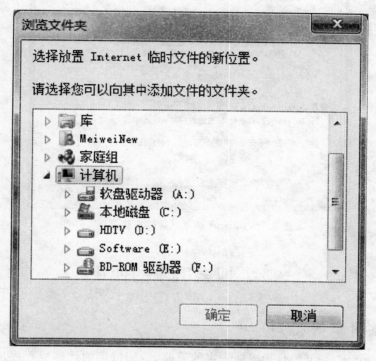

图 8.6　**浏览文件夹**对话框

5. 加速网页下载

网络的速度一直是网民们关心的首要问题，但是网页中越来越多的图像、动画、视频等使浏览速度大大降低，可以通过修改 IE 选项设置关闭这些信息，以加快浏览速度。在 **Internet 选项**对话框**高级**选项卡内的**多媒体**区域中取消相关项目的选定，如去掉**显示图片**、**播放动画**、**播放视频**、**播放声音**及**优化图像抖动**等选项即可，如图 8.7 所示。取消上述选项之后，在浏览网页时，系统就不会下载相关文件，不过这也会在一定程度上影响网页的浏览效果。如果用户要求临时浏览其中的部分图片，只需右击需要显示图片的位置，然后从弹出的快捷菜单中选择**显示图片**命令即可。

除以上功能之外，IE 选项中还有很多其他比较实用的功能，比如调整默认显示字体，修改默认启动页面，清除历史记录等。

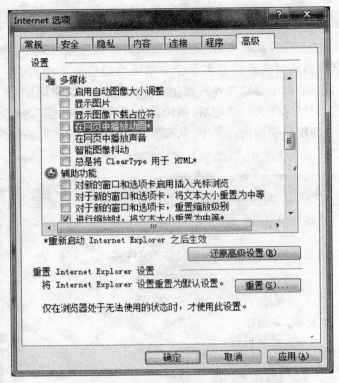

图 8.7　**Internet 选项**对话框**高级**选项卡

8.2　搜索引擎的使用

8.2.1　搜索引擎的发展

搜索引擎(search engine)是指根据一定的策略、运用特定的计算机程序从互联网上搜集信息,在对信息进行组织和处理后,为用户提供检索服务的系统。

人们常使用成语"大海捞针"来形容寻找事物的困难程度,然而在 Internet 发展初期,面对浩瀚的信息海洋,如果需要寻找感兴趣的东西,那么唯一能做的事情是"望洋兴叹"。为了解决这个问题,满足大众信息检索的需求,一些专业搜索网站便应运而生了。

最早现代意义上的搜索引擎出现于 1994 年 7 月。当时 Michael Mauldin 将 John Leavitt 的蜘蛛程序接入到其索引程序中,创建了大家现在熟知的 Lycos。同年 4 月,斯坦福(Stanford)大学的两名博士生,David Filo 和美籍华人杨致远(Gerry Yang)共同创办了超级目录索引 Yahoo,并成功地使搜索引擎的概念深入人心,从此搜索引擎进入了高速发展时期。

目前,Internet 上有名有姓的搜索引擎已达数百家,其检索的信息量也跟从前不可同日而语。人们广泛使用的网上搜索引擎有百度(www. baidu. com),Google(www. google. com,谷歌),雅虎(www. yahoo. com)等,这些搜索引擎将代替用户"大海捞针"。

8.2.2　搜索引擎使用举例

假如有以下情景,如何在信息纷繁的 Internet 中快速找到感兴趣的东西呢? 以著名的搜索引擎——百度和谷歌为例,输入相应的关键字,在其中进行搜索就可以了。

1. 情景一

问题:上计算机课时,听老师讲,继 1997 年 IBM 超级计算机"深蓝"击败国际象棋大师卡斯帕洛夫后,又一次的人机大战中,沃森赢得比赛,我对这次赛事很感兴趣,还想了解更多关于沃森的信息,该怎么做呢?

解决方法:打开 Internet Explorer,在地址栏中输入 www.baidu.com,然后按回车键,于是进入到百度的主页。在空白的文本框中输入"沃森人机大战",然后单击**百度一下**按钮,一眨眼的功夫,想要的结果已经展现在眼前,如图 8.8 所示。

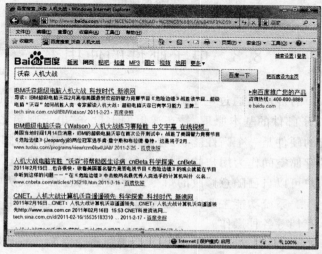

图 8.8　搜索引擎的使用情景一

2. 情景二

问题：今天在英语课上遇到了一个新的单词 BTW，在词典里找不到它的解释，怎么办呢？

解决方法：打开 IE 浏览器，在地址栏中输入 http://www.google.com 然后按回车键，于是进入到 Google 的主页。在空白的文本框中输入 **BTW** 后单击 **Google 搜索** 按钮，片刻之后 Google 便给出了 BTW 在网络上的定义，如图 8.9 所示。

图 8.9　搜索引擎的使用情景二

8.3　电子邮件的使用

电子邮件（E-mail）的传输是通过电子邮件简单传输协议（simple mail transfer protocol，SMTP）来完成的。电子邮件的基本原理，是在通信网上设立"电子邮箱系统"，它实际上是一个计算机系统。系统的硬件是一个高性能、大容量的计算机。硬盘作为邮箱的存储介质，在硬盘上为用户分一定的存储空间作为用户的"邮箱"，每位用户都有属于自己的一个电子邮箱，并确定一个用户名和用户可以自己随意修改的口令。存储空间包含存放所收信件、编辑信件以及信件存档三部分空间。系统功能主要由软件实现，用户使用口令开启自己的邮箱，并进行发信、读信、编辑、转发、存档等各种操作。

世界上的第一封电子邮件是在 1969 年 10 月由计算机科学家 Leonard Kleinrock 教授发给他的同事的一条简短消息，这条消息只有两个字母："LO"。Kleinrock 教授也因此被称为电子邮件之父。从此,E-mail 渐渐成为人们进行沟通的第二种选择。由于电子邮件的易于保存,使用方便,在全球范围内传递迅速,它被广泛地应用,使人们的交流方式得到了极大的改变。

要发送和接收 E-mail,首先必须拥有一个属于自己的 E-mail 账号(通常称之为 E-mail 地址,简称 E-mail),其次是收信人的 E-mail 账号,就像在信封上需要注明收信人和寄信人地址一样,对方收到信件之后根据寄信人地址进行回信。

电子邮件地址的格式由三部分组成。第一部分是用户邮箱的账号,对于同一个邮件接收服务器来说,这个账号必须是唯一的;第二部分"@"是分隔符;第三部分是用户邮箱的邮件接收服务器域名,用以标志其所在的位置。例如,iemotion@sohu.com,me@163.com,somebody@mail.whut.edu.cn。

现在 Internet 上很多网站提供了免费的 E-mail 服务,账号申请和使用都是免费的,而且使用起来很方便。例如,网易公司的 163 免费电子邮箱、新浪电子邮箱、微软 msn 邮箱、QQ 邮箱等。下面将以"163 免费邮"为例讲述如何申请(注册)E-mail 账号以及使用它收发电子邮件。

8.3.1　账号申请

对于"163 免费邮",申请 E-mail 账号的步骤是:创建账号→设置安全信息→确认服务条款→注册成功。

在 IE 地址栏中输入 http://mail.163.com 进入"163 免费邮"主页。单击**注册**按钮,根据提示在如图 8.10 所示的注册页面中填写资料,其中创建账号中的用户名是指将要申请的 E-mail 地址"@"符号前面的部分。

图 8.10　注册 E-mail 账号

申请注册 E-mail 账号成功之后,用户就拥有了一个属于自己的 E-mail 地址,可以使用它和好友随时随地通过 Internet 联系。

8.3.2　发送邮件

(1) 登录账号。使用自己的账号登录之前注册的邮件系统。登录成功之后,单击**撰写邮件**,弹出写信界面。

(2) 填写收件人地址。在收件人右边的文本框中输入收件人的 E-mail 地址,如 **teacher@sina.com**;如果要发给很多人的话,可以单击**添加抄送**,再填写第二个邮箱地址。

(3) 填写主题。在**主题**文本框中输入信件的主题,如 **homework**,如图 8.11 所示。

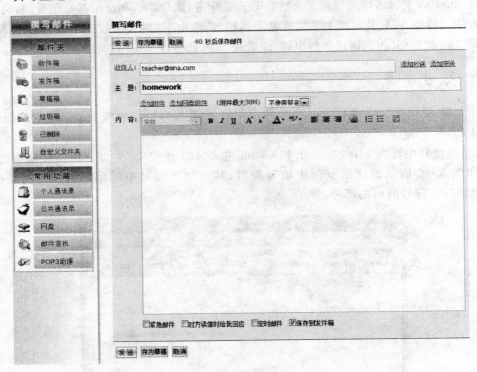

图 8.11　**撰写邮件**界面

(4) 添加附件。单击主题下方的**添加附件**按钮弹出一个提示框,单击**浏览**按钮,在弹出的**选择要加载的文件**对话框中选择要发送的文件,如**我的文档**目录下的 **PPT Demo. ppt**,然后单击**打开**按钮,如图 8.12 所示。如果想同时发送多个文件,可单击**继续添加附件**重复上述操作。通常把通过 E-mail 发送的文件称为附件(attachment),这里的 **PPT Demo. ppt** 就是一个附件。同样的道理,对方通过自己的 E-mail 收到的文件也称为附件。

(5) 输入正文。正文的内容和传统信件内容相似,但是可以更加丰富,比如为正文设置好看的字体,使用漂亮的信纸和图片、超链接等。

(6) 发送邮件。到此为止,一封内容丰富的 E-mail 就准备好了,剩下的事情就是单击**发送**按钮把它发送到目的地(收件人)。或者也可以先选定**保存到发件箱**复选框,然后单击**发送**按钮,那么除了收件人可以收到你的邮件之外,发件人自己的邮箱也保存了发送的邮件本身。

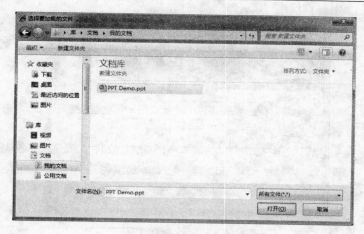

图 8.12　**选择要加载的文件**对话框

　　如果发送成功,则会看到相应提示信息。如果发送失败,原因可能是网络状况不好,也可能是收信人的 E-mail 地址拼写错误等,需检查网络和确认 E-mail 地址拼写无误后再试。

8.4　即时通信软件的使用

　　目前,国内较为流行的即时通信软件是腾讯 QQ。QQ 以前叫 OICQ,是一款基于 Internet 的即时通信(IM)软件。使用 QQ,可以和好友进行交流、信息即时发送和接收、语音视频面对面聊天等,功能非常全面。此外 QQ 还具有与手机聊天、点对点断点续传传输文件、共享文件、网络硬盘、QQ 邮箱、网络收藏夹等功能。还可以在手机上使用专门版本的 QQ 软件(手机 QQ),将 QQ 聊天软件搬到手机上,满足随时随地免费聊天的需求。新版手机 QQ 更引入了语音视频、拍照、传文件等功能,可以实现与计算机端无缝连接。

8.4.1　QQ 使用基本步骤

　　使用 QQ 软件的步骤是:下载 QQ 安装程序→安装 QQ 软件→注册一个 QQ 账号→登录 QQ。

　　QQ 目前有简体中文版、繁体中文版、英文版三种,可在所有的 Windows 操作系统平台下使用。简体中文版适应于大陆地区用户,繁体版适用于港台地区用户,英文版适合于英文版 Windows 下使用。

　　到网站 http://im.qq.com 下载适当的 QQ 软件安装程序,双击该安装程序完成 QQ 客户端的安装后,QQ 软件将自动启动,弹出对话框提示输入 QQ 号码和密码,如图 8.13 所示。

　　如果已经有 QQ 账号,此时就可以直接输入 QQ 账号和密码进行登录;如果还没有 QQ 账号的话,就在登录界面中单击**注册新账号**,也可进入网站 http://zc.qq.com,按照提示,选择申请账号方式,然后确认服务条款,填写相应信息,即可获得 QQ 账号。

　　登录 QQ 账号时,如果是在家里使用并且确信没有外人随便开启计算机,可以选定**记住密码**复选框,这样以后每次启动 Windows 时 QQ 就会自动登录,不需要手工输入口令。如果有多个号码,可以单击 QQ 号码下拉框,选择某个 QQ 号码再登录。如果是在网吧使用 QQ,就

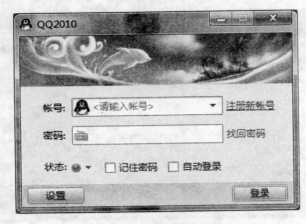

图 8.13　QQ 账号登录

不要选定**记住密码**复选框。

　　如果不想让被别人打扰又想和其他网友交流，可以选择**隐身登录**，这样 QQ 好友们看到的头像与不在线状态一样是灰色的。

8.4.2　QQ 常用功能

1. 发送即时消息

　　在好友列表中找到某一位好友，双击好友头像，在弹出的聊天窗口中输入消息，单击**发送**按钮，即可向好友发送即时消息。

2. 发送与接受文件

　　QQ 支持传递任何格式的文件，例如图片、文档、歌曲等，并支持断点续传，传送大文件也不必担心中途中断了。向好友发送文件有以下两种方式：(1)右击好友头像，在弹出快捷菜单中选择**发送文件**向好友发送文件，如图 8.14(a)所示；(2)双击好友头像，在弹出的聊天窗口中单击**传送文件**按钮向好友发送文件，如图 8.14(b)所示。

　　之后，等待该好友选择目录接受，连接成功后聊天窗口右上角会出现传送进程。文件接收完毕后，QQ 会提示对方打开文件所在的目录。如果对方离线或隐身，未能及时回复该文件请求，可以在聊天窗口中按照提示选择**发送邮件**或者**发送离线文件**。

3. 远程协助

　　如果计算机某个方面的操作出了问题需要他人帮助，但是在网上使用 QQ 难以有效沟通的话，使用 QQ 的远程协助功能就可以方便地来解决问题了。

　　(1)被协助方提出远程协助申请。使用远程协助功能，必须由需要帮助的一方(被协助方)单击远程协助选项进行申请。打开与协助方好友聊天的对话框，单击**远程协助**选项，如图 8.15 所示。提交申请之后，就会在对方(协助方)的聊天窗口出现提示。

　　(2)协助方接受远程协助申请。协助方收到如图 8.16 所示的提示信息后，如果确定接受申请则单击**接受按钮**。

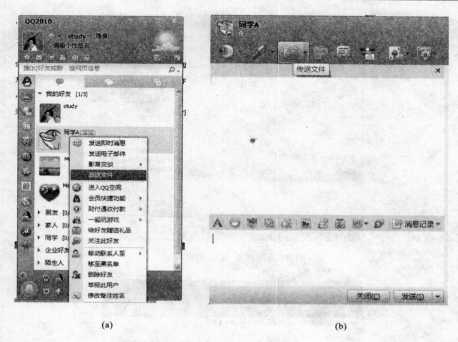

图 8.14　发送文件

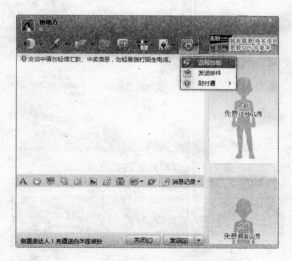

图 8.15　提出远程协助申请

（3）建立远程协助连接。接受远程协助申请之后，被协助方会出现一个窗口提示是否确定让协助方查看屏幕，如图 8.17 所示。只有申请方单击**确定**按钮之后，远程协助申请才正式完成。双方成功建立连接后，在协助方就会出现被协助方的计算机桌面了，并且是实时刷新的。这时被协助方的每一步动作都被协助方尽收眼底，不过此时他还只能查看而不能直接控制被协助方的计算机。

（4）协助方控制被协助方计算机。如果经过协助方的指导被协助方仍旧无法自行解决问题，可以由协助方来操作被协助方的计算机，以便进一步提供帮助。单击**申请受控**按钮，如图 8.18 所示。之后，协助方会收到一个控制邀请，单击**是**确认接受之后，才能开始控制被协助方的计算机。

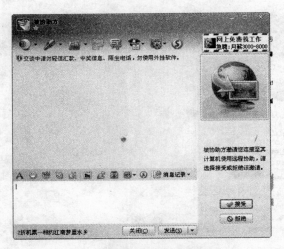

图 8.16　接受远程协助申请

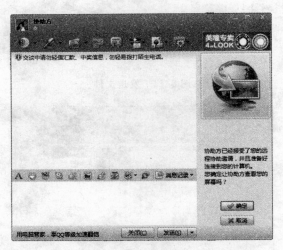

图 8.17　确定建立远程协助连接

图 8.18　申请授控

8.5　电子商务与在线购物

8.5.1　电子商务

电子商务是以计算机网络为基础，以电子化方式为手段，以商务活动为主体，在法律许可范围内所进行的商务活动过程。电子商务是一个不断发展的概念，电子商务的先驱 IBM 公司于 1996 年提出了 electronic commerce(E-commerce)的概念，到了 1997 年，该公司又提出了 electronic business(E-business)的概念。但我国在引进这些概念的时候都翻译成电子商务，很多人对这两者的概念产生了混淆。有人将 E-commerce 称为狭义的电子商务，将 E-business 称为广义的电子商务。

事实上这两个概念及内容是有区别的，E-commerce 应翻译成电子商业，是指实现整个贸易过程中各阶段贸易活动的电子化。E-business 是利用网络实现所有商务活动业务流程的电子化。E-commerce 集中于电子交易，强调企业与外部的交易与合作，而 E-business 则把涵盖范围扩大了很多，广义上指使用各种电子工具从事商务或活动，狭义上指利用 Internet 从事商务或活动。电子商务对社会的影响，不亚于蒸汽机的发明给整个社会带来的影响。

电子商务常见模式有 B2B(business to business，企业对企业的电子商务)、B2C(business to customer，企业对客户的电子商务)、C2C(consumer to consumer，客户对客户的电子商务)、B2M(business to manager，企业对经理人的电子商务；business to marketing，企业对市场的电子商务)、M2C(manager to consumer，经理人对客户的电子商务)等。

8.5.2　在线购物

以下是在应用 C2C 模式的淘宝网上进行在线购物的具体步骤。

1. 注册账户

(1) 注册成为淘宝会员。登录淘宝网(www.taobao.com)，单击**免费注册**，单击进入注册页面后，填写基本注册信息，如图 8.19 所示。

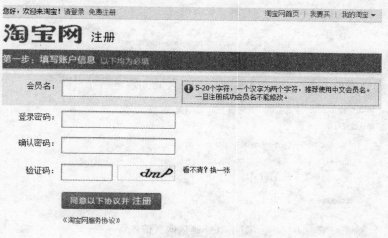

图 8.19　注册账户

（2）验证账户信息，即激活账户。可以使用手机验证（绑定手机作为联系方式）或者邮箱验证（绑定电子邮箱作为联系方式）两种方法，分别根据相应提示进行操作。并且，为方便网上支付，单击**同意支付宝协议**，并同步创建支付宝账户，填写支付宝账户信息时一定要分别设置支付宝登录密码和支付宝支付密码，并妥善保管好密码。提示注册完成后，回到淘宝网首页，用注册时填写的用户名和密码登录。成功登录后，淘宝首页会有相应提示，显示现在已经登录，并且会有相关账户信息。进入淘宝账户，并按照提示激活支付宝账户。至此，淘宝账户注册成功，并同步创建了与之关联的支付宝账户。

2. 购买商品

首先选择商品，选择淘宝网首页搜索框上方的**宝贝**标签，输入宝贝关键字进行搜索，进入宝贝搜索页面后填写相应筛选条件。一般建议选择卖家信用相对较高、买家评论口碑较好的商品。如果暂时不买，可以单击**收藏宝贝**或者**收藏店铺**保存起来，下次再登录的时候就能在收藏夹轻松找到这些宝贝和店铺了。

如果确定购买某商品，可通过单击**立刻购买**直接购买；或者单击**加入购物车**按钮，并且依次挑选多个商品添加到购物车后再单击**结算**一次购买多个商品。

（1）单击**立刻购买**直接购买。选择购买前如对商品信息有任何疑问，可先单击**和我联系**按钮，通过阿里旺旺聊天工具联系卖家咨询，确认无误后，单击**立刻购买**。确认收货地址、购买数量、运送方式等要素，单击**确认无误，购买**按钮，如图 8.20 所示。

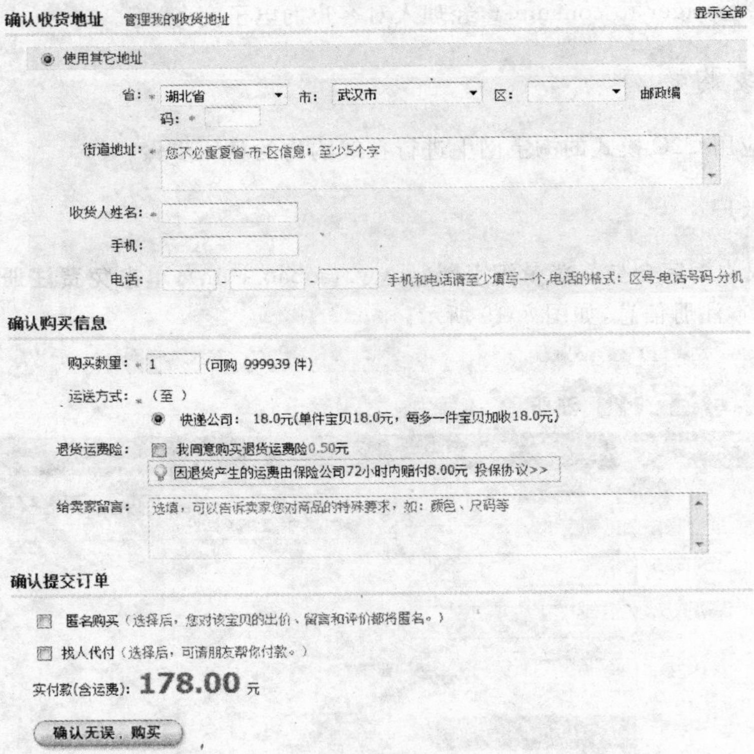

图 8.20　确认购买信息

（2）点击**加入购物车**后再结算。为了方便一次性购买多个宝贝，可以将需要购买的多个商品选择加入购物车，而且对于同一家店铺，系统会自动只算一次的邮费。加入到购物车后，可以选择继续挑选其他商品。在还没有确定购买之前，购物车中的商品都是可以删除或者改动购买数量的。如果已经全部选好，确认好宝贝价格和数量无误后，可以选择**去购物车结算**。购买成功后多件宝贝会以一个订单形式展现，后续交易流程同单击**立刻购买**一样。

3. 在线支付

登录淘宝账户，进入**我的淘宝—我是买家—已买到的宝贝**页面查找到对应的交易记录，如图 8.21 所示。交易状态显示**等待买家付款**，该状态下卖家可以修改交易价格，待交易付款金额确认无误后，单击**付款**按钮。

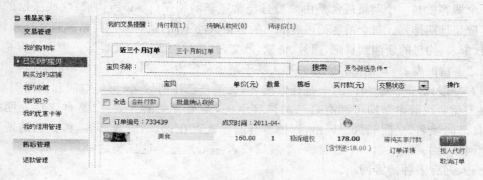

图 8.21　交易状态

进入付款页面，建议使用支付宝付款方式。如果支付宝账户余额足够支付所拍宝贝的订单金额，可以直接使用支付宝余额支付，输入支付宝账户支付密码，单击**确认付款**即可。如果支付宝账户余额不够支付所拍宝贝的订单金额，可以先将已有的支付宝余额使用，剩余金额用其他方式支付，或不支付宝余额付款，全部订单金额直接选择用其他方式支付。付款成功后，交易状态显示为**买家已付款**，需要等待卖家发货。

4. 确认收货

待卖家发货后，交易状态更改为**卖家已发货**，待收到货并且确认所购商品无误后，单击**确认收货**。输入支付宝账户支付密码，单击**确定**按钮，如图 8.22 所示。

图 8.22　确认收货

之后，交易状态显示为**交易成功**，说明交易已完成。至此，成功完成一次淘宝购物体验。

8.6　博客与微博

8.6.1　博客

博客被认为是继 E-mail,BBS,ICQ/QQ 之后出现的第 4 种网络交流方式。"博客"一词源于英文单词 blog,是 weblog 的简称。weblog 是 web 和 log 的组合词。Web 指 world wide web;log 的原意是航海日志,后指任何类型的流水记录,合在一起来理解就是网络日记。而 blogger 则是写 blog,即将个人文章发表在网络日记上的人。现在,人们已经习惯于将 blogger 和 blog 统称为博客了。

一个博客就是一个网页通常是由简短且经常更新的帖子(post)所构成;这些张贴的文章都按照年份和日期排列。每个博客的内容和目的有很大的不同,从对其他网站的超链接和评论,有关公司、个人、构想的新闻到日记、照片、诗歌、散文,甚至科幻小说的发表等。个人博客是个人心中所想之事情的发表,其他博客则是一群人基于某个特定主题或共同利益领域的集体创作。

博客一般以三种类型存在:一是托管博客,无须自己注册域名、租用空间和编制网页,博客们只要去免费注册申请即可拥有自己的博客空间,是最常见的方式;二是自建独立网站的博客,有自己的域名、空间和页面风格,以博客群的形式存在;三是附属博客,将自己的博客作为某一个网站的一部分,如一个栏目、一个频道或者一个地址。这三类之间可以演变,甚至可以兼得,一人拥有多种博客网站。

8.6.2　微博

微博,即微博客(microblog)的简称,是一个基于用户关系的信息分享、传播以及获取平台,用户可以通过 Web,WAP 以及各种客户端组件个人社区,以 140 字左右的文字更新信息,并实现即时分享。最早也是最著名的微博是美国的 Twitter,根据相关公开数据,截至 2010 年 1 月份,该产品在全球已经拥有 7 500 万注册用户。2009 年 8 月份中国最大的门户网站新浪网推出"新浪微博"内测版,成为门户网站中第一家提供微博服务的网站,微博正式进入中文上网主流人群视野。下面就以新浪微博为例,来感受一下微博的魅力。

首先访问新浪微博(weibo.com),如果已有新浪账号,如 xxx@sina.com,xxx@sina.cn,直接登录微博就可以使用,无需单独开通。如果还没有新浪账户,则需要单击**立即注册新浪微博**进入注册页面进行注册,如图 8.23 所示。

按照注册页面提示填写注册信息后单击**立即注册**按钮,然后到填写的电子邮箱中,进行注册确认,收到确认信后,单击确认账户链接地址即可完成注册。另外,在登录时选定**记住登录状态**,并在登录后将"新浪微博"存为书签,下次再登录就更方便了。登录之后,了解微博的一些基本使用方法,就可以随时随地同朋友分享身边的新鲜事了。

1. @功能

新浪微博中,最常用的就是"@"功能。假如想对某个新浪微博用户说一句话,只要在这个用户的昵称前加上一个"@",并在昵称后加空格或标点,他就能看到。@这个符号用英文读的话就是 at,在新浪微博里的意思是"向某某人说",比如,@**微博小秘书 你好啊**,就是向微博小

电子邮箱　　　　　　　　　　　　　　我没有邮箱

创建密码

密码确认

验证码　　　　　　　G7S*3　换一换

☑ 我已看过并同意《新浪网络服务使用协议》

立即注册

图 8.23　新浪微博注册

秘书说了一句"你好啊"，单击**发布**之后，显示出刚刚对说过的这句话。

需要注意的是，@昵称的时候，昵称后一定要加上空格或者标点符号，以此进行断句。否则系统会认为@后所有字为昵称，例如@**微博小秘书你好啊**，系统就会认为"微博小秘书你好啊"是昵称。

另外，如果想第一时间知道微博好友对自己说了什么，可以在微博的个人首页，微博右侧菜单中新增@**提到我的**。如果在微博里有人使用（@昵称）提及你，单击该标签在这里就能看到。

2. 发私信功能

除了@可以公开发布信息之外，新浪微博目前也提供了发布私密信息功能，只要对方是自己的"粉丝"，在对方的个人首页头像下方或者粉丝页中会看到**发私信**链接，单击此链接，即会弹出发私信窗口，此时就可以在其中输入信息内容，发私信给他。因为私信是保密的，只有收信人才能看到，所以可以放心把想写的内容发过去，单击**发送**之后，微博就会把所发的消息传递给收件人。

3. 转发功能

在每条微博右下方都会看到**转发**，可以转发其他网友发的新浪微博，转发新浪微博时，还可以对转发内容发表一下自己的意见。

通过前面的例子可以看到，相对于强调版面布置的博客来说，微博的内容组成只是由简单的只言片语组成，从这个角度来说，对技术要求门槛很低，微博开通的多种 API（application programming interface，应用程序编程接口）使得大量的用户可以通过以手机为主的个人网络终端设备来即时更新自己的个人信息。另外，相对于博客来说，用户的关注属于一种"被动"的关注状态，写出来的内容其传播受众并不确定；而微博的关注则更为主动，只要用户愿意，就能关注到某位用户的即时更新信息；从这个角度上来说，对于商业推广、明星效应的传播更有研究价值。而对于普通人来说，微博的关注友人大多来自事实的生活圈子，很大程度上维护了人际关系。

8.6.3　手机微博

手机微博,是指通过手机发布信息,通过平台实现网络实时互动的信息沟通过程。微博从诞生之初就同手机应用密不可分,微博的主要发展运用平台也应该是以手机用户为主。微博对 Internet 的重大意义就在于建立手机和因特网应用的无缝连接,增强手机端同因特网端的互动,从而使手机用户顺利过渡到无线因特网用户。

3G 网络的开通,使得手机上网开始正式进入人们的生活。相对第一代模拟制式手机(1G)和第二代 GSM,TDMA 等数字手机(2G),3G(3rdGeneration,第三代移动通信技术)是指将无线通信与 Internet 等多媒体通信结合的新一代移动通信系统。它能够处理图像、音乐、视频流等多种媒体形式,提供包括网页浏览、电话会议、电子商务等多种信息服务。目前,国际上 3G 手机(3G handsets)有欧洲的 WCDMA 标准(中国联通采用)、美国的 CDMA2000 标准(中国电信采用)和由我国科学家提出的 TD-SCDMA 标准(中国移动采用)三种制式标准。

目前手机和微博应用的结合主要通过 WAP 版网站和手机客户端两种形式。各微博网站基本都有自己的 WAP 版,用户可以通过登录 WAP 或通过安装客户端连接到 WAP 版。这种形式只要手机能上网就能连接到微博,可以更新也可以浏览、回复和评论,所需费用就是浏览过程中用的流量费。但目前国内的 GPRS 流量费还相对较高,网速也相对较慢。相对于 WAP 形式,手机客户端的形式更符合无线因特网的发展趋势。目前常见的几种主流的智能机系统 iPhone,iPad,Android,Symbian 等都提供了微博手机客户端支持,直接使用因特网账号即可登录,享受与网页版同样的内容与服务。

图 8.24　新浪手机微博页面

注册成功之后,可以直接用手机输入微博网站的地址登录微博账号或者用手机发送短信到指定号码,然后单击回复后的短信内的网址登录微博。之后,按照之前介绍的使用微博的方法来同样使用手机微博就可以了。图 8.24 所示是新浪手机微博的一个页面。

尽管整体来说,目前手机系统平台比较复杂,客户端开发起来难度很大,并且各客户端在非智能机上的发挥和体验整体都不佳,但是随着智能机逐渐平民化,无线网络速度的提升和流量资费的下调,手机和微博的结合肯定越来越密切,微博也会为 Internet 和 3G 应用带来更多革命性的变化。

8.7　SNS社交网站

8.7.1　SNS 含义

1967 年,哈佛大学的心理学教授 Stanley Milgram 创立了六度分割理论:"你和任何一个陌生人之间所间隔的人不会超过六个,也就是说,最多通过六个人你就能够认识任何一个陌生人。"按照六度分隔理论,每个个体的社交圈都不断放大,最后成为一个大型网络。这是社会性网络的早期理解。

　　SNS 社交网站(social network site)，就是依据六度理论建立的网站，但是发展到今天，含义已经远不止"熟人的熟人"这个层面，而是扩展到更广阔的范畴，比如根据相同话题进行凝聚、根据学习经历进行凝聚、根据出游的地点相对凝聚。

8.7.2　SNS 在国内的发展状况

　　由于 Internet 和 SNS 服务的迅猛发展以及 3G 商用手机应用带来的机遇，SNS 虽然在中国发展的时间很短，但是基于大规模的用户基础以及较强的用户付费能力，有着很大的发展空间和潜在的商业价值。

　　比如人人网，目前是中国最大的实名制 SNS 社交网络，是由千橡集团将旗下著名的校内网更名而来。2008 年人人网推出开放平台战略以后，人人网和大量的第三方网络公司、编程爱好者为人人网开发了大量的社会化的网络游戏和应用，给不同身份的人提供了一个全方位的互动交流平台，吸引了大量的用户，推动了中国因特网向平台化方向发展。

　　人人网注册过程跟其他大多数网站相同，打开人人网主页，在注册页面根据要求填写相应的注册信息，比如自己的 E-mail 或者手机号码作为账号注册，账号激活成功后通过验证即可注册成为正式用户。

　　同手机 QQ 和手机微博一样，人人网也有手机版网站。手机人人网就是一个手机上网时可随意访问的免费无线 WAP 站点。手机人人网将用户的人人网账号搬到手机上，通过手机上网访问使用几乎所有人人网功能。图 8.25 所示为用手机访问人人网的一个页面。

　　只需要手机浏览器中输入 **http://3g. renren. com**，就可以登录手机人人网；或者在手机人人网页面输入手机号码，免费接收带有手机人人网链接的短信，单击链接后可以进入手机人人网。如此，通过手机人人网，你就可以随时随地和人人网好友沟通联系了。

图 8.25　手机人人网页面

8.7.3　SNS 与微博

　　DCCI(Data Center of China Internet，中国互联网数据中心)2010 上半年中国互联网调查数据显示：微博用户将微博作为一个即时信息的交流平台，倾向于关注热门信息，即时信息，并对感兴趣的信息进行转发，形成以人为中心的自媒体。相比较而言，SNS 用户则主要将 SNS 媒体作为一个主要的人际交友网络，倾向于个人展示以及人际交友，使用 SNS 平台联系老同学，拓展新朋友等。

　　从 SNS 用户的好友来源以及微博用户关注的内容或人的分布，更加印证了以上的观点。在微博用户关注的内容分布中，行业专家、名人比例靠前，而 SNS 用户均以亲密关系的朋友、同学、亲戚、家人等为主要联系对象，微博用户获取行业信息专业信息的动机明显。微博成为即时的自媒体信息平台，SNS 则为个人展示网络。

研究数据表明,无论微博还是 SNS 均不应忽视手机平台的发展潜力。2010 上半年 DCCI 中国互联网调查数据显示:微博用户及 SNS 用户通过手机登录访问的比例均超过三成。结合 DCCI 之前的预测,在 2013 年,手机网民占中国人口比例将达 52.9%,将超越 PC 网民数量,这个超越将正式宣告移动互联网时代的到来,PC 与手机互联网将呈现全面的融合。随着移动互联网时代的到来,无论是微博还是 SNS 未来都需重视手机平台的应用与服务,将之作为高增长潜力的发展平台。而其中值得一提的是,电子商务作为微博及 SNS 用户未来最希望增加的应用之一,或将成为未来微博及 SNS 的基础应用服务,其经济潜力巨大。

8.8　典型的无线局域网组网案例

Internet 的高速发展为我们的生活、工作带来了很大的便利,人们的日常生活、工作和学习也越来越多地依赖 Internet 的存在。随着 Internet 的普及和网络技术的不断提升,现如今组建无线网络已经不是什么新鲜事情了。本小节将围绕一个典型的无线局域网组网案例来进行,介绍在学生宿舍、小型办公环境以及家庭常见的一种组网方案和相应的上网环境设置。

8.8.1　组网方案

在第 4 章中,已介绍了组建一个无线局域网络的核心是需要具备一个热点(AP),此案例中的 AP 是一台支持 Wi-Fi 功能的无线路由器,同时完成 WAN 端(外网)与 LAN 端(内网)之间的路由转换,从而实现多台上网终端(台式机、笔记本计算机、手机等)通过该 AP 共同访问因特网。根据 ISP(Internet 服务提供商)提供的不同的 WAN 端接入方式,需要对路由器进行不同的配置。因此,首先需要了解 ISP 提供的接入方式是哪一种,目前家庭和小型办公环境因特网接入主要采用以下三种方式。

(1)采用 PPPoE(PPP over Ethernet,以太网上点对点协议)方式拨号上网。每次连接 Internet 时都需要用户名和密码进行登录,或者 ISP 提供的是 PPPoE 账号,均在此列。例如,中国电信和中国联通 ADSL 宽带业务通常采用此连接类型,个别小区宽带也会采用此种方式。

(2)采用固定 IP 地址上网。商务光纤等专线接入通常会采用此种连接类型。ISP 会向用户提供 IP 地址、子网掩码、网关和 DNS 等详细参数。

(3)采用动态 IP 地址上网。直接使用计算机上网时,计算机 TCP/IP 设置为自动获得 IP 和 DNS,且无需运行任何拨号或连接程序。有线电视(cable TV)和部分小区宽带采用此种连接方式。

而在以上三种常见的 ISP 提供的 Internet 接入方式中,采用 PPPoE 方式拨号上网是应用最为普遍的一种。在以下提到的典型案例中,包括有线网络部分和无线网络部分,由无线路由器采用 PPPoE 方式拨号上网,多台台式计算机通过有线网络,笔记本计算机和手机通过无线网络经由无线路由器连接到 Internet,从而可以访问 Internet 资源。

8.8.2　硬件连接

本案例中需要使用的基本硬件包括计算机、无线路由器和调制解调器,如图 8.26 所示。

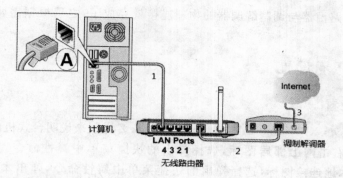

图 8.26　硬件连接

　　其中的物理连接包括三段线路，从左至右依次为计算机通过网线（图 8.26 中的线路 1）连接到路由器的 LAN 口，路由器的 WAN 口通过网线（图 8.26 中的线路 2）连接到调制解调器，调制解调器通过电话线（图 8.26 中的线路 3）由 ISP 连接到 Internet。以下是各实体以及实体间的具体连接情况：

　　（1）台式机。由计算机的网卡经由网线（对应图 8.26 中的线路 1）连接到无线路由器的 LAN 口。

　　（2）路由器。如图 8.27 所示，这是一台应用比较广泛的 Netgear WGR614 无线路由器。从左至右分别是电源线、由无线路由器的 LAN 口连接到计算机网卡的网线（对应图 8.26 中的线路 1）、由调试解调器连接到无线路由器的 WAN 口上的网线（对应图 8.26 中的线路 2）。机器的右边竖起的部分是发射天线。

图 8.27　路由器

　　（3）调制解调器。如图 8.28 所示，将电话线（对应图 8.26 中的线路 3）接入调制解调器，再从调制解调器上引出一条网线（对应图 8.26 中的线路 2）连入无线路由器，从左至右分别是电话线、与无线路由器的 WAN 口相连接的网线、电源线。

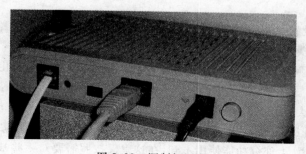

图 8.28　调制解调器

至此,计算机、路由器与调制解调器的物理连接就完成了,之后根据需要对网络环境进行设置。

8.8.3　网络环境设置

1. 台式机设置

下面以 Windows XP Home Edition Service Pack 2 为例来说明台式机的配置过程。

启动台式机,右击**网上邻居**图标,选择弹出的快捷菜单中**属性**命令。再右击打开的**网络连接**窗口中的**本地连接**图标,选择弹出的快捷菜单中**属性**命令,弹出**本地连接 属性**对话框。选定 **Internet 协议(TCP/IP)**,如图 8.29 所示,单击**属性**按钮。在弹出的对话框中,将计算机设为**自动获得 IP 地址**和**自动获得 DNS 服务器地址**,如图 8.30 所示。单击**确定**按钮完成设置。

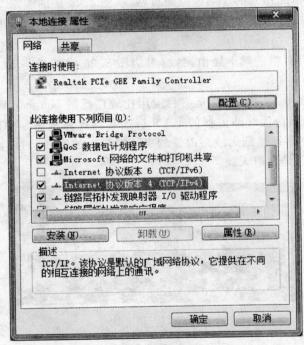

图 8.29　**本地连接 属性**对话框

2. 路由器设置

本案例中,以下设置过程以图 8.27 所示的 Netgear WGR614 无线路由器为例,其他无线路由器配置过程与之类似。

确保计算机已按照 8.8.1 小节中所述以有线方式连接到了无线路由器的 4 个 LAN 口之一,启动无线路由器。启动 Web 浏览器(如 IE),在地址栏中键入 http://www.routerlogin.com 或者无线路由默认的 IP 地址(无线路由器底部铭牌或者说明书中有注明)。浏览器会弹出如下登录对话框,如图 8.31 所示。输入正确的用户名和密码就能成功登录 WGR614 的管理界面。对于一般用户来说,大部分功能使用不到,在这里仅按照需要对一些基本设置进行改动。

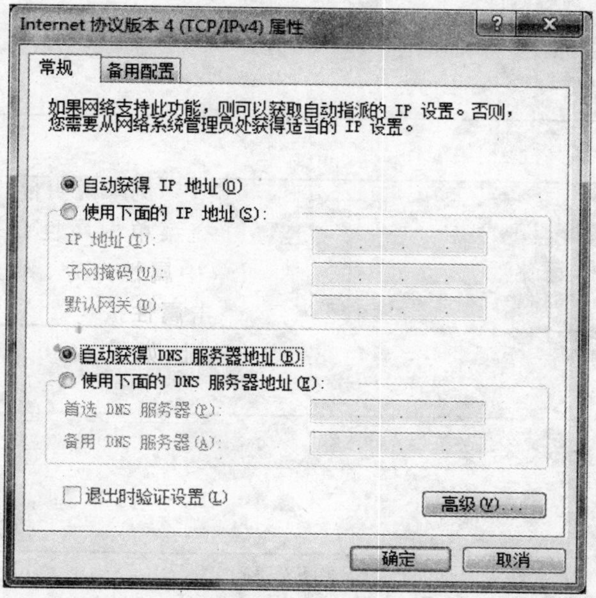

图 8.30　台式机设置

图 8.31　路由器登录对话框

1）基本设置

在本案例中，以下部分是以应用最为广泛的采用 PPPoE 方式拨号上网的路由器配置方法为例。在管理界面中单击**基本设置**，进入如图 8.32 所示的页面。

在**登录**和**密码**后面的编辑栏中分别键入办理宽带业务时由 ISP 提供的宽带账号和密码信息。因为每次都需要拨号上网，IP 地址也是不相同的，所以我们在 IP 地址和 DNS 地址全部选择从 ISP 处动态获取。

待此页设置更新完毕后，在台式机上打开一个新的网页，试试访问 Internet，正常情况下已经可以上网冲浪了。

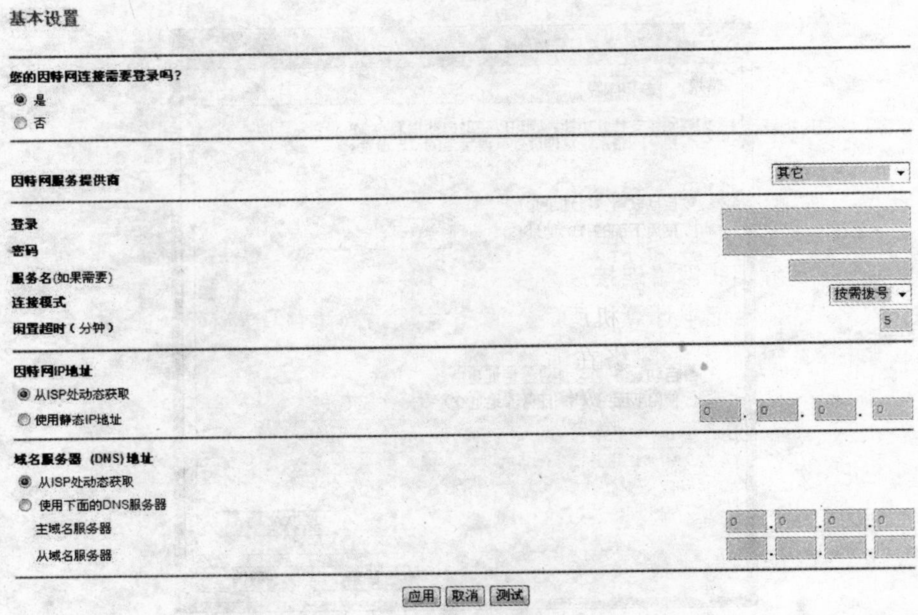

基本设置

您的因特网连接需要登录吗？
- ◉ 是
- ◯ 否

因特网服务提供商　　　　　　　　　　　　　　　　　　其它　▾

登录
密码
服务名(如果需要)
连接模式　　　　　　　　　　　　　　　　　　　　　　按需拨号 ▾
闲置超时（分钟）　　　　　　　　　　　　　　　　　　5

因特网IP地址
- ◉ 从ISP处动态获取
- ◯ 使用静态IP地址　　　　　　　　　　　0 . 0 . 0 . 0

域名服务器（DNS）地址
- ◉ 从ISP处动态获取
- ◯ 使用下面的DNS服务器
  - 主域名服务器　　　　　　　　　　　0 . 0 . 0 . 0
  - 从域名服务器　　　　　　　　　　　0 . 0 . 0 . 0

应用 取消 测试

图 8.32　路由器**基本设置**页面

2）无线设置

由于本案例中还包括笔记本计算机和手机等终端无线上网，除了以上基本设置之外，还需要在路由器中进行无线设置。在管理界面中单击**无线设置**，进入如图 8.33 所示的页面。

无线设置

无线网络

无线网络标识（SSID）：　　　　　　　NETGEAR1
地区：　　　　　　　　　　　　　　　亚洲　　　▾
频道：　　　　　　　　　　　　　　　Auto ▾
模式：　　　　　　　　　　　　　　　b和g ▾

安全选项

- ◯ 无
- ◯ WEP
- ◯ WPA-PSK [TKIP]
- ◉ WPA2-PSK [AES]
- ◯ WPA-PSK [TKIP] + WPA2-PSK [AES]

安全加密（WPA2-PSK）

密码：　　　　　　　　　　　（8-63位字符或64位16进制数字）

应用 取消

图 8.33　路由器**无线设置**页面

在无线设置中，首先需要设置 SSID，相当于这个无线网络的名字，方便用户在 Windows

下进行查找,本案例中,设置的 SSID 是 **NETGEAR1**。另外,基于安全的考虑,需要对无线网络进行加密,选定 **WPA2-PSK** 的加密方式后,填入自己设定的密码。到现在,路由器无线设置部分完成。

3. 笔记本计算机接入

启动笔记本计算机,打开无线开关(如果笔记本计算机未带无线功能,则需要购买无线网卡),可以看到笔记本计算机上的无线指示灯亮了起来。进入 Windows 中的**网络连接**,单击**无线网络连接**,然后右击**无线网络连接**选**查看可用的无线连接**,如图 8.34 所示。

这时,就可以看到笔记本计算机所能接收到的无线网络的信号。单击左上方的**刷新网络列表**,系统会将搜索到的无线网络在右边列出,选定想接入的无线网络,即选定其中名为 **NETGEAR**1 的无线网络,单击**连接**按钮或双击该无线网络后系统会提示输入密钥,即之前设置的 WPA2-PSK 密码。输入正确的密钥后,笔记本计算机已连接上刚刚架设好的 SSID 为 **NETGEAR1** 的无线网络,如图 8.35 所示。

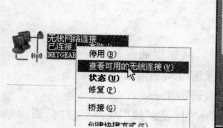

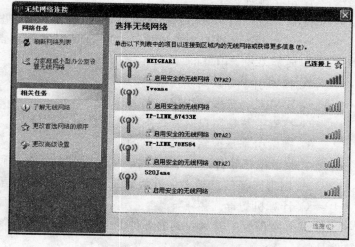

图 8.34　查看可用的无线连接　　　　　　　图 8.35　选择无线网络

连接后,只要在无线路由器的 Wi-Fi 信号范围内,就可以使用笔记本计算机或者手机接入已构建的无线局域网络,随时随地访问 Internet 资源。

与笔记本计算机接入类似的,用手机也通过这种方式(手机需提供 Wi-Fi 支持)接入无线网络,只需要按照以上步骤简单设置一下就可以了。如果手机本身无 Wi-Fi 支持,那么需要按照移动业务运营商提供的其他方式上网。

习　题　8

一、单选题

1. 用户要想在网上查看 WWW 信息,必须安装并运行的软件是(　　)。

A. HTTP　　　　　　　B. Yahoo　　　　　　　C. 浏览器　　　　　　　D. 万维网

2. 查看 Internet 上的网页,需要知道(　　　)。

    A. 网页的设计原则　　　　　　　　　B. 网页制作的过程

    C. 网页的地址　　　　　　　　　　　D. 网页的作者

3. 有关电子邮件,下列说法错误的是(　　　)。

    A. 电子邮件是 Internet 提供的一项最基本的服务

    B. 电子邮件具有快速、高效、方便、价廉等特点

    C. 通过电子邮件,可向世界上任何一个角落的网上用户发送信息

    D. 可发送的内容只能包含文字和图像

4. 下面正确的邮件地址是(　　　)。

    A. www. xxx. edu. cn　　　　　　　　B. abc@xxx. edu. cn

    C. 202,121,23,220　　　　　　　　　D. xyz@xxx,edu,cn

5. 当电子邮件在发送过程中有误时,则(　　　)。

    A. 电子邮件服务器将自动把有误的邮件删除

    B. 电子邮件将丢失

    C. 电子邮件服务器会将原邮件退回,并给出不能寄出的原因

    D. 电子邮件服务器会将原邮件退回,但不给出不能寄达的原因

6. 下列关于搜索引擎的叙述,正确的是(　　　)。

    A. 搜索引擎可以离线搜索

    B. IBM 是一个搜索引擎网站

    C. 搜索引擎是用户安装在本地计算机上的软件

    D. 搜索引擎是搜索网站提供的服务

7. 在收发电子邮件过程中,有时收到的电子邮件有乱码,其原因通常是(　　　)。

    A. 图形图像信息与文字信息干扰　　　B. 声音信息与文字信息干扰

    C. 计算机病毒　　　　　　　　　　　D. 汉字编码不统一

8. 假如在网页上看到收到的邮件的主题行的开始位置有"回复:"或"Re:"字样时,表示该邮件是(　　　)。

    A. 对方拒收的邮件　　　　　　　　　B. 对方答复的邮件

    C. 回复对方的答复邮件　　　　　　　D. 对方转发的邮件

9. 下列有关 PPPoE 拨号上网方式的观点错误的是(　　　)。

    A. 这种方式使用的是一种点到点协议

    B. 采用这种方式上网的用户的计算机的 IP 地址不能永久占用

    C. 采用这种方式上网的用户的计算机拥有独立固定的 IP 地址

    D. 采用这种方式上网的用户的计算机的 IP 地址一般是动态的

10. 在拨号上网过程中,连接到通话框出现时,填入的用户名和密码应该是(　　　)。

    A. 进入 Windows 时的用户名和密码　　B. 管理员的账号和密码

    C. ISP 提供的账号和密码　　　　　　D. E-mail 的用户名和密码

二、填空题

1. Internet 为人们提供许多服务项目,最常用的是在 Internet 各站点之间漫游,浏览文

本、图形和声音等各种信息,这项服务称为＿＿＿＿＿＿＿＿＿＿＿＿服务。

2. 如果浏览到感兴趣或者有价值的网站,对网站地址进行保存以便下次快速访问该网站,可以启用 IE 浏览器的＿＿＿＿＿＿＿＿＿＿＿＿功能。

3. 用 IE 浏览器浏览网页时,要回到"上一页"浏览过的网页,需要单击工具栏上的＿＿＿＿＿＿＿＿＿＿＿＿按钮。

4. 在 IE 浏览器地址栏中输入地址时,可以省略 IE 浏览器默认的协议,它是＿＿＿＿＿＿＿＿＿＿＿＿协议。

5. 英文简称 ISP 的中文含义是指＿＿＿＿＿＿＿＿＿＿＿＿＿＿＿＿＿＿。

三、判断题

1. 在发送电子邮件时,即使邮件接收人的计算机未打开,邮件也能成功发送。　　（　　）

2. 电子邮件地址的通用格式是账号名@服务器域名。　　（　　）

3. 一个应用程序不能通过 Email 的形式发给别人。　　（　　）

4. 针对同一关键词,使用不同的搜索引擎查询时,搜索结果是相同的。　　（　　）

5. 在 IE 浏览器软件中的 Internet 选项窗口中,假如设定历史记录的保存时间为 2 天,则 2 天后,系统会自动保存这 2 天的历史记录。　　（　　）

6. 直接在页面上单击右键,按"退出程序"按钮可以退出 IE 浏览器软件。　　（　　）

7. 打开 IE 浏览器后,页面自动加载的是 IE 中设定的主页。　　（　　）

8. 在 Internet 选项"高级"选项卡中取消已选择的"播放网页中的视频"有助于加快网页浏览速度。　　（　　）

9. 在下载网页的过程中,如果单击下载窗口上的"最小化"按钮,将该窗口缩小至任务栏上,这时,下载过程将停止。　　（　　）

10. Internet 不属于某个国家或组织。　　（　　）

四、操作题和简答题

1. 如何发送带附件的邮件?

2. 任意选定一个你感兴趣的并且与计算机相关的主题,设定关键字,查找相关资料,改变关键字,重新查找相关资料,找到最适合的资料为止。记录你查找到合适资料时输入的关键字。

提 高 篇

第9章 算法与数据结构基础

9.1 算 法

9.1.1 算法的基本概念

算法是指解题方案的准确而完整的描述,即是一种分步解决问题的过程或完成任务的方法,它是完全独立于计算机系统的。

1. 算法的基本特征

(1) 可行性。一个算法应该是可行的,即指算法中描述的操作都是可以通过已有的基本运算执行有限次数后实现。

(2) 确定性。算法中每一步骤都必须有明确定义,不允许有模棱两可的解释,使读者产生歧义。

(3) 有穷性。算法的运行时间是有限的。针对任何合法的输入值,算法必须在执行有限步骤后结束。

(4) 输入性。具有零个或若干个输入量。

(5) 输出性。至少产生一个输出量或执行一个有意义的操作。

算法的执行与数据的输入和输出密切相关,不同的输入将产生不同的输出结果。当输入不够或输入错误时,算法本身也就无法执行或导致执行有错。一般来说,当算法拥有足够的情报时,此算法才是有效的,当情报不够时,算法可能无效。

2. 算法的基本要素

(1) 对数据对象的运算和操作。一般的计算机系统中基本的运算和操作有算术运算、逻辑运算、关系运算和数据传输 4 类。

(2) 算法的控制结构。算法中各操作之间的执行顺序称为算法的控制结构。基本的控制结构有顺序结构、选择结构和循环结构三类。

3. 算法设计的基本方法

(1) 列举法。列举法的基本思想是根据提出的问题,列举所有可能的情况,并用问题中给定的条件检验哪些是需要的,哪些是不需要的。

(2) 归纳法。通过列举少量的特殊情况,经过分析,最后找出一般的关系。归纳法要比列举法更能反映问题的本质,并且可能解决列举量为无限的问题。

(3) 递推法。递推是从已知的初始条件出发,逐次推出所要求的各中间结果和最后结果。递推关系式往往是归纳的结果。

(4) 递归法。在解决一些复杂的问题时,为了降低问题的复杂程序,将问题逐层分解,最后归结为一些最简单的问题。当解决了最后最简单的问题后,再沿着原来分解的逆过程逐步进行综合,因此递归的基础是归纳。

（5）减半递推法。实际问题的复杂程序往往与问题的规模有着密切的联系。所谓"减半"就是将问题的规模减半,而问题的性质不变。所谓"递推"是指重复"减半"的过程。它是归纳法的一个分支。

（6）回溯法。通过对问题的分析,找出一个解决问题的线索,然后沿着这个线索逐步试探,若试探成功,就得到问题的解,若试探失败,就逐步回退,换别的路线再进行试探。

9.1.2　算法复杂度

在算法正确的前提下,评价一个算法的两个标准分别是时间复杂度和空间复杂度。

算法的时间复杂度是指执行算法所需要的计算工作量,即算法在执行过程中所需要的基本运算次数;算法的空间复杂度是指执行算法所需要的内存空间。

根据时间复杂度和空间复杂度的定义可知,两者并不相关。在实际应用中常常会对算法进行分析,即指对一个算法的运行时间和占用空间做定量的分析,其目的是要降低算法的时间复杂度和空间复杂度,提高算法的执行效率。

9.2　数　据　结　构

计算机数据处理的前提是数据组织,而如何有效地组织数据和处理数据就是数据结构要研究的重点问题,因此数据结构是软件设计的重要理论基础和实践基础。

9.2.1　数据结构的基本概念

数据结构是指反映数据元素之间关系的数据元素集合。数据结构主要研究以下三个方面的问题:①数据的逻辑结构,即数据集合中各数据元素之间的逻辑关系;②数据的存储结构,即在对数据进行处理时各数据元素在计算机中的存储关系;③对各种数据结构进行的运算。

研究这些问题的目的是为了提高数据处理的效率,即提高数据处理的速度,节省运行时占用的计算机存储空间。

9.2.2　数据的逻辑结构与数据的存储结构

1. 数据的逻辑结构

数据的逻辑结构是指数据元素之间的相互关系,它应包含以下两方面的信息:①表示数据元素的信息;②表示各数据元素之间的前后件关系。

数据元素之间的关系常常用直观的图形表示。在数据结构的图形表示中,对于数据集合中的每一个数据元素用中间标有元素值的图形表示,一般称之为数据结点,简称为结点。各数据元素之间的前后件关系用一条线段从前件结点指向后件结点,基本的数据逻辑结构图如图

9.1 所示。

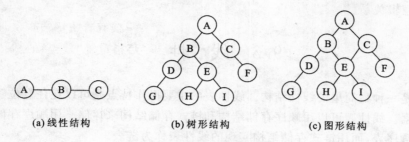

(a) 线性结构　　　　(b) 树形结构　　　　(c) 图形结构

图 9.1　基本的数据逻辑结构图

根据数据结构中各数据元素之间前后件关系,数据结构分为线性结构和非线性结构。

1) 线性结构

线性结构是最简单的数据结构,它应该满足下列两个条件:①有且只有一个根结点;②每一个结点最多有一个前件,也最多有一个后件。

在线性结构中数据元素之间具有线性关系,即除第一个和最后一个元素外,每个元素有且仅有一个直接前驱元素和一个直接后继元素,第一个元素没有前驱元素,最后一个元素没有后继元素,如图 9.1(a)所示。比如,线性表、栈、队列、串都属于线性结构。

2) 非线性结构

非线性结构是指不满足线性结构条件的数据结构。在非线性结构中,各数据元素之间的前后件关系要比线性结构复杂,因此,对非线性结构的存储与处理也要比线性结构复杂得多。

非线性结构有树形结构、图形结构。树形结构是指除根结点外,每个数据元素只有一个唯一的前驱数据元素,可有零个或若干个后继数据元素,如图 9.1(b)所示;而在图形结构中每个数据元素可有零个或若干个前驱数据元素和零个或若干个后继数据元素,如图9.1(c)所示。

2. 数据的存储结构

数据元素在计算机中的存放形式称为数据的存储结构。

由于在计算机存储空间中数据元素之间的位置关系可能与其逻辑关系不同,为了表示存放在计算机存储空间中的各数据元素之间的逻辑关系(即前后件关系),在数据的存储结构中,不仅要存放各数据元素的信息,还需要存放各数据元素之间的前后件关系信息。

从逻辑关系角度来看数据的逻辑结构就是只反映数据元素之间的前后件关系,与其在计算机中的存储位置无关,与所使用的计算机也无关,因此数据的逻辑结构是独立于计算机的。而程序执行的效率与数据的存储结构、程序所处理的数据量、程序所采用的算法等因素有关。

数据存储结构的基本形式有顺序存储结构和链式存储结构两种。

顺序存储结构使用一组连续的内存单元依次存放数据元素,元素在内存的物理存储次序与它们的逻辑次序相同,即数据元素连续存储,逻辑上相邻的数据元素在存储位置上也相邻,因此数据的存储结构体现了数据的逻辑结构。

链式存储结构使用若干地址分散的存储单元存储数据元素,逻辑上相邻的数据元素在物理位置上不一定相邻,数据是分散存储的。链式结构中的每个结点至少由数据域和指针域组成,其中数据域保存数据元素,而指针域保存该结点的后继结点的地址,结点间的链接关系体现了数据的逻辑关系。

9.3　线　性　表

线性表是一种最简单的线性结构。线性表的主要操作特点是可以在任意位置插入和删除一个数据元素。线性表可以用顺序存储结构和链式存储结构来存储。用顺序存储结构实现的线性表称为顺序表,而用链式存储结构实现的线性表称为链表。

9.3.1　线性表的基本概念

线性表是由 $n(n \geqslant 0)$ 个数据元素 $a_1, a_2, \cdots, a_n$ 组成的一个有限序列,可表示为 $L = (a_1, a_2, \cdots, a_n)$。结点个数 n 称为线性表的长度,当 $n=0$ 时,称为空表。

在线性表中,数据元素的位置只取决于自己的序号,元素之间的相对位置是线性的。

非空线性表的结构特征:①有且只有一个根结点,它无前件;②有且只有一个终端结点,它无后件;③除根结点与终端结点外,其他所有结点有且只有一个前件,也有且只有一个后件。

9.3.2　顺序存储结构

顺序存储结构的线性表称为顺序表。顺序表具有以下两个基本特点:①线性表中所有数据元素所占的存储空间是连续的;②线性表中各数据元素在存储空间中是按逻辑顺序依次存放的,如图 9.2 所示。

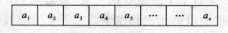

| a_1 | a_2 | a_3 | a_4 | a_5 | ⋯ | ⋯ | a_n |

图 9.2　顺序表的存储结构图

由此可以看出,在顺序表中其前后件两个元素在存储空间中是紧邻的,且前件元素一定存储在后件元素的前面。在存储单元中各元素的物理位置和逻辑结构中各结点间的相邻关系是一致的。在顺序存储结构中,数据元素按线性表的逻辑次序,依次存放在一组地址连续的存储单元中,因此线性表的顺序存储结构属于随机存取的存储结构。

1. 顺序表的插入

对于一个长度为 n 的顺序表,顺序表的插入操作是指在线性表的第 $i-1$ 个数据元素和第 i 个数据元素之间插入一个新的数据元素 b,即使长度为 n 的线性表 $(a_1, a_2, \cdots, a_{i-1}, a_i, \cdots, a_n)$ 变成长度为 $n+1$ 的线性表 $(a_1, a_2, \cdots, a_{i-1}, b, a_i, \cdots, a_n)$。

在插入操作时是先把元素 $a_n, a_{n-1}, \cdots, a_i$ 向后各自移动一个位置,然后再将 b 插入在第 i 个位置上,最后修改线性表的长度。

当在顺序表的第 i 个元素位置前插入一个新元素时,需要将顺序表中后面的 $n-i+1$ 个元素依次向后移动。如果在线性表末尾进行插入运算,则只需在表的末尾增加这个新元素,不需要移动线性表中其它的元素。如果在第一个位置插入新的元素,则需要移动表中的所有数据。

例如,有一个长度为 7 的顺序表(15,23,41,56,79,85,97),现在要在第 5 个位置前插入一个值为 64 的数据元素,则需要将 a_5,a_6,a_7 三个元素依次向后移动一个位置,再将 64 插入到第 5 个位置上。插入过程如图 9.3 所示。

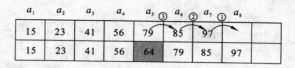

a_1	a_2	a_3	a_4	a_5	a_6	a_7	a_8
15	23	41	56	79	85	97	
15	23	41	56	64	79	85	97

图 9.3　顺序表的插入过程

一般情况下,为线性表开辟的存储空间往往会大于线性表长度,但在经过多次插入运算后,就有可能出现存储空间填满的情况,如果此时仍继续进行插入运算,将会产生错误,此类错误称为"上溢"。

2．顺序表的删除

在线性表的删除运算中,若要删除第 i 个位置的元素,则把第 i 个元素之后(不包括第 i 个元素)的 $n-i$ 个元素依次向前移动一个位置,然后修改线性表的结点个数,因此删除运算需要移动 $n-i$ 个元素。如果删除运算在线性表的末尾进行,即只用删除第 n 个元素,而不需要移动线性表中其他元素。如果要删除第 1 个元素,则需要移动表中的所有数据元素。

3．顺序表的基本操作

在线性表的顺序存储结构下能完成的基本操作有以下几种:①在线性表的指定位置处加入一个新的元素,即线性表的插入;②在线性表中删除指定的元素,即线性表的删除;③在线性表中查找某个(或某些)特定的元素,即线性表的查找;④对线性表中的元素进行整序,即线性表的排序;⑤按要求将一个线性表分解成多个线性表,即线性表的分解;⑥按要求将多个线性表合并成一个线性表,即线性表的合并;⑦复制一个线性表,即线性表的复制;⑧逆转一个线性表,即线性表的逆转。

9.3.3　链式存储结构

1．线性链表的基本概念

采用链式存储结构的线性表称为线性链表。在存储线性链表中的每一个元素时,既要存储数据元素的值,又要存储各数据元素之间的前后件关系。

为了适应线性表的这种链式存储结构,计算机的存储空间被划分为一个个占若干字节的小块,这些小块通常被称为存储结点。每一个存储结点包含两部分内容:一部分用于存储数据元素的值,称为数据域(data);另一部分用于存放下一个数据元素的存储地址,即指向后件结点,称为指针域(next),如图 9.4 所示。

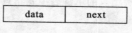

data	next

图 9.4　结点的结构

根据指针域的不同和构造结点的方法不同,链表分为单链表、单循环链表和双循环链表。单链表是指构成链表的结点只有一个指向直接后继结点的指针域,是最常用的链表形式。为了方便链表的操作,一般将单链表构造成为带头结点的线性链表,其结构如图 9.5 所示。

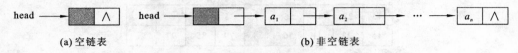

(a) 空链表　　　　　　　　　　　　　　　　(b) 非空链表

图 9.5　带有头结点的单链表

在图 9.5 中,指向单链表的指针 head 称为头指针。头指针所指的第一个结点(图 9.5 中有阴影的结点)称为头结点。头结点一般不存放数据元素,存放第一个数据元素的结点称为第一个数据元素结点,它是该单链表中的第二个结点。单链表中最后一个结点的指针域“∧”表示空指针,用于标识链表的结束。

在链式存储结构中,初始状态为空链表,当有新的数据元素需要存储时才向系统动态申请存储空间并将其插入到链表中。这些数据结点通过指针域实现链接。因此,任意两个在逻辑上相邻的数据元素在内存中不一定相邻。如果要对链表中的某个结点进行存取操作,需要从链表的第一个结点开始顺序访问,通过指针域找到该结点,因此线性表的链式存储结构属于顺序存取的存储结构。

链表与顺序表相比各有优缺点,顺序表在使用时必须确定数据元素的个数,而链表就不需要,根据应用程序的需要随时可以向系统动态申请内存空间,向链表中插入或删除数据元素。但链表结点为了表示出每个元素与其直接后继元素之间的关系,除了存储数据元素本身的信息外,还存储了其直接后继结点的位置信息,因此线性表的链式存储结构所需的存储空间一般要多于顺序存储结构。

2. 线性链表的基本运算

1) 在指定位置插入新结点

在带头结点的单链表第 i 个结点之前插入一个新数据元素 x 的步骤如下:①在单链表中找到第 $i-1$ 个结点 a_{i-1},并将指针 p 指向该结点;②向系统动态申请新结点的存储空间,并用 q 指针指向该新结点;③新结点的数据域赋值为数据元素 x 的值,指针域指向结点 a_i,即 q—>data=x,q—>next=p—>next;④修改结点 a_{i-1} 的指针域,使其指向新结点,即 p—>next=q,如图 9.6 所示。

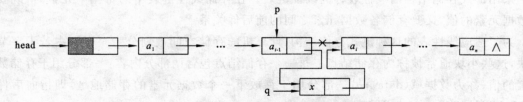

图 9.6　带有头结点的单链表中 a_i 结点前插入新结点

2) 删除指定结点

在线性链表中删除包含指定元素的结点 a_i,步骤如下:①在单链表中找到结点 a_{i-1},并将

指针 p 指向该结点；②将指针 q 指向结点 a_i，即 q＝p→next；③将结点 a_i 从链表中脱开，即 p→next＝q→next；④释放结点 a_i 所占的存储空间，如图 9.7 所示。

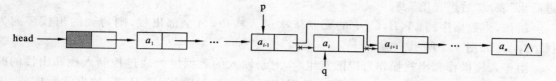

图 9.7　带有头结点的单链表中删除 a_i 结点

线性链表的其他操作还有：①将两个线性链表按要求合并成一个线性链表；②将一个线性链表按要求进行分解；③逆转线性链表；④复制线性链表；⑤线性链表的排序；⑥线性链表的查找。

3. 循环单链表及其基本运算

循环单链表是单链表的另一种形式，链表中最后一个结点的指针域不是空指针，而是指向整个链表的第一个结点，对于带头结点的循环单链表就是指向链表的头结点，这样所有结点构成了一个环状链，如图 9.8 所示。

图 9.8　带有头结点的循环单链表

循环单链表的结构与前面所讨论的线性链表相比，具有以下两个特点：

（1）在循环单链表中有一个表头结点，其数据域为任意或者根据需要来设置，指针域指向线性表的第一个元素的结点。循环链表的头指针指向表头结点。

（2）循环链表中最后一个结点的指针域不是空，而是指向表头结点。

在循环链表中，只要指出表中任何一个结点的位置，就可以从它出发访问到表中其他所有的结点，而线性单链表做不到这一点。另外，由于在循环链表中设置了一个表头结点，因此，在任何情况下，循环链表中至少有一个结点存在，从而使空表与非空表的运算统一。

循环链表的插入和删除的方法与线性单链表基本相同。但由循环链表的特点可以看出，在对循环链表进行插入和删除的过程中，实现了空表与非空表的运算统一。

9.4　栈　与　队　列

9.4.1　栈及其基本运算

1. 栈的基本概念

栈是一种特殊的线性表，一端是封闭的，不允许进行插入与删除元素；另一端是开口的，允许插入与删除元素，即栈是限定在一端进行插入与删除的线性表。

在栈中，允许插入与删除的一端称为栈顶（top），而不允许插入与删除的另一端称为栈底（bottom）。栈顶元素总是最后被插入的元素，从而也是最先能被删除的元素；栈底元素总是最先被插入的元素,从而也是最后才能被删除的元素。即栈是按照"先进后出"(first in last out,FILO)或"后进先出"(last in first out,LIFO)的原则组织数据的。因此,栈也被称为"先进后出"表或"后进先出"表。

　　例如,将数据序列$\{A,B,C\}$中的元素依次送入栈中,再全部出栈,则得到的出栈序列为$\{C,B,A\}$,如图9.9所示。

　　由于入栈操作和出栈操作可以随意组合,对于输入的数据序列通过控制入栈和出栈的时机,就可能得到多种出栈的序列。例如,数据序列$\{A,B,C\}$除了$\{C,B,A\}$的出栈顺序外,图9.10中就分别得到$\{A,B,C\}$,$\{B,C,A\}$两种不同的出栈序列。

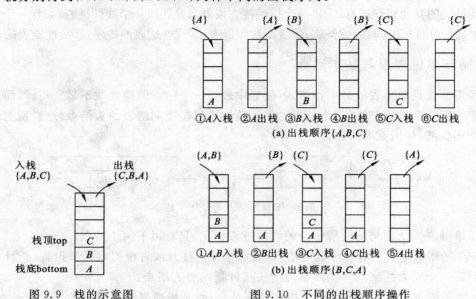

图 9.9　栈的示意图　　　　　图 9.10　不同的出栈顺序操作

　　数据序列$\{A,B,C\}$还可能有的出栈序列有 A 入,A 出,B 入,C 入,C 出,B 出,出栈序列是$\{A,C,B\}$;A 入,B 入,B 出,A 出,C 入,C 出,出栈序列是$\{B,A,C\}$。

　　但是,不可能得到$\{C,A,B\}$的出栈序列,因为在$\{A,B,C\}$全部入栈后,先把 C 出栈,此时在栈顶位置的数据元素是 B,不是 A,所以 A 不可能先于 B 出栈。

2. 栈的特点

　　(1) 栈顶元素总是最后被插入的元素,也是最早被删除的元素。

　　(2) 栈底元素总是最早被插入的元素,也是最晚才能被删除的元素。

　　(3) 栈具有记忆功能。

　　(4) 在顺序存储结构下,栈的插入和删除运算都不需要移动表中其他数据元素。

　　(5) 栈顶指针 top 动态反映了栈中元素的变化情况。当有新元素进栈时,栈顶指针向上移动;当有元素出栈时,栈顶指针向下移动,而栈底指针保持不变,栈中元素随着栈顶指针的变化而动态变化。

　　和线性表类似,栈也有两种存储方法,一是顺序栈,二是链式栈。栈的顺序存储结构是利用一组地址连续的存储单元一次存储自栈底到栈顶的数据元素,同时设指针 top 指示栈顶元素的位置。由于栈的操作是线性表操作的特例,相对而言链式栈的操作更易于实现。

3. 栈的基本运算

栈的基本运算有入栈、退栈与读栈顶元素三种。

（1）入栈运算。入栈运算是指在栈顶位置插入一个新元素，栈顶指针上移一位，即 top 加 1。当栈顶指针已经指向存储空间的最后一个位置时，说明栈空间已满，不可能再进行入栈操作。这种情况称为栈"上溢"错误。

（2）退栈运算。退栈运算是指取出栈顶元素并赋给一个指定的变量，栈顶指针下移一位，即 top 减 1。当栈顶指针为 0 时，即空栈时，不可能进行退栈操作。这种情况称为栈"下溢"错误。

（3）读栈顶元素。读栈顶元素是指将栈顶元素赋给一个指定的变量。该运算不删除栈顶元素，只是将它的值赋给一个变量，栈顶指针不会改变。当栈顶指针为 0 时，说明栈空，此时读不到栈顶元素。

9.4.2　队列

1. 队列的基本概念

队列是指允许在一端进行插入，而在另一端进行删除的线性表，如图 9.11 所示。允许插入的一端称为队尾，通常用一个称为尾指针（rear）的指针指向队尾元素，即尾指针总是指向最后被插入的元素；允许删除的一端称为队头，通常也用一个队头指针（front）指向队头元素的前一个位置。

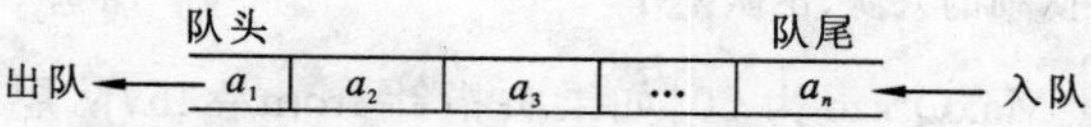

图 9.11　队列示例

显然，在队列这种数据结构中，最先插入的元素将最先能够被删除，反之，最后插入的元素将最后才能被删除。因此，队列又称为"先进先出"（FIFO）或"后进后出"（LILO）的线性表，它体现了"先来先服务"的原则。

往队列的队尾插入一个元素称为入队运算，从队列的队头删除一个元素称为退队运算。

和栈一样，队列也有顺序和链式两种存储结构。下面以顺序存储结构的顺序队列为例介绍队列的入队和出队操作。

设一个顺序队列的最大存储空间为 5，即 MaxQSize＝5，如图 9.12 所示，队列的初始状态为空，即 front＝rear＝0；执行入队操作时，在队列末尾插入一个元素，队尾指针 rear 加 1；执行出队操作时，删除队头的元素，队头指针 front 减 1。因此，经过 ABC 入队列，AB 出队列，D 入队列操作后，front 的值为 2，rear 的值为 4，如果再将 E 入队，则 rear＝5。如果此时还有数据元素要加入队列，则由于 rear 的值超过了 MaxQSize＝5 的最大存储空间而产生溢出，但此时队列中还有两个存储空间，因此这种因为多次入队和出队操作后出现的尚有存储空间而不能进行入队操作的溢出称为假溢出；而如果一个队列是因为存储空间已满而不能进行入队操作的溢出称为真溢出。

顺序队列中的假溢出问题可以采用循环队列来解决。

2. 循环队列及其基本运算

在实际应用中,队列的顺序存储结构一般采用循环队列的形式。

所谓循环队列,就是将队列存储空间的最后一个位置绕到第一个位置,形成逻辑上的环状结构,供队列循环使用,如图 9.13 所示。在循环队列结构中,当存储空间的最后一个位置已被使用而再要进行入队运算时,只要存储空间的第一个位置空闲,便可将元素加入到第一个位置,即存储空间的第一个位置作为队尾。

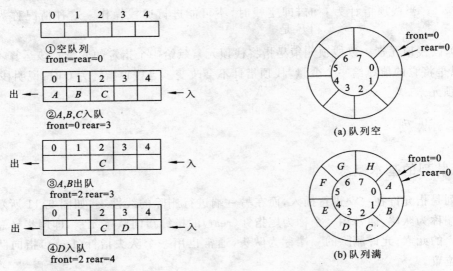

图 9.12　顺序队列的入队、出队操作　　　　图 9.13　顺序循环队列

设某循环队列的容量 MaxQSize 为 50,如果头指针 front＝45,队尾指针 rear＝10,则该队列中元素的个数为(rear－front＋MaxQSize)％ MaxQSize＝(10－45＋50)％50＝15,即有 15 个元素。

循环队列主要有入队与退队两种基本运算。

入队运算是指在循环队列的队尾加入一个新元素。每进行一次入队运算,队尾指针就进一。当循环队列非空且队尾指针等于队头指针时,说明循环队列已满,不能进行入队运算。这种情况称为"上溢"。

退队运算是指在循环队列的队头位置退出一个元素并赋给指定的变量。每进行一次退队运算,队头指针就进一。

9.5　树与二叉树

9.5.1　树的基本概念

树是一种简单的非线性结构,如图 9.14 所示。在这种数据结构中,所有数据元素之间的关系具有明显的层次特性。

树是 $N(N \geqslant 0)$ 个结点的有限集合,当 $N＝0$ 时称为空树,对于空树没有根结点,即根结点的个数为 0;对于非空树有且只有一个根结点,即树的根结点数目为 1。在树的图形表示中,在用直线连起来的两端结点中,上端结点是前件,下端结点是后件。

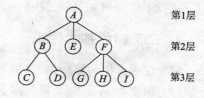

图 9.14　树的示意图

（1）父结点。在树结构中,每一个结点只有一个前件,这个前件称为父结点。在图 9.14 中结点 B 是结点 C 和 D 的父结点。

（2）根结点。没有前件的结点只有一个,称为树的根结点,简称为树的根。在图 9.15 中结点 A 是树的根结点。

（3）子结点。在树结构中,每一个结点可以有多个后件,这些后件都称为该结点的子结点。在图 9.14 中,结点 B,E 和 F 是根结点 A 的子结点,结点 C 和 D 是结点 B 的子结点。

（4）叶子结点。没有后件的结点称为叶子结点。在图 9.14 中,结点 C,D,E,G,H 和 I 均是叶子结点。

（5）结点的度。在树结构中一个结点所拥有的后件个数。在图 9.14 中,根结点 A 的度为 3,结点 B 的度为 2,结点 F 的度为 3,而叶子结点的度为 0。

（6）树的度。在树中所有结点中的最大的度。图 9.14 中树的度为 3。

（7）树的深度。树的最大层次。图 9.14 中树的深度为 3。

9.5.2　二叉树的定义及其存储结构

1. 二叉树的基本概念

二叉树是一种非线性结构,前面介绍的所有术语都可以用到二叉树这种数据结构上。

二叉树具有以下两个特点:①非空二叉树只有一个根结点;②每一个结点最多有两棵子树,且分别称为该结点的左子树与右子树,如图 9.15 所示。

由这两个特点可以看出:①在二叉树中每一个结点的度最大为 2,即所有子树(左子树或右子树)也都是二叉树;②二叉树中的每一个结点的子树被明显地分为左子树与右子树,在二叉树中,一个结点可以只有左子树而没有右子树,也可以只有右子树而没有左子树;③当一个结点既没有左子树也没有右子树时,该结点即是叶子结点。

在二叉树中有两个特殊形态的树,即满二叉树和完全二叉树。

满二叉树是指除最后一层外,每一层上的所有结点都有两个叶子结点。也就是说,在满二叉树中,每一层上的结点数都达到了最大数,如图 9.16 所示。

完全二叉树是指除最后一层外,每一层上的结点数都达到最大值,而在最后一层上只缺少右边的若干结点,如图 9.17 所示。

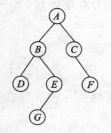 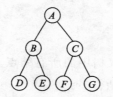

图 9.15　二叉树的示意图　　　图 9.16　深度为 3 的满二叉树　　　图 9.17　深度为 3 的完全二叉树

从以上定义可知,满二叉树一定是完全二叉树,但完全二叉树不一定是满二叉树。

2. 二叉树的基本性质

(1) 在二叉树的第 k 层上,最多有 $2^{k-1}(k \geqslant 1)$ 个结点。

(2) 深度为 m 的二叉树最多有 2^m-1 个结点。

例如,在深度为 5 的满二叉树中,每层上的结点数都达到最大值,即这个满二叉树共有 $2^5-1=31$ 个结点,而在第 2 层有 $2^{2-1}=2$ 个结点,第 3 层上有 $2^{3-1}=4$ 个结点,第 4 层上有 $2^{4-1}=8$ 个结点,而第 5 层上有 $2^{5-1}=16$ 个结点。由于第 5 层是最外层,这一层上的结点都是叶子结点,则该满二叉树上的叶子结点个数为 16。

(3) 在任意一棵二叉树中,度为 0 的结点(即叶子结点)总是比度为 2 的结点多一个。即,如果叶子结点个数为 n_0,度为 2 的结点数为 n_2,则有 $n_0=n_2+1$。

例如,某二叉树中度为 2 的结点有 18 个,根据性质 3 可知,度为 0 的结点(叶子结点)数目总是比度为 2 的结点数多一个,故该二叉树中有 19 个叶子结点。在图 9.15 所示的二叉树中叶子结点有 3 个(即 D,G,F),度为 2 的结点有 2 个(即 A,B),因此度为 0 的结点个数总是比度为 2 的结点多一个。

(4) 具有 n 个结点的二叉树,其深度至少为 $[\log_2 n]+1$,其中 $[\log_2 n]$ 表示取 $\log_2 n$ 的整数部分。

如果一棵完全二叉树共有 699 个结点,在该二叉树中有多少叶子结点呢?我们分析可知,在完全二叉树中,只存在度为 2 的结点和度为 0 的结点,因此,$n_0+n_2=699$;根据二叉树的性质(3)$n_0=n_2+1$,所以 $2n_2+1=699$,因此 $n_2=349,n_0=350$。而根据性质(4)可知,$2^{10}-1>699>2^9-1$,所以该完全二叉树的深度为 10,而且 1 至 9 层是全满的,结点总数为 511,则剩下的 188 个就是叶子节点。第 10 层上的 188 个结点挂在第 9 层的 $188/2=94$ 个结点上,则第 9 层剩下的 $2^{9-1}-94=162$ 个也是叶子结点,所以也可以得到这个完全二叉树总共有 $188+162=350$ 个叶子结点。

3. 二叉树的存储结构

在计算机中,二叉树通常采用链式存储结构。用于存储二叉树中各元素的存储结点也是由数据域与指针域两部分组成。

但在二叉树中,由于每一个元素可以有两个后件,即两个子结点,用于存储二叉树的存储结点的指针域有两个:一个用于指向该结点的左子结点的存储地址,称为左指针域;另一个用于指向该结点的右子结点的存储地址,称为右指针域。

9.5.3 二叉树的遍历

二叉树的遍历是指不重复地访问二叉树中的所有结点。由于二叉树是一种非线性结构,因此对二叉树的遍历要比遍历线性表复杂得多。

在遍历二叉树的过程中,一般先遍历左子树,然后再遍历右子树。在先左后右的原则下,根据访问根结点的次序,二叉树的遍历可以分为前序遍历(DLR)、中序遍历(LDR)和后序遍历(LRD)三种。

（1）前序遍历。所谓前序遍历是指首先访问根结点,然后遍历左子树,最后遍历右子树;并且,在遍历左、右子树时,仍然先访问根结点,然后遍历左子树,最后遍历右子树。前序遍历图 9.18 所示的二叉树,结点的访问顺序为 $e \rightarrow b \rightarrow a \rightarrow d \rightarrow c \rightarrow f \rightarrow g$。

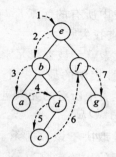
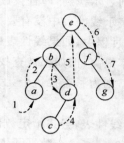

图 9.18　前序遍历　　　　　　　　　图 9.19　中序遍历

（2）中序遍历。所谓中序遍历是指首先遍历左子树,然后访问根结点,最后遍历右子树;并且,在遍历左、右子树时,仍然先遍历左子树,然后访问根结点,最后遍历右子树。中序遍历图 9.19 所示的二叉树,结点的访问顺序为 $a \rightarrow b \rightarrow c \rightarrow d \rightarrow e \rightarrow f \rightarrow g$。

（3）后序遍历。所谓后序遍历是指首先遍历左子树,然后遍历右子树,最后访问根结点;并且,在遍历左、右子树时,仍然先遍历左子树,然后遍历右子树,最后访问根结点。后序遍历图 9.20 所示的二叉树,结点的访问顺序为 $a \rightarrow c \rightarrow d \rightarrow b \rightarrow g \rightarrow f \rightarrow e$。

如果已知二叉树后序遍历序列是 $dabec$,中序遍历序列是 $debac$,通过分析我们可以确定这个二叉树的结构:依据后序遍历序列可以确定根结点为 c;再依据中序遍历序列可知其左子树由 $deba$ 构成,右子树为空;又由左子树的后序遍历序列可知其根结点为 e,由中序遍历序列可知其左子树为 d,右子树由 ba 构成,因此可以得到二叉树的图形如图 9.21 所示,因此该二叉树的前序遍历序列是 $cedba$。

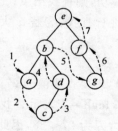
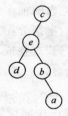

图 9.20　后序遍历　　　　　　图 9.21　根据中序和后序遍历序列
　　　　　　　　　　　　　　　　　　而得到的二叉树图

9.6　查找与排序

查找是指在一个给定的数据结构中查找某个指定条件的数据元素。通常,对于不同的数据结构需要采用不同的查找方法。

9.6.1　顺序查找算法

顺序查找又称顺序搜索,是最基本的一种查找方法。顺序查找一般是指在线性表中查找指定的元素,其基本方法是,从线性表的第一个元素开始,依次将线性表中的元素与被查找元素进行比较,若相等则表示找到,即查找成功;若线性表中所有的元素都与被查找元素进行了比较但都不相等,则表示线性表中没有要找的元素,即查找失败。

在进行顺序查找过程中,如果线性表中的第一个元素就是被查找元素,则只需做一次比较就查找成功,查找效率最高;但如果被查找的元素是线性表中的最后一个元素,或者被查找元素根本不在线性表中,则为了查找这个元素需要与线性表中所有的元素进行比较,这是顺序查找的最坏情况。

对于长度为 n 的线性表,查找给定数值的比较次数取决于该数据元素在线性表中的所在位置。如果查找第 $i(0 \leqslant i < n)$ 个数据元素成功,所进行的比较次数为 $i+1$;当查找不成功,则需要的比较次数为 n。在平均情况下,利用顺序查找法在线性表中查找一个元素,若查找各元素的概率相等,查找成功的平均查找长度为线性表长度的一半,查找不成功的平均查找长度为线性表的长度。

由此可以看出,顺序查找主要用于数据量较小的线性表,而对于大的线性表来说,顺序查找的效率是很低的。虽然顺序查找的效率不高,但在下列两种情况下也只能采用顺序查找:①如果线性表为无序表(即表中元素的排列是无序的),则不管是顺序存储结构还是链式存储结构,都只能用顺序查找;②即使是有序线性表,如果采用链式存储结构,也只能用顺序查找。

9.6.2　二分法查找算法

对于已经排序的顺序表,除了顺序查找外,还可以采用二分法查找,这种方法只适用于顺序存储的有序表。

设有序线性表的长度为 n,被查找元素为 x,则二分查找的方法就是将 x 与线性表的中间项进行比较:①若中间位置的数据元素值等于 x,说明查找成功,则查找结束;②若 x 小于中间位置的数据元素值,则在线性表的前半部分用相同的方法进行查找;③若 x 大于中间位置的数据元素值,则在线性表的后半部分用相同的方法进行查找。

重复这个过程,一直进行到查找成功或不成功为止。

设已按升序排列的线性表{13,27,30,38,49,65,76,97},现要查找值为 27 的数据元素,查找过程如图 9.22 所示,其中 low＝0 表示查找范围的下限,high＝7 表示查找的上限,mid＝(low＋high)/2＝3 表示查找的中间位置。在第一次比较时,因为 27＜38,因此将继续查找顺序表的前半部分。这时新的查找范围是 low＝0,high＝2,而 mid＝(low＋high)/2＝1。第二次比较时,mid 所指向的数据元素值正好等于 27,表示查找数据成功。如果要查找值为 28 的数据元素,则进行两次查找后出现查找不成功。

二分查找方法是基于数据表的顺序存储和有序排列基础之上的,在每次对关键字进行比较后,查找范围缩小一半,因此在顺序表长度相同的情况下,二分查找的效率要比顺序查找的效率高。对于长度为 n 的有序线性表,在最坏情况下,二分查找需要比较 $\log_2 n$ 次,而顺序查找需要比较 n 次。

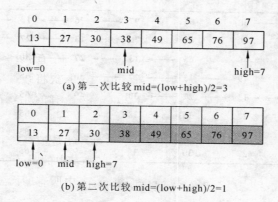

(a) 第一次比较 mid=(low+high)/2=3

(b) 第二次比较 mid=(low+high)/2=1

图 9.22　二分法查找

9.6.3　基本排序算法

排序是指将数据序列按指定关键字重新排列成有序序列的过程。排序是线性表的一种基本操作,广泛应用于软件系统中,对经过排序的线性表进行查找操作可以得到很高的查找效率。排序的方法有很多,根据待排序序列的规模以及对数据处理的要求,可以采用不同的排序方法。

排序可以在各种不同的存储结构上实现。在本小节所介绍的排序方法中,其排序的对象是顺序存储的线性表,在程序设计语言中就是一维数组。

1. 交换类排序

这类排序方法本质上都是通过数据元素的交换来逐步消除线性表中的逆序,从而得到有序的线性表。

1) 冒泡排序法

冒泡排序法是一种最简单的交换类排序方法,它是通过相邻数据元素的交换逐步将线性表变成有序。

冒泡排序法的基本思想是:首先,从表头开始往后扫描线性表,在扫描过程中逐次比较相邻两个元素的大小。若相邻两个元素中,前面的元素大于后面的元素,则将它们互换,称之为消去了一个逆序。显然,在扫描过程中,不断地将两相邻元素中的大者往后移动,最后就将线性表中的最大者换到了表的最后,这也是线性表中最大元素应有的位置。

然后,对剩下的线性表重复上述过程。对有 n 个数据元素的线性表进行 $n-1$ 趟的处理,线性表即成为有序表。在上述排序过程中,对线性表的每一次来回扫描后,都将其中的最大者沉到了表的底部,最小者像气泡一样冒到表的前头。冒泡排序由此而得名,且冒泡排序又称下沉排序。

如有数据序列{49,38,65,97,76,13,27,30}有 8 个元素,现用冒泡法按升序排列,排序过程如图 9.23 所示。

对长度为 n 的线性表使用冒泡排序法,最好情况是数据的初始序列已经排好序,只需要进行一次扫描,比较 n 次,不做数据的移动,时间复杂度为 $O(n)$;最坏情况是数据元素反序排

初始序列	{49 ⟷ 38	65	97 ⟷ 76 ⟷ 13 ⟷ 27 ⟷ 30}				
第1趟	{38	49	65	76 ⟷ 13 ⟷ 27 ⟷ 30}			97
第2趟	{38	49	65 ⟷ 13 ⟷ 27 ⟷ 30}			76	97
第3趟	{38	49 ⟷ 13 ⟷ 27 ⟷ 30}			65	76	97
第4趟	{38 ⟷ 13 ⟷ 27 ⟷ 30}			49	65	76	97
第5趟	{13	27	30}	38	49	65	76	97
第6趟	{13	27}	30	38	49	65	76	97
第7趟	{13}	27	30	38	49	65	76	97

图 9.23　冒泡法排序过程

列,需要进行 $n-1$ 次扫描,比较次数和移动数据的次数都是 $n(n-1)/2$,时间复杂度为 $O(n^2)$。

2) 快速排序法

快速排序可以实现通过一次交换而消除多个逆序。

从线性表中选取一个元素 T 作为基准值,将线性表后面小于 T 的元素移到前面,而前面大于 T 的元素移到后面,结果就将线性表分成了两部分(称为两个子表)。T 插入到其分界线的位置处,这个过程称为线性表的分割。通过对线性表的一次分割,就以 T 为分界线,将线性表分成了前后两个子表,且前面子表中的所有元素均不大于 T,而后面子表中的所有元素均不小于 T。

如果对分割后的各子表再按上述原则进行分割,并且这种分割过程可以一直做下去,直到所有子表为空为止,则此时的线性表就变成了有序表。

对于数据序列 {49,38,65,97,76,13,27,30} 这 8 个元素,快速排序的过程如图 9.24 所示。

设 i 表示数据序列中前面元素的下标,j 表示序列中后面元素的下标。最初 $i=0,j=7$,首先取第一个元素 49 作为基准值,将 a_j(即 a_7)元素与基准值进行比较,若小于基准值则将其移到 a_i(即 a_0)的位置上,然后将 $i+1$,即 $i=1$,此时 j 位置空出来;再将 a_i 元素与基准值进行比较,若大于基准值则将其移到 a_j(即 a_7)位置上,然后将 $j-1$,即 $j=6$;如此重复,直到 $i=j$ 时数据序列中的每个元素都与基准值进行过比较,已经将小于基准值的元素都移到了数据序列的前端,将大于基准值的元素都移到了数据序列的后端,这时 $i(j)$ 位置则是基准值的最终位置。如图 9.24 所示,在一趟分割过程中,只用赋值 6 次就使得 5 个元素移动了位置。

49	38	65	97	76	13	27	30
{30	38	27	13}	49	{76	97	65}
{13	27 }	30	{38}	49	{76	97	65}
13	{27}	30	38	49	{76	97	65}
13	27	30	38	49	{65}	65	{97}
13	27	30	38	49	65	65	97

图 9.24　快速排序的过程

快速排序的一趟排序将一个数据序列分割为两个子序列,每个子序列都比较短,再对两个子序列分别进行排序。最好情况下每趟排序是将序列划分为两个长度相近的子序列,

比较次数是 $n\log_2 n$，时间复杂度为 $O(n\log_2 n)$；最坏情况是每趟将序列划分为两个长度差别很大的子序列，则比较次数为 $n(n-1)/2$，时间复杂度为 $O(n^2)$。

2. 选择类排序

1）简单选择排序法

简单选择法排序又称为直接选择法排序，其基本思想是，第一趟从 n 个数据元素中选出值最小（或最大）的元素，并将其与表的最前面（或最后面）位置元素进行交换；然后从剩下的 $n-1$ 个元素中选出值最小（或最大）的元素，并其与放在表的次前面（或次后面）位置元素进行交换，以此类推，经过 $n-1$ 趟排序可得到升序（或降序）数据序列。

对于数据序列 $\{49,38,65,97,76,13,27,30\}$ 采用简单选择法排序的过程如图 9.25 所示。

{49	38	65	97	76	13	27	30 }	初始序列
13	{38	65	97	76	49	27	30 }	选出最小值13
13	27	{65	97	76	49	38	30 }	选出最小值27
13	27	30	{97	76	49	38	65 }	选出最小值30
13	27	30	38	{76	49	97	65 }	选出最小值38
13	27	30	38	49	{76	97	65 }	选出最小值49
13	27	30	38	49	65	{97	76 }	选出最小值65
13	27	30	38	49	65	76	{97}	选出最小值76

图 9.25　简单选择法排序

简单选择法排序的比较次数与数据序列的初始排列无关，第 i 趟排序的比较次数为 $n-i$，总的比较次数为 $n(n-1)/2$ 次。而数据元素的移动次数与数据的初始排列有关，最好情况下移动 0 次，最坏情况下 $3(n-1)$ 次，因此时间复杂度为 $O(n^2)$。

2）堆排序

堆排序是基于完全二叉树的排序，其基本思想是，将数据序列"堆"成树状，每趟只遍历树中的一条路径。根据堆的定义，可以得到堆排序的步骤如下：①首先将一个数据序列建成堆序列，根结点的值最小（或最大）；②然后采用选择排序思想，每趟将根结点值交换到后面，将堆顶元素（序列中的最大项）与堆中最后一个元素交换，再将其余值调整成堆。

不考虑已经换到最后的那个元素，只考虑前 $n-1$ 个元素构成的子序列，反复做第②步，直到排序完成。

堆排序的方法对于规模较小的线性表并不适合，但对于较大规模的线性表来说是很有效的。将一个序列调整为堆的时间复杂度为 $O(\log_2 n)$，因此堆排序的时间复杂度为 $O(n\log_2 n)$。

3. 插入类排序

插入排序是指每趟将一个元素按其值的大小插入到一个已经排好序的序列中，插入后的数据序列仍然是有序的。

1）简单插入排序法

所谓插入排序，是指将数据序列中的各元素依次插入到已经有序的线性表中。我们可以想象,在线性表中,只包含第1个元素的子表显然可以看成是有序表。接下来的问题是,从线性表的第2个元素开始直到最后一个元素,逐次将其中的每一个元素插入到前面已经有序的子表中。

一般来说,假设线性表中前 $j-1$ 个元素已经有序,现在要将线性表中第 j 个元素插入到前面的有序子表中,插入过程如下:首先将第 j 个元素放到一个变量 T 中,然后从有序子表的最后一个元素(即线性表中第 $j-1$ 个元素)开始,往前逐个与 T 进行比较,将大于 T 的元素均依次向后移动一个位置,直到发现一个元素不大于 T 为止,此时就将 T(即原线性表中的第 j 个元素)插入到刚移出的空位置上,有序子表的长度就变为 j 了。

数据序列 $\{49,38,65,97,76,13,27,30\}$ 的简单插入排序过程如图 9.26 所示。

{49}	38	65	97	76	13	27	30	
{38	49}	65	97	76	13	27	30	第1趟插入38
{38	49	65}	97	76	13	27	30	第2趟插入65
{38	49	65	97}	76	13	27	30	第3趟插入97
{38	49	65	76	97}	13	27	30	第4趟插入76
{13	38	49	65	76	97}	27	30	第5趟插入13
{13	27	38	49	65	76	97}	30	第6趟插入27
{13	27	30	38	49	65	76	97}	第7趟插入30

图 9.26　简单插入排序过程

在简单插入排序法中,每一次比较后最多移掉一个逆序,因此这种排序方法的效率与冒泡排序法相同。最好情况下,数据序列已排序,总的比较次数为 $n-1$ 次,时间复杂度为 $O(n)$;在最坏情况下,数据序列反序排列,需要 $n(n-1)/2$ 次比较,时间复杂度为 $O(n^2)$;在数据序列随机排列的情况下,比较次数为 $n^2/4$,时间复杂度为 $O(n^2)$。

2) 希尔排序法

希尔排序又称缩小增量排序,其基本思想是分组的直接插入排序。

由直接插入排序算法分析可知,若数据序列越接近有序,则时间效率越高;再者,当 n 较小时,时间效率也较高。希尔排序正是基于这两点对直接插入排序算法进行改进,将整个无序序列分割成若干小的子序列分别进行插入排序。

排序分割方法如下:①将一个数据序列分成若干组,每组由若干相隔一段距离的元素组成,这段距离称为增量,在一个组内采用直接插入排序算法进行排序;②增量的初值通常为数据序列长度的一半,以后每趟增量逐渐缩小,最后值为1,随着增量逐渐减小,组数也减小,组内元素个数增加,整个序列则接近有序,当增量为1时,只有一个组,元素是整个序列,再进行一次直接插入排序即可。

将相隔某个增量 h 的元素构成一个子序列。在排序过程中,逐次减小这个增量,最后当 h 减到1时,进行一次插入排序,排序就完成。

对于数据序列 $\{49,38,65,97,76,13,27,30\}$ 采用希尔排序,第一趟排序时,初始增量为数据序列长度的一半,即 $h=4$。这样相隔4个的数据组成4个子序列,在各个子序列中采用直接插入排序方法进行排序;第二趟时,增量 $h=2$,组成2个子序列,在这两个子序列中分别用直接插入法排序;第三趟时,增量 $h=1$,所有元素组成一个序列,再进行一次直接插入排序,得到最终的排序结果。具体的排序过程如图 9.27 所示。

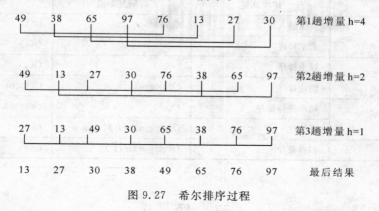

图 9.27 希尔排序过程

在希尔排序过程中,虽然对于每一个子表采用的仍是插入排序,但是在子表中每进行一次比较就有可能移去整个线性表中的多个逆序,从而改善了整个排序过程的性能。

希尔排序算法的时间复杂度分析比较复杂,实际的排序效率与所选取的增量序列有关。如果选取上述增量序列,希尔排序的时间复杂度为 $O(n^{1.5})$。

4. 归并排序

归并排序是将两个已排序的子序列合并,形成一个已排序数据序列。

n 个元素的数据序列可看成是由 n 个长度为 1 的已排序子序列组成,反复将相邻的两个子序列归并为一个已排序的子序列,直到合并成一个序列,排序完成。

数据序列 $\{49,38,65,97,76,13,27,30\}$ 的归并排序过程如图 9.28 所示。

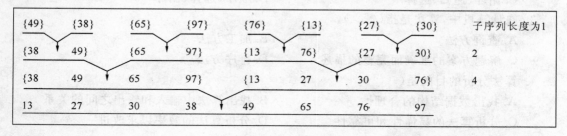

图 9.28 归并排序过

n 个元素的归并排序,每趟比较 $n-1$ 次,共进行 $\log_2 n$ 趟,因此时间复杂度为 $O(n\log_2 n)$。

本节共介绍了 7 种排序算法,其中直接插入排序、冒泡排序、直接选择排序等算法的时间复杂度为 $O(n^2)$,这些排序算法简单易懂,思路清楚,算法结构为两重,共进行 $n-1$ 趟,每趟排序将一个元素移动到排序后的位置。数据比较和移动在相邻两个元素之间进行,每趟排序与上一趟之间存在较多重复的比较、移动和交换,因此排序效率较低。另一类排序算法有希尔排序、快速排序、堆排序及归并排序,这些算法设计各有巧妙之处,其共同的特点是,与相距较远的元素进行比较,数据移动距离较远,跳跃式地向目的地前进,避免了许多重复的比较和交换各种排序方法的性能比较,见表 9.1。

表 9.1　排序算法性能比较

算法思路	排序算法	时间复杂度	空间复杂度
插入	直接插入排序	$O(n^2)$	$O(1)$
	希尔排序	$O(n^{1.5})$	$O(1)$
交换	冒泡排序	$O(n^2)$	$O(1)$
	快速排序	$O(n\log_2 n)$	$O(\log_2 n)$
选择	简单选择排序	$O(n^2)$	$O(1)$
	堆排序	$O(n\log_2 n)$	$O(1)$
归并	归并排序	$O(n\log_2 n)$	$O(n)$

习　题　9

一、单选题

1. 下面叙述正确的是(　　)。

   A. 算法的执行效率与数据的存储结构无关

   B. 算法的空间复杂度是指算法程序中指令(或语句)的条数

   C. 算法的有穷性是指算法必须能在执行有限个步骤之后终止

   D. 以上三种描述都不对

2. 算法一般都可以用哪几种控制结构组合而成(　　)。

   A. 循环、分支、递归　　　　　　　　　B. 顺序、循环、嵌套

   C. 循环、递归、选择　　　　　　　　　D. 顺序、选择、循环

3. 在计算机中,算法是指(　　)。

   A. 查询方法　　　　　　　　　　　　　B. 加工方法

   C. 解题方案的准确而完整的描述　　　　D. 排序方法

4. 算法分析的目的是(　　)。

   A. 找出数据结构的合理性　　　　　　　B. 找出算法中输入和输出之间的关系

   C. 分析算法的易懂性和可靠性　　　　　D. 分析算法的效率以求改进

5. 用链表表示线性表的优点是(　　)。

   A. 便于插入和删除操作　　　　　　　　B. 数据元素的物理顺序与逻辑顺序相同

   C. 花费的存储空间较顺序存储少　　　　D. 便于随机存取

6. 单链表中,增加头结点的目的是(　　)。

   A. 方便运算的实现　　　　　　　　　　B. 使单链表至少有一个结点

   C. 标识表结点中首结点的位置　　　　　D. 说明单链表是线性表的链式存储实现

7. 链表不具有的特点是(　　)。

   A. 不必事先估计存储空间　　　　　　　B. 可随机访问任一元素

   C. 插入删除不需要移动元素　　　　　　D. 所需空间与线性表长度成正比

8. 循环链表的主要优点是(　　)。

A. 不再需要头指针了

B. 从表中任一结点出发都能访问到整个链表

C. 在进行插入、删除运算时,能更好地保证链表不断开

D. 已知某个结点的位置后,能够容易地找到它的直接前件

9. 非空的循环单链表 head 的尾结点(由 p 所指向),满足( )。

A. p->next==NULL   B. p==NULL

C. p->next=head   D. p=head

10. 线性表 $L=(a_1,a_2,a_3,\cdots,a_i,\cdots,a_n)$,下列说法正确的是( )。

A. 每个元素都有一个直叫前件和直接后件

B. 线性且中至少要有一个元素

C. 表中诸元素的排列顺序必须是由小到大或由大到小

D. 除第一个元素和最后一个元素外,其余每个元素都有一个且只有一个直接前件和直接后件

11. 线性表若采用链式存储结构时,要求内存中可用存储单元的地址( )。

A. 必须是连续的   B. 部分地址必须是连续的

C. 一定是不连续的   D. 连续不连续都可以

12. 栈底至栈顶依次存放元素 A,B,C,D,在第 5 个元素 E 入栈前,栈中元素可以出栈,则出栈序列可能是( )。

A. $ABCED$ B. $DBCEA$ C. $CDABE$ D. $DCBEA$

13. 由两个栈共享一个存储空间的好处是( )。

A. 减少存取时间,降低下溢发生的几率   B. 节省存储空间,降低上溢发生的几率

C. 减少存取时间,降低上溢发生的几率   D. 节省存储空间,降低下溢发生的几率

14. 已知一棵二叉树前序遍历访问顺序是 $abdgcefh$,中序遍历访问顺序是 $dgbaechf$,则该二叉树的后序遍历为( )。

A. $bdgcefha$ B. $gdbecfha$ C. $bdgaechf$ D. $gdbehfca$

15. 如果进栈序列为 $e1,e2,e3,e4$,则下列可能的出栈序列是( )。

A. $e3,e1,e4,e2$ B. $e2,e4,e3,e1$ C. $e3,e4,e1,e2$ D. 任意顺序

16. 对长度为 N 的线性表进行顺序查找,在最坏情况下所需要的比较次数为( )。

A. $N+1$ B. N C. $(N+1)/2$ D. $N/2$

17. 已知数据表 A 中每个元素距其最终位置不远,为节省时间,应采用的算法是( )。

A. 堆排序   B. 直接插入排序   C. 快速排序   D. 直接选择排序

18. 希尔排序法属于( )类型的排序法。

A. 交换类排序法   B. 插入类排序法   C. 选择类排序法   D. 建堆排序法

19. 在下列几种排序方法中,要求内存量最大的是( )。

A. 插入排序   B. 选择排序   C. 快速排序   D. 归并排序

20. 最简单的交换排序方法是( )。

A. 快速排序   B. 选择排序   C. 堆排序   D. 冒泡排序

21. 假设线性表的长度为 n,则在最坏情况下,冒泡排序需要的比较次数为( )。

A. $\log_2 n$ B. n^2 C. $n^{1.5}$ D. $n(n-1)/2$

22. 在待排序的元素序列基本有序的前提下,效率最高的排序方法是(　　)。

A.冒泡排序　　　　B.选择排序　　　　C.快速排序　　　　D.归并排序

二、填空题

1. 一个栈的初始状态为空。首先将元素 5,4,3,2,1 依次入栈,然后退栈一次,再将元素 A,B,C,D 依次入栈,之后将所有元素全部退栈,则所有元素退栈(包括中间退栈的元素)的顺序为_____。

2. 在最坏情况下,堆排序需要比较的次数为_____。

3. 在最坏情况下,冒泡排序的时间复杂度为_____。

4. 在长度为 N 的有序线性表中进行二分查找。最坏的情况下,需要的比较次数为_____。

5. 冒泡排序算法在最好的情况下的元素交换次数为_____。

6. 长度为 N 的顺序存储线性表中,当在任何位置上插入一个元素概率都相等时,插入一个元素所需移动元素的平均个数为_____。

7. 设一棵完全二叉树共有 500 个结点,则在该二叉树中有_____个叶子结点。

8. 一棵二叉树有 10 个度为 1 的结点,7 个度为 2 的结点,则该二叉树共有_____个结点。

第10章　程序设计基础

程序设计是指设计、编制、调试程序的方法和过程。程序设计方法是研究问题求解如何进行系统构造的软件方法学。常用的程序设计方法有结构化程序设计方法和面向对象程序设计方法。

10.1　程序设计方法与风格

除了好的程序设计方法和技术之外,程序设计风格也是很重要的。因为程序设计风格会深刻地影响软件的质量和可维护性,良好的程序设计风格可以使程序结构清晰合理,使程序代码便于维护。因此,程序设计风格对保证程序的质量是很重要的。

一般来讲,程序设计风格是指编写程序时所表现出的特点、习惯和逻辑思路。因为程序是人编写的,在测试和维护程序时,需要阅读和跟踪程序,因此程序设计的风格应该强调简单和清晰,更注重程序的可理解性。著名的"清晰第一,效率第二"的论点已成为当今主导的程序设计风格。

要形成良好的程序设计风格,主要应注意和考虑下述一些因素。

(1) 源程序文档化。源程序文档化应考虑如下几点:①符号名的命名,符号名的命名应具有一定的实际含义,以方便对程序功能的理解;②程序注释,正确的注释能够帮助读者理解程序,注释一般分为序言性注释和功能性注释,序言性注释通常位于每个程序的开头部分,它给出程序的整体说明,主要描述内容可以包括程序标题、程序功能说明、主要算法、接口说明、程序位置、开发简历、程序设计者、复审者、复审日期、修改日期等,功能性注释的位置一般嵌在源程序体之中,主要描述其后的语句或程序做什么;③视觉组织,为使程序的结构一目了然,可以在程序中利用空格、空行、缩进等技巧使程序层次清晰。

(2) 数据说明的方法。在编写程序时,需要注意数据说明的风格,使程序中的数据说明更易于理解和维护。

(3) 语句的结构。程序应该简单易懂,语句构造应该简单直接,不应该为提高效率而把语句复杂化。

(4) 输入和输出。输入和输出的方式和格式应该尽可能地方便用户使用。

10.2　面向机器的程序设计

以汇编语言为代表的面向机器的程序设计方法。

要求开发者以机器的思考方式来编写程序代码,以汇编语言写出的程序与机器代码一一对应。

采用这种方法开发者不仅要熟悉诸如 CPU、寄存器、存储地址等计算机内部构造,还要熟悉计算机的直接运算指令,例如加、与、或的执行步骤,通常用于控制方面。

10.3　结构化的程序设计

10.3.1　结构化程序设计的基本概念

结构化程序设计的总体思想是采用模块化结构,自顶向下,逐步求精,即首先把一个复杂的大问题分解为若干相对独立的小问题。如果小问题仍比较复杂,则可以把这些小问题又继续分解成若干子问题,这样不断地分解,使得小问题或子问题容易用计算机来解决。这种把功能模块分离的程序设计方法,就叫"结构化程序设计"。从程序设计角度来看,功能模块分割使程序清晰易读,也使最重要的维护工作更容易。

对于分解出的每一个小问题或子问题编写出一个功能上相对独立的程序块来,这种像积木一样的程序块被称为模块。每个模块各个击破,最后再统一组装,这样,对一个复杂问题的解决就变成了对若干个简单问题的求解。这就是自顶向下,逐步求精的结构化程序设计方法。

图 10.1　功能模块图

例如,求一元二次方程 $ax^2+bx+c=0$ 的实根。先从最上层考虑,求解问题的算法可以分成三个小问题,即输入问题、求根问题和输出问题。这三个小问题就是求一元二次方程根的输入模块 M1、计算处理模块 M2 和输出模块 M3 三个功能模块。其中 M1 模块完成输入必要的原始数据即系数 a,b,c 的值,M2 模块根据求根算法求解,M3 模块完成所得结果即方程根的显示或打印。这样的划分,使求一元二次方程根的问题变成了三个相对独立的子问题,其模块结构如图 10.1 所示。

10.3.2　结构化程序设计方法的主要原则

(1) 自顶向下。程序设计时,应先考虑总体,后考虑细节;先考虑全局目标,后考虑局部目标。先从最上层总目标开始设计,逐步使问题具体化,不要一开始就过多追求众多的细节。

(2) 逐步求精。对复杂问题,应设计一些子目标作过渡,逐步细化。

(3) 模块化。一个复杂问题,肯定可以分解为若干稍简单的问题。模块化是把程序要解决的总问题分解为分问题,再进一步分解为更具体的小问题,每个小问题称为一个模块。

(4) 限制使用 goto 语句。

10.3.3　结构化程序的基本结构

结构化程序有顺序结构、选择结构、循环结构三种基本的结构,如图 10.2 所示。

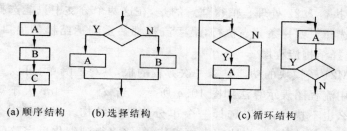

(a) 顺序结构   (b) 选择结构   (c) 循环结构

图 10.2 结构化程序的三种基本结构

1. 顺序结构

顺序结构是一种最简单、最基本和最常用的程序设计结构的,表示程序中的各操作是按照它们出现的先后顺序执行的。对于一元二次方程求根的问题可以按如图 10.1 所示的流程来处理。图中的三个矩形框分别表示输入模块、求根模块和输出模块三个处理步骤,而每个模块内可针对不同的要求进行不同的处理。M1 和 M3 模块是完成简单数据的输入和输出,可以直接设计出程序流程,不需要再分解。而 M2 模块是完成求根计算,要根据系数 a 的值来决定下一步的操作。

这种结构的特点是,程序从入口点开始,按顺序执行所有操作,直到出口点处,所以称为顺序结构。事实上,不论程序中包含了什么样的结构,而程序的总流程都是顺序结构的。

2. 选择结构

选择结构又称分支结构,选择结构表示程序的处理步骤出现了分支,它需要根据某一特定的条件选择其中的一个分支执行。选择结构有单分支选择、双分支选择和多分支选择三种形式。

在一元二次方程求根的问题中,M2 模块是完成求根计算,求根则需要首先判断二次项系数 a 是否为 0。当 $a=0$ 时,方程蜕化成一次方程,求根方法就不同于二次方程。如果 $a \neq 0$,则要根据 $b^2 - 4ac$ 的情况求二次方程的根。可见 M2 模块比较复杂,可以将其再细化成 M21 和 M22 两个子模块,分别对应一次方程和二次方程的求根,其模块结构如图 10.3 所示。

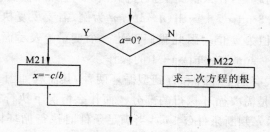

图 10.3 求根子模块的细化

双分支选择是典型的选择结构形式,它好比是一个有两个去向的路口,必须选择走其中一条,到底应该走哪条由"条件"(即 a 是否等于 0)决定。由图 10.3 中可见,在结构的入口点处是一个判断框,即图中的菱形框,表示程序流程出现了两个可供选择的分支,如果条件满足执

行 M21 处理,否则执行 M22 处理。值得注意的是,在这两个分支中只能选择一条且必须选择
一条执行,但不论选择了哪一条分支执行,最后流程都一定到达结构的出口点处。图 10.3 中
就采用了双分支选择结构流程图。

此次分解后,M21 子模块的功能是求一次方程的根,其算法简单,可以直接表示。M22 是
求二次方程的根,用流程图表示算法如图 10.4 所示。当 $d=b^2-4ac$ 大于等于 0 就求方程的
两个实根;否则什么也不执行,所以选择一个单分支选择结构。我们可以分别将 M1,M2 和
M3 的算法用流程图表示出来,再将这些模块组装,最终将得到细化后完整的流程图。

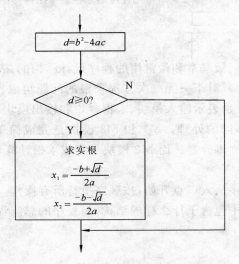

图 10.4　M22 子模块细化流程图

在选择结构中还有多分支选择结构,即要根据判断条件选择多个分支的其中之一执行。
不论选择了哪一条分支,最后流程要到达同一个出口处。如果所有分支的条件都不满足,则直
接到达出口。

3. 循环结构

循环结构表示程序反复执行某个或某些操作,直到某个条件为假(或为真)时才可终止循环。
在循环结构中最主要的问题是,什么情况下执行循环? 哪些操作需要循环执行?

以求解 $sum=1+2+3+4+5+\cdots+(n-1)+n$ 为例,需要反复执行的操作是加运算,从 1
开始加,一直到数据项的值为 n 止。因此我们设计一个变量 i 表示循环次数,当 $i\leqslant n$ 时执行
循环,每次循环执行 $sum=sum+i$ 和 $i=i+1$ 的操作。

循环结构的基本形式有当型循环和直到型循环两种,其流程如图 10.5 所示。图中虚线框
内的操作称为循环体,就是需要循环执行的部分。而什么情况下执行循环则要根据条件判断。

(1) 当型结构。表示先判断条件($i\leqslant n$),当满足条件时执行循环体,并且在循环终端处流
程自动返回到循环入口;如果条件不满足,则退出循环体直接到达流程出口处。因为是"当条
件满足时执行循环",即先判断后执行,所以称为当型循环。其流程如图 10.5(a)所示。

(2) 直到型循环。表示从结构入口处直接执行循环体,在循环终端处判断条件($i\geqslant n$),如果
条件不满足,返回入口处继续执行循环体,直到条件为真时再退出循环到达流程出口处,即先执
行后判断。因为是"直到条件为真时为止",所以称为直到型循环。其流程如图 10.5(b)所示。

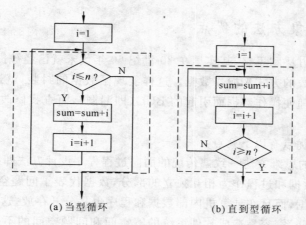

图 10.5　循环结构

可见,编制程序与建大楼一样,首先考虑大楼的整体结构而暂时忽略一些细节的问题,待把整体框架搭起来后,再逐步解决每个房间的细节问题。在程序设计中就是首先考虑问题的顶层设计,然后再逐步细化,完成底层设计。使用自顶向下、逐步细化的设计方法符合人们解决复杂问题的一般规律,是人们习惯接受的方法,可以显著地提高程序设计的效率。在这种自顶向下、分而治之的方法的指导下,实现了先全局后局部,先整体后细节,先抽象后具体的逐步细化过程。这样编写的程序具有结构清晰的特点,提高程序的可读性和可维护性。

10.4　面向对象的程序设计

10.4.1　面向对象程序设计思想

面向对象方法的本质就是主张用人类在现实生活中常用的思维方法来认识、理解和描述客观事物,从客观世界固有的特性出发来构造系统。在这个系统中,对象以及对象之间的关系能够如实地反映问题域中固有的事物及其关系。

随着程序的设计的复杂性增加,结构化程序设计方法又不够用了。不够用的根本原因是"代码重用"的时候不方便。面向对象的方法诞生了,它通过继承来实现比较完善的代码重用功能。

从某一角度来看,客观世界是由客观世界中的实体及其相互关系构成的,我们把客观世界中的实体抽象成问题空间的对象,于是我们得到了面向对象程序设计方法。对于面向对象设计我们可以用以下语言来描述:面向对象程序设计是通过对象,对象间消息传递等语言机制,使软件开发者在解空间中直接模拟问题空间中的对象及其行为,从而提供了一种直观的、自然的语言支持和方法学指导。

面向对象设计的基本操作单位为对象,即类的实例。在类中封装了属性和方法。对象间通过消息传递机制实现功能调用。面向对象思想的主要特征是封装性、继承性和多态性。使用封装、继承和多态等方法具体实现数据的安全操作、代码复用和方法重载。

10.4.2　面向对象方法的优点

面向对象的设计方法和思想，其实早在 20 世纪 60 年代末就已经被提出来了，其目的就是强制程序必须通过函数的方式来操作数据。这样实现了数据的封装，就避免了以前设计方法中的任何代码都可以随便操作数据而引起的 BUG（即漏洞），而查找修改这个 BUG 是非常困难的。

面向对象方法的优点有以下几点：

（1）与人类习惯的思维方法一致。传统的面向过程程序设计方法即结构化程序设计方法是以算法为核心，把数据和过程作为相互独立的部分，数据代表了问题空间中的各个实体，程序则用于处理这些数据，而且在计算机内部数据和程序也是分开存放，这种程序设计方法忽略了数据和操作之间的联系，容易造成软件系统的解空间和问题空间的不一致。面向对象的程序设计方法是以对象为核心。对象就是数据和操作的封装体，系统中的对象以及对象之间的关系能够真实地反映问题空间中的问题及其相互关系。

（2）稳定性好。传统的面向过程程序设计方法中系统的开发是基于功能分析和功能分解的，当系统的功能需求发生变化时软件系统就需要做大量的修改，因此系统是不稳定的。而面向对象方法是基于对象的，系统的开发是根据问题空间的模型建立的，而不是针对功能分解，当功能需求发生变化时只需做一些局部的修改即可，不用对软件系统的结构进行修改，因此软件系统是稳定的。

（3）可重用性好。可重用性是提高软件生产效率的重要方法，是指在不同的软件开发过程中重复使用相同或相似软件元素的过程。传统的面向过程方法是利用调用函数库来实现模块化，体现代码重用，但是模块在设计时只用于完成一个相对独立的子功能，且模块功能内聚。如果要重用这些模块的话，其相应的数据也必须要重用，但实际应用中这些模块往往用于不同的数据，因此又必须修改相应的模块；而在面向对象方法中，数据和对这些数据的操作是紧密结合的，它们被完整地封装在这类对象中，使得对象的内部实现方法具有很好的独立性。

（4）易于开发大型软件产品。在面向对象程序设计方法开发软件系统时，把大型的软件产品看成是一系列相互独立的小产品来实现，不仅降低了开发的技术难度，也使得开发工作更容易管理。

（5）可维护性好。由于面向对象方法符合人类的思维习惯，开发出来的软件比较容易理解，且面向对象所特有的封装与继承机制使得开发的软件的调试、修改和扩充比较容易实现，同时面向对象方法开发的软件稳定性比较好，所有这些因素都使得用面向对象方法开发出来的软件可维护性好。

10.4.3　面向对象方法的基本概念

1. 类

在对一类实体进行归纳、抽象之后可以提取这类实体的数据和行为（或功能），将它们有机地结合成整体，形成类。比如，对时钟进行抽象后可以得到关于时钟的属性和操作，即时钟的属性有时（Hour）、分（Minute）、秒（Second）；时钟的操作有显示时间 ShowTime（）、设置时间 SetTime（）。

我们可以将时钟的属性和操作封装在一起,构成一个时钟类:

```
class Clock
{
    public:
        void ShowTime();
        void SetTime(int NewHour,int NewMinute,int NewSecond);
    private:
        int Hour,Minute,Second;
};
```

从上面的类定义可知,类是指具有共同属性、共同方法的对象的集合。

2. 对象

类是对象的抽象,而对象是对应类的一个实例,是面向对象方法中最基本的概念。比如,用 Clock 类创建了不同的对象,MyClock,MagicClock,DigitalClock 等对象。这些对象具有的基本特点如下:

(1)标识唯一性。对象是可以根据内在的本质特性来进行区分。

(2)分类性。对象可以将具有相同属性和操作的对象抽象成类。

(3)多态性。同一操作可以是不同对象的行为。

(4)封装性。对象的属性和操作都封装到类中,对于用户来说只能看到对象能够进行的操作(或外部特性),而对象属性的具体数据结构以及实现的具体算法就不用知道。对象的属性是对象的内部信息,对属性的访问和修改只能在对象内部完成。

(5)模块独立性好。对象是面向对象方法的基本模块,其内部的属性和方法紧密结合,操作方法只围绕着对象的属性来设置,因此模块的内聚性强。

3. 消息

消息是一个实例与另一个实例之间传递的信息。对象之间的信息传递就是通过消息进行。

接受消息的对象执行消息中指定的操作,将形式参数与参数表中相应的值结合起来。消息中只包含发送消息对象的要求,通知接受消息对象做哪些操作,但不指定接受消息对象应该怎么去完成这些操作。

消息的组成包括:①接收消息的对象的名称;②消息标识符,也称消息名;③零个或多个参数。

例如,MyClock 是 Clock 类的一个对象,现在要对这个对象设置新的时间,在 C++中可以向它发送消息:

```
MyClock.SetTime(10,30,0);
```

其中,MyClock 是接收消息的对象名,SetTime 是消息名,括号中的 10,30,0 则是消息的参数。

4. 继承

继承是使用一个已有的类来创建新类的方法,其中已有的类作为基类或父类,新建的类则作为派生类或子类。通过继承而得到的派生类能够直接获得基类或父类已有的性质和特征，而不必重复定义他们。

例如，现在需要定义一个带日历的时钟类，作为时钟它具有 Clock 类所有的属性和方法，但这个新类还带有日历功能，因此我们定义一个 Clock 类的派生类 DateClock：

```
class DateClock:public Clock
{
    public:
        void ShowDate();
        void SetDate(int NewYear,int NewMonth,int NewDay);
    private:
        int Year,Month,Day;
};
```

在这个 DateClock 类既有从基类中继承过来的 Hour，Minute，Second 属性和 ShowTime()，SetTime()方法，还具有新类 DateClock 中新定义的 Year，Month，Day 属性和 ShowDate()，SetDate()方法。

继承分单继承和多重继承。单继承指一个类只允许有一个父类，多重继承指一个类允许有多个父类。

5. 多态性

多态性是指同样的消息被不同的对象接受时可导致完全不同的行动的现象。例如运算符，对于加法运算符"＋"可以实现整型数之间、浮点数之间以及相互之间进行加法运算，同样的消息——加，被不同数据的对象——整型数或浮点数接收后，采用不同的方法进行加法运算，这就是典型的多态现象。

多态性机制不仅增加了面向对象软件系统的灵活性，还进一步减少了数据的冗余，显著提高了软件的可重用性和可扩充性。

10.5　面向构件的程序设计

面向构件的程序设计的基本思想是，创建和利用可复用的软件构件来解决应用软件开发问题，是面向对象技术发展的升华，体现了粗粒度、松耦合、及更高层次上的抽象。软件复用可提高开发质量和效率。由此产生的软件构件和基于构件的软件开发已成为软件业的方向。

面向构件的程序设计，使得软件系统不再是固化的整体系统，而是以构件间协同机制达到协同目标，以最小代价实现软件的随需而变和最大限度的成果共享。

基于构件的软件开发的好处如下：①开发工作构建在已有成果基础上；②可以控制开发复杂性；③可以控制软件系统部署复杂性；④简化整个软件需求和开发周期内的工作；⑤便于系统升级；⑥较好地利用熟悉的开发方法；⑦降低开发费用；⑧缩短投放市场的时间。

习　题　10

一、选择题

1. 下面描述中,符合结构化程序设计风格的是(　　)。

　　A. 使用顺序、选择和重复(循环)三种基本控制结构表示程序的控制逻辑

　　B. 模块只有一个入口,可以有多个出口

　　C. 注重提高程序的执行效率

　　D. 不使用 goto 语句

2. 下面概念中,不属于面向对象方法的是(　　)。

　　A. 对象　　　　　　B. 继承　　　　　　C. 类　　　　　　D. 过程调用

3. 对建立良好的程序设计风格,下面描述正确的是(　　)。

　　A. 程序应简单、清晰、可读性好　　　　B. 符号名的命名要符合语法

　　C. 充分考虑程序的执行效率　　　　　　D. 程序的注释可有可无

4. 下面对对象概念描述错误的是(　　)。

　　A. 任何对象都必须有继承性　　　　　　B. 对象是属性和方法的封装体

　　C. 对象间的通信靠消息传递　　　　　　D. 操作是对象的动态性属性

5. 在面向对象方法中,一个对象请求另一对象为其服务的方式是通过发送(　　)。

　　A. 调用语句　　　　B. 命令　　　　　　C. 口令　　　　　　D. 消息

6. 面向对象的设计方法与传统面向过程的方法有本质不同,它的基本原理是(　　)。

　　A. 模拟现实世界中不同事物之间的联系

　　B. 强调模拟现实世界中的算法而不强调概念

　　C. 使用现实世界的概念抽象地思考问题从而自然地解决问题

　　D. 鼓励开发者在软件开发的绝大部分中都用实际领域的概念去思考

7. 在设计程序时,应采纳的原则之一是(　　)。

　　A. 程序结构应有助于读者理解　　　　　B. 不限制 goto 语句的使用

　　C. 减少或取消注解行　　　　　　　　　D. 程序越短越好

8. 下面概念中,不属于面向对象方法的是(　　)。

　　A. 对象　　　　　　B. 继承　　　　　　C. 类　　　　　　D. 过程调用

9. 下面不属于软件设计原则的是(　　)。

　　A. 抽象　　　　　　B. 模块化　　　　　C. 自底向上　　　　D. 信息隐蔽

10. 对象实现了数据和操作的结合,是指对数据和数据的操作进行(　　)。

　　A. 结合　　　　　　B. 隐藏　　　　　　C. 封装　　　　　　D. 抽象

二、填空题

1. 结构化程序设计方法的主要原则可以概括为自顶向下、逐步求精、_____和限制使用 goto 语句。

2. 面向对象的程序设计方法中涉及的对象是系统中用来描述客观事物的一个_____。

3. 在面向对象方法中,信息隐蔽是通过对象的_____性来实现的。

4. 一个类可以从直接或间接的祖先中继承所有属性和方法。采用这个方法提高了软件的_____。

5. 面向对象的模型中,最基本的概念是对象和_____。

6. Jackson 结构化程序设计方法是英国的 M. Jackson 提出的,它是一种面向_____的设计方法。

7. 在面向对象的程序设计中,类描述是具有相似性质的一组_____。

8. 在面向对象方法中,类之间共享属性和操作的机制称为_____。

9. 类是一个支持集成的抽象数据类型,而对象是类的_____。

10. 在面向对象的设计中,用来请求对象执行某一处理或回答某些信息的要求,称为_____。

第 11 章 数据库设计基础

11.1 数据库系统概述

在信息化社会,信息资源是各领域的重要资源和财富。而计算机除了能长期保存大量的数据之外,还能高速查询,处理数据。因此,计算机成为现代信息处理必不可少的技术手段。数据库技术是对数据信息进行处理的技术,所以数据库技术成为信息处理的基础和核心。

11.1.1 数据库系统的发展

数据管理发展至今已经经历了人工管理阶段、文件系统阶段和数据库系统阶段三个阶段,见表 11.1。

表 11.1 数据管理三个阶段的比较

	背景与特点	人工管理阶段	文件系统阶段	数据库系统阶段
背景	应用背景	科学计算	科学计算、管理	大规模管理
	硬件背景	无直接存取存储设备	磁盘、磁鼓	大容量磁盘
	软件背景	没有操作系统	有文件系统	有数据库管理系统
	处理方式	批处理	联机实时处理、批处理	联机实时处理、分布处理、批处理
特点	数据的管理者	用户(程序员)	文件系统	数据库管理系统
	数据面向的对象	某一应用程序	某一应用	现实世界
	数据的共享程度	无共享,冗余度极大	共享性差,冗余度大	共享性高,冗余度小
	数据的独立性	不独立,完全依赖于程序	独立性差	具有高度的物理独立性和逻辑独立性
	数据的结构化	无结构	记录内有结构,整体无结构	整体结构化,用数据模型描述
	数据控制能力	应用程序自己控制	应用程序自己控制	由数据库管理系统提供数据安全性、完整性、并发控制和恢复能力

而未来的数据库系统应支持数据管理、对象管理和知识管理,应该具有面向对象的基本特征。所以在关于数据库的新技术中,三种比较重要。它们是用面向对象方法构筑的面向对象数据库系统;用人工智能中的方法构筑的知识库系统以及与网络技术相结合的 Web 数据库、数据仓库及嵌入式数据库等的关系数据库系统的扩充。

11.1.2 数据库的基本概念

1. 数据

数据(data)是描述现实世界中各种信息的手段,是信息的载体。如文字、符号、声音、图像、图形等是不同数据的形式和种类。也有的定义为:数据是描述事物的符号记录。

数据有型、值之分,也就是说数据在软件中是有一定结构的。数据的型给出了数据在计算机中表示的方式,如数值型(整型和实型)、字符型、布尔型、日期型等在计算机中表示的方式是不同的。而值则是说给出了符合给定型的值,如整型值 10 和实型值 10.0。而随着应用需求的扩大,数据的型也有了扩展,包括了将多种不同类型的相关数据以一定结构组合构成某种特定的数据框架,这样的数据框架称为数据结构,在数据库中则称为数据模式。

2. 数据库

数据库(database,DB)是指长期存储在计算机外存上的、有组织的、可共享的数据集合。

数据在数据库中是一定的数据模式存放的,数据库构造复杂的数据结构以建立数据间内在联系与复杂的关系,从而构成数据的全局结构模式。数据库具有较小的冗余度,较高的数据独立性,为多种用户所共享。

3. 数据库管理系统

数据库管理系统(database management system,DBMS)是位于用户和操作系统之间的数据管理软件,它是一个系统软件。其功能是,负责数据库中的数据组织、数据操纵、数据库的建立、维护、控制、保护及数据服务等。

数据库管理系统的主要类型有四种:文件管理系统、层次数据库系统、网状数据库系统和关系数据库系统,其中关系数据库系统应用最为广泛。

4. 数据库系统

数据库系统(database system,DBS)是指引进数据库技术后的整个计算机系统,能实现有组织地、动态地存储大量相关数据,提供数据处理和信息资源共享的便利手段。

它由如下几部分组成:数据库(数据)、数据库管理系统(软件)、数据库管理员(人员)、硬件平台(硬件)、软件平台(软件)。这 5 部分构成了一个以数据库为核心的完整的运行实体。

在数据库系统中,硬件平台包括:计算机、网络;软件平台包括操作系统、数据库系统开发工具、接口软件。

在数据库系统、数据库管理系统和数据库三者之间,数据库管理系统是数据库系统的组成部分,数据库又是数据库管理系统的管理对象,因此可以说数据库系统包括数据库管理系统,数据库管理系统又包括数据库。

5. 数据库管理员

数据库管理员(database administrator,DBA)负责管理、监控、维护数据库系统正常运行的专门管理的人员。其主要工作任务是

（1）DBA 的主要任务之一是做数据库设计。

（2）数据库系统软件的安装及数据库日常维护。DBA 必须保证数据库系统软件的维护，对数据库中的数据安全性、完整性、并发控制及系统恢复、数据定期转存等。

（3）改善系统性能，提高系统效率。DBA 必须随时监视数据库运行状态，不断调整内部结构，如进行数据库的重组、重构，使系统保持最佳状态与最高效率。

11.1.3　数据库管理系统的功能

（1）数据模式定义功能。DBMS 提供数据定义语言（data definition language，DDL），可用 DDL 语言负责数据的模式定义与构建数据的物理存取。

（2）数据操纵功能。DBMS 提供数据操纵语言（data manipulation language，DML），可用 DML 语言实现对数据库数据的基本操作，如查询、添加、删除、修改等，还具有做简单算术运算及统计的能力。与某些过程性语言结合，使其具有强大的过程性操作能力。

（3）数据库运行管理功能。DBMS 提供数据控制语言（data control language，DCL），可用 DCL 语言保证数据的完整性、安全性定义与检查。数据的完整性是保证数据库中数据正确的必要条件，因此必须经常检查以维护数据的正确。

（4）数据库的并发控制与故障恢复。

（5）数据的服务。数据库管理系统提供对数据库中数据的多种服务功能，如数据复制、转存、重组、性能监测、分析等。

11.1.4　数据库系统的特点

数据库系统由于在文件系统之上又加入了 DBMS 对数据进行管理，从而使得数据库系统具有以下特点：数据的集成性、数据的高共享性与低冗余性、数据独立性、数据统一管理与控制。

1. 数据的集成性

数据库系统的数据集成性主要表现在以下几个方面：

（1）所有相关的应用数据都存储在一个数据库的环境中，应用程序可通过 DBMS 访问数据库中的数据。

（2）在数据库系统中采用统一的数据结构，如关系数据库采用二维表，按照多个应用的需要组织全局的统一的数据模式。数据模式既可以建立全局的数据结构，还可以建立数据间的语义联系从而构成一个内在紧密联系的数据整体。

（3）数据模式是多个应用共同的、全局的数据结构，而每个应用的数据却只是全局中的一部分，所以要从数据库的基本表中选取出来的数据组成一个逻辑窗口，构成局部结构（即视图），这种全局与局部的结构模式构成了数据库系统数据集成性的主要特征。

2. 数据的高共享性与低冗余性

由于数据库系统所管理的数据是面向整个应用系统，同时为多个用户所共享，所以是合理组织数据，进行统一管理，这样可以极大地减少数据冗余度，提高共享性。特别是与网络结合后扩大了数据库的应用范围,不仅减少了不必要的存储空间,更为重要的是可以保证数据的一致性。

3. 数据独立性

数据独立性是指数据的组织和存储方式与应用程序互不依赖性,即数据库中数据独立于应用程序而不依赖于应用程序。也就是说,数据的逻辑结构、存储结构与存取方式的改变不会影响应用程序。从而降低了应用程序的开发和维护代价。

4. 数据集中管理与控制

数据库系统不仅为数据提供高度集成环境,同时它还为数据提供统一管理的手段,这主要包含以下三个方面:

(1) 数据的完整性检查:检查数据库中数据是否符合规则,以保证数据的正确。

(2) 数据的安全性保护:设置用户使用权限,防止非法使用或非法修改。

(3) 并发控制:控制多个应用的并发访问所产生的相互干扰。

11.1.5 数据库系统的体系结构

数据库系统中数据结构是用数据模式来表示的,它具有不同的层次与结构方式。

数据库系统在其内部具有 3 级模式和 2 级映射,3 级模式是外模式、概念模式和内模式;2 级映射是外模式—概念模式的映射和概念模式—内模式的映射。由此构成了数据库系统内部的抽象结构体系。

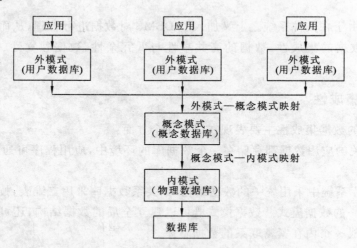

图 11.1 三级模式、两种映射关系图

一个数据库只有一个概念模式和一个内模式,但可以有多个外模式。

模式的 3 级模式反应了 3 个不同环境及其不同要求,其中内模式处于最底层,它对于用户来说是透明的,反映了数据在计算机物理结构中的实际存储形式;概念模式处于中层,它反映了数据库设计者对于数据的全局逻辑要求,而外模式位于最外层,它反映了用户对数据的要求。

11.2　数　据　模　型

11.2.1　数据模型的基本概念

数据模型是对数据特征的抽象，它描述系统的静态特征、动态行为和约束条件，为数据库系统的信息表示与操作提供了一个抽象的框架。

数据模型所描述的内容有数据结构、数据操作及数据约束三部分。

数据库中的数据模型可以将复杂的现实世界要求反映到计算机数据库中的物理世界，这种反映是一个逐步转化的过程，它分为两个阶段：由现实世界开始，经历信息世界而至计算机世界，从而完成整个转化。

为避免发生混乱，图 11.2 给出现实世界、信息世界和计算机世界各种术语的对照关系。

数据模型按不同的应用层次分为三种类型，它们是概念数据模型、逻辑数据模型和物理数据模型。

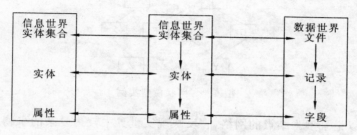

图 11.2　现实世界、信息世界和数据世界之间的对照关系

（1）概念数据模型简称概念模型，它是一种面向问题的数据模型，它与具体的数据库实现技术无关，与具体的计算机平台无关。其目标是，能客观地、真实地反映现实世界，能满足各个用户对数据处理的要求。概念模型是整个数据模型的基础。目前，较为有名的概念模型有 E-R 模型、扩充的 E-R 模型、面向对象模型及谓词模型等。

（2）逻辑数据模型又称数据模型，是面向数据库系统的模型，着重于在数据库系统一级的实现。他是将概念数据模型按照一定的转换规则达到某个 DBMS 所能接受的数据模型。目前，逻辑数据模型也有很多种，较为成熟并先后被人们大量使用过的有层次模型、网状模型、关系模型、面向对象模型等。

（3）物理数据模型又称物理模型，它是一种数据模型在计算机上物理结构的表示。

11.2.2　层次模型

层次模型是用树形结构表示实体及其之间联系的模式，如图 11.3 所示。在层次模型中，结点是实体，树枝是联系，从上到下是一对多的关系。

层次模型的基本结构是树形结构，自顶向下，层次分明。其缺点是受文件系统影响大，模型受限制多，物理成分复杂，操作与使用均不理想，且不适用于表示非层次性的联系。

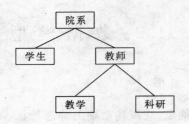

图 11.3 层次模型实例

11.2.3 网状模型

网状模型是用网状结构表示实体及其之间联系的模型,如图 11.4 所示。可以说,网状模型是层次模型的扩展,可以表示多个从属关系的层次结构,并呈现一种交叉关系。

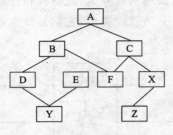

图 11.4 网状模型实例

网状模型是以记录型为结点的网络,它反映现实世界中较为复杂的事物间的联系。

11.2.4 E-R 模型

1. E-R 模型的基本概念

E-R 图也就是实体联系图。它提供了表示实体、属性和联系的方法。

(1)实体(entity)。可以相互区别的任何客观事物。实体可以是人或物,也可以是具体或抽象的事件。用矩形框表示,矩形框内写明实体名。

(2)属性(attribute)。实体所具有的特性。椭圆形框表示,并用无向边将其与相应的实体连接起来。一个实体可以有若干个属性。每个属性可以有值,一个属性的取值范围称为该属性的值域(value domain)。如年龄的值域为{1.100}。

(3)联系(relationship)。实体与实体之间的对应关系,它反映现实世界事物之间的相互联系。用菱形框表示,菱形框内写明联系名。如借书证号与图书之间的借阅登记关系,部门和雇员间的所属关系,产品与零件之间的装配关系。

(4)实体集(entity set)。性质相同的同类实体的集合。如一批零件。

两个实体集间的联系可以有以下几种:

(1)一对一(one to one)的联系,简记为 1:1。这是一种简单的函数关系,如部门与经理间的联系,一个部门与一个经理间相互一一对应。

(2)一对多(one to many)或多对一(many to one)联系,简记为 1:m 或 m:1。这两种函数

关系实际上是一种函数关系,如部门与职工间的联系是一对多的联系(反之,则为多对一联系),即一个部门对应多个职工。

(3)多对多(many to many)联系,简记为$m:n$。这是一种较为复杂的函数关系,如项目与职工这两个实体集间的联系是多对多的,因为一个项目需要多个职工来完成,而一个职工又可以参与多个项目。

实体集间的联系也可能有多种,就实体集的个数而言有以下一些:

(1)两个实体集间的联系。两个实体集间的联系是一种最为常见的联系,前面举的例子均属两个实体集间的联系。

(2)多个实体集间的联系。这种联系包括三个实体集间的联系以及三个以上实体集间的联系。如产品、零件、材料三个实体集间存在着零件消耗材料装配成产品的联系。

(3)一个实体集内部的联系。一个实体集内有若干个实体,它们之间的联系称为实体集内部联系。如职工这个实体集内部可以有上、下级的联系。

实体集间联系的个数可以是单个也可以是多个。如教师与学生之间有教学联系,还可以有管理联系。

2. E-R 模型三个基本概念之间的联接关系

E-R 模型由上面三个基本概念,实体、联系、属性三者结合起来才能表示现实世界。

1)实体集(联系)与属性间的联接关系

实体是概念世界中的基本单位,属性附属于实体,它本身并不构成独立单位。一个实体可以有若干个属性,实体以及它的所有属性构成了实体的一个完整描述,因此实体与属性间有一定的联接关系。例如,在学生实体中每个人(实体)可以有学号、姓名、性别、年龄、籍贯等若干属性。

属性有属性域,每个实体可取属性域内的值。一个实体的所有属性取值组成了一个值集叫元组(tuple)。在概念世界中,可以用元组表示实体,也可用它区别不同的实体。例如,在学生表 11.2 中,每一行表示一个实体,这个实体可以用一组属性值表示。比如"1201,刘杰,男,18,浙江),(1202,李莉莉,女,17,湖北),这两个元组分别表示两个不同的实体。

表 11. 2 学生表

编号	姓名	性别	年龄	籍贯
1201	刘杰	男	18	浙江
1202	李莉莉	女	17	湖北
1203	吴笛	女	20	辽宁

实体有型与值之别,一个实体的所有属性构成了这个实体的型,如学生表中的实体,它的型是由学号、姓名、性别、年龄、籍贯属性组成,而实体中属性值的集合(即元组)则构成了这个实体的值。

相同型的实体构成了实体集。如表 11.2 中的每一行是一个实体,它们均有相同的型,因此表内诸实体构成了一个实体集。

联系也可以附有属性,联系和它的所有属性构成了联系的一个完整描述,因此,联系与属性间也有联接关系。如有课程(课程号,课程名,学时数)与学生(学号,姓名,性别)两个实体集间的联系是学习,该联系可附有属性"成绩"。

2）实体（集）与联系

实体集间可通过联系建立联接关系,一般而言,实体集间无法建立直接关系,它只能通过联系才能建立起联接关系。如教师与学生之间无法直接建立关系,只有通过"教与学"的联系才能在相互之间建立关系。

3. E-R 模型的图示法

（1）实体集表示法。如实体集学生、课程。

（2）属性表示法。如学生有属性:学号、姓名及性别。

（3）联系表示法。如学生与课程间的联系学习,由矩形、椭圆形、菱形以及按一定要求相互间联接的线段构成了一个完整 E-R 图。由前面所述的实体集学生,课程以及附属于它们的属性和它们间的联系学习以及附属于学习的属性成绩构成了一个学生-课程联系的概念模型,可用图 11.5 所示的 E-R 图表示。

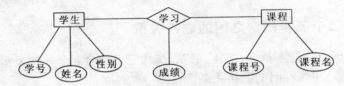

图 11.5　学生-课程联系的 E-R 图表示

（4）实体集（联系）与属性间的联接关系。属性依附于实体集,因此,它们之间有联接关系。在 E-R 图中这种关系可用联接这两个图形间的无向线段表示。属性也依附于联系,它们之间也有联接关系,因此也可用无向线段表示。如联系学习可与学生的课程成绩属性建立联接。

（5）实体集与联系间的联接关系。在 E-R 图中实体集与联系间的联接关系可用联接这两个图形间的无向线段表示。为了进一步刻画实体间的函数关系,还可在线段边上注明其对应函数关系。

实体集与联系间的联接可以有多种,上面所举例子均是两个实体集间联系叫二元联系,也可以是多个实体集间联系,叫多元联系。如供应商、产品、零部件间的联系是一种三元联系。

一个实体集内部可以有联系。如零部件间的装配联系。实体集间也可有多种联系。如职工和项目之间有参与和负责两种联系,如图 11.6 所示。

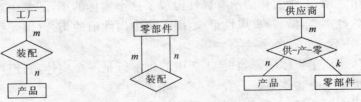

图 11.6　实体集间多种联系

11.2.5 关系模型

1. 关系的数据结构

关系模型中的数据结构是采用由行和列组成的二维表来表示,简称表。表的一行称为一个元组,元组也称为记录(record)。表的一列为一个属性,属性也称为字段(field)。给每个属性起的名字称为属性名。二维表由表框架及表的元组组成。表框架是由 n 个命名的属性名组成。每个属性都有一个取值范围,称为值域(或域)。表框架对应了关系的模式,即类型的概念。就是不同的属性对应不同的数据类型。在表框架下按行可以存放数据,每行数据称为元组。

一张二维表也称为一个关系(relationship)。

在二维表中能唯一确定一个元组的最小属性或属性组合称为该表的键(或码或关键字)。因此二维表中各属性可组合成若干个键,它们称为该表的候选码(或候选键)。从二维表的候选键中选取一个作为用户使用的键称为主键(或主码)。若表 A 中的某属性集是某表 B 的键,则称该属性集为 A 的外键(或外码)。

关系是由若干个不同的元组所组成的,因此关系可视为元组的集合。

关系具有以下性质:

(1) 关系中元组个数是有限的;

(2) 关系中任意两元组均不相同;

(3) 关系中元组的次序可以任意交换;

(4) 关系中元组的分量是不可分割的基本数据项;

(5) 关系中属性名各不相同;

(6) 关系中属性与次序无关,可任意交换;

(7) 关系中属性的分量具有与该属性相同的值域。

满足上述 7 个性质的二维表称为关系(relationship),以二维表为基本结构所建立的模型称为关系模型。

表中一定要有键,因为如果表中所有属性的子集均不是键,则表中属性的全集必为键(称为全键),因此也一定有主键。

在关系元组的分量中允许出现空值(null value)以表示信息的空缺。空值用于表示未知的值或不可能出现的值,一般 NULL 表示。一般关系数据库系统都支持空值,但是有两个限制,即关系的主键中不允许出现空值,因为如主键为空值则失去了其元组标识的作用;需要定义有关空值的运算。

2. 关系模型的数据操作

关系模型的数据操作主要包括数据查询、插入、删除及修改数据 4 种操作。

(1) 数据查询。用户可以在一个关系内或多个关系间进行查询。

(2) 数据插入。在指定关系中插入一个或多个元组。

(3) 数据删除。将指定关系内的指定元组删除。

(4) 数据修改在一个关系中修改指定的元组与属性。

3. 关系中的数据约束

数据完整性是指数据库中存储的数据是有意义的或正确的。关系模型中的数据完整性规则是对关系的某种约束条件。包括三类,它们是实体完整性约束、参照完整性约束和用户定义的完整性约束,其中前两种完整性约束由关系数据库系统自动支持,而用户定义的完整性约束,则是关系数据库系统提供完整性约束语言,由用户设置约束条件,运行时自动检查。

(1) 实体完整性约束(entity integrity constraint)。实体完整性指关系数据库中所有的表都必须有主码,而且表中不允许存在无主码值的记录或主码值相同的记录。

(2) 参照完整性约束(reference integrity constraint)。它是描述实体之间引用的,指多个实体或表之间的关联关系。比如学生选课表中所描述的学生必须在学生基本信息表中存在。也就是说,学生选课表中的学号取值必须在学生基本信息表中的学号取值范围内。在关系数据库中是用外码来实现的。只要将学生选课表的"学号"定义为引用学生基本信息表的"学号"的外码,就可以保证学生选课表中的"学号"取值在学生基本信息表中的已有"学号"范围内。

(3) 用户定义的完整性约束(user defined integrity constraint)。任何关系数据库系统都应支持实体完整性和参照完整性。除此之外,不同的数据库应用系统根据其应用环境不同,往往还需要一些特殊的约束条件,来说明某一具体应用所涉及的数据必须满足应用语义的要求。如学生成绩的取值范围为 $0 \sim 100$ 或{优,良,中,及格,不及格}。

11.3　关　系　代　数

11.3.1　传统的集合运算

1. 关系并运算

若关系 R 和关系 S 具有相同的结构,则关系 R 和关系 S 的并运算记为 $R \cup S$,表示由属于 R 的元组或属于 S 的元组组成。

2. 关系交运算

若关系 R 和关系 S 具有相同结构,则关系 R 和关系 S 的交运算记为 $R \cap S$,表示由既属于 R 的元组又属于 S 的元组组成。

3. 关系差运算

若关系 R 和关系 S 具有相同的结构,则关系 R 和关系 S 的差运算记为 $R - S$,表示由属于 R 的元组且不属于 S 的元组组成。

当并、交、差用于关系时,要求参加运算的两个关系是相容的,即两个关系度数相同,相应属性取自同一个域,见表 11.3。

表 11.3

R			S			R∪S			R∩S			R−S		
x	y	z	x	y	z	x	y	z	x	y	z	x	y	z
a	3	e	c	2	c	a	3	e	a	5	a	a	3	e
b	1	d	a	3	e	b	1	d				b	1	d
a	5	a				a	5	a						
						c	2	c						

4. 广义笛卡儿积

分别为 n 元和 m 元的两个关系 R 和 S 的广义笛卡儿积 $R \times S$ 是一个 $(n \times m)$ 元组的集合。其中的两个运算对象 R 和 S 的关系可以是同类型也可以是不同类型。

$$T = R \times S = \{t \mid t = (r, s) \wedge r \in R \wedge s \in S\}$$

见表 11.4。

表 11.4

R			S		R×S				
A	B	C	D	E	A	B	C	D	E
a	1	c	a	1	a	1	c	a	1
b	3	d	b	3	a	1	c	b	3
c	2	e			b	3	d	a	1
					b	3	d	b	3
					c	2	e	a	1
					c	2	e	b	3

11.3.2　专门的关系运算

专门的关系运算有选择(selection)、投影(projection)、连接(join)等。

1. 选择

从关系中找出满足给定条件元组的操作称为选择。选择的条件以逻辑表达式给出,使得逻辑表达式为真的元组将被选取。选择又称为限制。它是在关系 R 中选择满足给定选择条件 F 的诸元组,记为

$$\sigma_F(R) = \{t \mid t \in R \wedge F(t) = \text{'真'}\}$$

例如,要求从学生关系中选择成绩在 80 分以上的女学生:

$$\sigma_F(\text{学生}), F: \text{性别} = \text{"女"} \text{成绩} \geqslant 80$$

见表 11.5。

表 11.5

学生				σ_F(学生)			
学号	姓名	性别	成绩	学号	姓名	性别	成绩
1201	王沛沛	男	86	1203	蒋东梅	女	84
1202	李玫	女	73				
1203	蒋东梅	女	84				

2. 投影

从关系模式中指定若干个属性组成一个新的关系称为投影。

关系 R 上的投影是从关系 R 中选择出若干属性列组成新的关系,记为

$$\pi_A(R) = \{t[A] \mid t \in R\}$$

其中,A 为 R 中的属性列。

例如,要求从学生关系中,向"姓名"和"成绩"两属性上投影,得到新关系"成绩单":

$$成绩单 = \pi_{姓名,成绩}(学生)$$

见表 11.6。

表 11.6

学生				成绩单	
学号	姓名	性别	成绩	姓名	成绩
1201	王沛沛	男	86	王沛沛	86
1202	李玫	女	73	李玫	73
1203	蒋东梅	女	84	蒋东梅	84

注意:投影操作由于消除了若干列,生成的关系中可能出现重复的元组,应取消重复的元组。

3. 连接

连接也称为 θ 连接,它是从两个关系的笛卡儿积中选取满足条件的元组,记为

$$R \underset{A\theta B}{|\times|} S = \{t_r t_s \mid t_r \in R \wedge t_s \in S \wedge t_r[A] \theta t_s[B]\}$$

其中,A 和 B 分别为 R 和 S 上度数相等且可比的属性组;θ 是比较运算符。

连接运算是从广义笛卡儿积 $R \times S$ 中选取 R 关系在 A 属性组上的值与 S 关系在 B 属性组上值满足关系 θ 的元组,见表 11.7。

表 11.7

R				S		$T1 = R \underset{D>E}{\|\times\|} S$					
A	B	C	D	E	F	A	B	C	D	E	F
1	2	3	4	1	8	1	2	3	4	1	8
3	2	1	8	7	9	3	2	1	8	1	8
7	3	5	2	1		3	2	1	8	7	9

连接运算中有两种最重要且常用的连接：一种是等值连接；另一种是自然连接。

θ 为"＝"的连接运算称为等值连接，是从关系 R 与关系 S 的广义笛卡儿积中选取 A、B 属性值相等的元组，则等值连接为

$$R\underset{A=B}{|\times|}S=\{t_rt_s\,|\,t_r\in R\wedge t_s\in S\wedge t_r[A]=t_s[B]\}$$

自然连接是一种特殊的等值连接，它要求两个关系中进行比较的分量必须是相同的属性组，并且在结果中去掉重复的属性列，则自然连接可记为

$$R|\times|S=\{t_rt_s\,|\,t_r\in R\wedge t_s\in S\wedge t_r[B]=t_s[B]\}$$

见表 11.8。

表 11.8

R			S				$R|\times|S$				
x	y	z	p	w	x	y	x	y	z	p	w
3	6	2	3	8	4	5	4	5	7	3	8
4	5	7	4	7	2	6	4	2	8	6	5
1	8	3	5	6	6	3	1	8	3	7	4
9	0	6	6	5	4	2					
4	2	8	7	4	1	8					

11.4　数据库设计

11.4.1　数据库设计概述

数据库设计的过程是将数据库系统与现实世界密切地、有机地、协调一致地结合起来的过程，它是数据库应用的核心。一个数据库设计者必须非常了解数据库系统及其实际应用对象。

完善的数据库系统应具备如下特点：

（1）功能强大；

（2）能准确地表示业务数据；

（3）使用方便，易于维护；

（4）在合理时间内响应用户的操作；

（5）便于检索和修改数据；

（6）冗余数据最少或不存在；

（7）数据库结构对最终用户透明；

（8）维护数据库的工作较少；

（9）便于进行数据的备份和恢复；

（10）为以后改进数据库结构留下空间；

（11）具备有效的安全机制来确保数据安全。

数据库设计的全过程包括需求分析、结构设计（包括概念设计、逻辑设计、物理设计）、数据库的实施和维护，如图 11.7 所示。

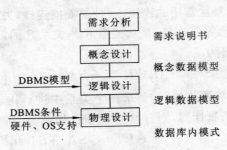

图 11.7　数据库设计的 4 个阶段

11.4.2　需求分析

需求分析阶段的主要任务是详细调查现实世界要处理的对象,在了解现行系统的概况、确定新系统功能的过程中,收集支持系统目标的基础数据及其处理方法。通过进行用户调查,要从用户那里获得对数据库的下列要求。

(1) 信息需求。定义目标数据库系统要用到的所有信息,即了解要在数据库中存储那些数据,对数据将做哪些处理等,同时还要描述数据间的联系等。

(2) 处理需求。定义系统数据处理的操作功能,描述操作的优先次序,执行频率和场合,操作与数据间的联系。还可能包括用户需求的相应时间以及处理方式等。

(3) 安全性与完整性要求。安全性要求描述了系统中不同用户使用和操作数据库的情况,完整性要求描述了数据之间的关联以及数据的取值要求。

11.4.3　数据库概念设计

概念结构设计的结果是形成数据库的概念模式,用语义层模型描述,如 E-R 图。

1. 数据库概念设计

数据库概念设计的目的是分析企业组织信息间内在的联系,建立一个数据抽象的,不依赖于具体的计算机和 DBMS 概念模型。这个概念模型既要能表达用户的需求,又要易于向各种数据模型转换,易于导出与 DBMS 相关的逻辑模型。

数据库概念设计的方法主要有集中式模式设计法和视图集成设计法两种。

(1) 集中式模式设计法。它是根据需求由一个统一机构或人员设计出一个综合的全局模式。这种方法设计简单方便,强调统一与一致,适用于小型或并不复杂的企业,而对大型的或语义关联复杂的企业则并不适用。

(2) 视图集成设计法。这种方法最为常用,是一种由分散到集中的方法,先将一个企业分解成若干个部分,作局部模式设计,建立各个部分的视图,然后以此为基础进行集成。在集成过程中可能会出现一些冲突,这是由于视图设计的分散性形成的不一致所造成的,因此需对视图作修正,最终形成全局模式。

2. 概念结构设计的策略

(1) 自顶向下。从抽象级别高且普遍性强的对象逐步细化、具体化与特殊化。例如,学生这个视图可先从学生开始分成本科生、研究生等,进一步研究生细化为硕士生与博士生等,再细化成学生姓名、年龄、专业等细节。

（2）由底向上。这种设计方法是先从具体的对象开始,进行抽象,普遍化与一般化,最后形成一个完整的视图设计。

（3）由内向外。这种设计方法是先从最基本与最明显的对象开始逐步扩充到其他一些不太基本与明显的对象,如职工视图可从最基本的职工开始逐步扩展到职工所在的部门、职工所从事的项目等其他对象。

这三种方法可以单独使用也可混合使用,设计者可根据实际情况灵活掌握。有某些共同特性和行为的对象可以抽象为一个实体。对象的组成成分可以抽象为实体的属性。

在进行设计时,实体与属性是相对而言的。同一事物,在某环境中作为"属性",在另外环境中就可能作为"实体"。但在一个给定的应用环境中,属性必须是不可分割的,属性不能与其他实体发生联系,联系只发生在实体之间。

3. 数据库概念设计的过程

使用 E-R 模型与视图集成法进行设计时,需要按以下步骤进行:首先选择局部应用进行局部视图设计,再对局部视图进行集成得到概念模式,最后优化全局模型。

1）设计局部 E-R 模型

局部 E-R 模型的设计方法包括确定局部 E-R 模型的范围、定义实体、联系以及它们的属性。

2）设计全局 E-R 模型

当将局部 E-R 图集成为全局 E-R 图时,需要消除各子 E-R 图合并时产生的冲突。解决冲突时合并 E-R 图的主要工作和关键任务。

各子 E-R 图之间的冲突主要有三类:

（1）属性冲突。一种是属性域冲突,即属性的类型、取值范围和取值集合的不同。例如年龄,有的地方定义为出生日期,有的地方又把它定义为整型数。另一种是属性取值单位冲突,如身高,有的用米为单位,有的用厘米做单位。

（2）命名冲突。包括同名异义和异名同义,例如科研项目,在财务处称为项目,在科研处称为课题。

（3）结构冲突。一种情况是同一对象在不同的应用中具有不同的抽象。如职工在某局部视图中作为实体,在另一局部视图中又作为属性。解决办法通常是把属性变换为实体或把实体转换为属性,使同样的对象具有相同的抽象。另一种情况是同一实体在不同的局部 E-R 图中所包含的属性个数和属性的排列次序不完全相同。解决的办法是让该实体的属性为各局部 E-R 图中的属性的并集,然后再适当调整属性的顺序。

3）优化全局 E-R 模型

一个好的全局 E-R 模型除了能反映用户功能需求外,还应满足以下条件:

（1）实体个数尽可能少;

（2）实体所包含的属性尽可能少;

（3）实体间联系无冗余。

例 11.1 假定某企业的信息系统,要求适应以下不同用户的应用需求:人事科处理职工档案,供应科处理采购业务,生产科处理产品组装业务,总务科处理仓储业务。根据要求,我们假定各个用户的局部视图如图 11.8 所示。

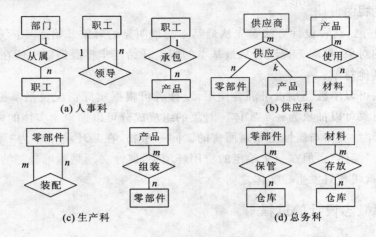

(a) 人事科   (b) 供应科

(c) 生产科   (d) 总务科

图 11.8 企业各部门局部 E-R 图

现在需要对各局部 E-R 图加以综合,产生总体 E-R 图。根据前面介绍的原则,综合后的总体 E-R 图如图 11.9 所示。

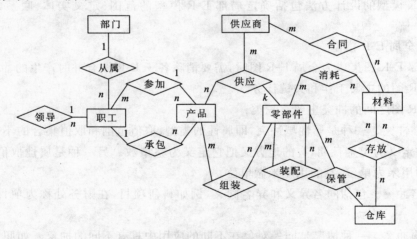

图 11.9 综合后的总体 E-R 图

注意:

(1) 在综合中,同一实体只出现一次。

(2) 总体 E-R 图中,并未反映"产品"和"材料"之间的联系,即供应科视图中出现的"产品"和"材料"间的联系,在总体 E-R 图中被除去了。因为这种联系是多余的,它可以从"零件"所消耗的"材料"这个更为基本的联系中推导处理。

(3) 总体 E-R 图中"供应商"与"材料"之间被增加了新的联系"合同",该联系并未出现在任何局部 E-R 图中,这里增加它是允许的,表示该信息系统能支持"材料"合同处理。类似的,还有"职工"与"产品"之间的联系是"参加"、"零部件"与"材料"之间的联系是"消耗"。

11.4.4　数据库逻辑设计

逻辑结构设计的结果是形成数据库的逻辑模式与外模式,用结构层模型描述,如基本表、视图等。

1. 将 E-R 模型转换为关系模型

从 E-R 图到关系模式的转换是比较直接的,实体与联系都可以表示成关系,在 E-R 图中属性也可转换成关系的属性。实体集也可转换成关系。转换的一般规则如下:

(1) 一个实体转换为一个关系,实体的属性、码就是关系的属性、码;

(2) 一个 1:1 联系可以转换为一个独立的关系,则每个实体的码均是该关系的候选码。也可以与任意一端所对应的关系合并,则需要在该关系的属性中加入另一个实体的码和联系的属性;

(3) 一个 1:n 联系可以转换为一个独立的关系,也可以与任意 n 端所对应的关系合并。而关系的码为 n 端实体的码;

(4) 一个 m:n 联系可以转换为一个关系,则关系的码为各实体的组合;

(5) 具有相同码的关系模式可合并。

2. 逻辑模式优化

逻辑结构设计的结果并不是惟一的,为了提高数据库应用系统的性能,还应根据应用需要进行适当的修改和调整。具体方法有以下一些:

(1) 确定各属性间的数据依赖;

(2) 对各个关系模式之间的数据依赖进行极小化处理,消除冗余的联系;

(3) 判断每个关系模式的范式,根据实际需要确定最合适的范式;

(4) 根据需求分析阶段得到的处理要求,确定是否要对某些模式进行分解或合并;

(5) 对关系模式进行必要的分解,以提高数据的操作效率和存储空间的利用率。

11.4.5　数据库物理设计

物理结构设计的结果是形成数据库的内模式,用文件级术语描述,如数据库文件或目录、索引等。

物理设计利用已经确定的逻辑数据结构以及 DBMS 提供的方法、技术,以较优的存储结构、存取路径、合理的存储位置以及存储分配,设计出一个高效的、可实现的物理数据库结构。物理设计通常分为两步:

(1) 确定数据库的物理结构,在关系数据库中主要指确定存取方法和存储结构;

(2) 对物理结构进行评价,评价的重点是时间和空间效率。

11.4.6　数据库应用系统的开发

经过数据库结构设计,标志着数据库搭建成功,设计人员运用 DBMS 提供的数据语言以及数据库开发工具,根据逻辑设计和物理设计的结果建立数据库,编制应用程序,组织数据入库并进行试运行。

11.4.7 数据库的运行与维护

数据库应用系统不同于一般的应用软件,因为数据库中的数据是随着数据库的使用而变化的,随着这些变化的不断增加,系统的性能就有可能会日趋下降,所以即使不出现故障,也要有专人对其进行监视和调整和维护,以便保证应用系统能够保持持续的高效率。

数据库运行阶段,对数据库的经常性的维护工作主要由数据库系统管理员完成,其主要工作包括:数据库的备份和恢复;数据库的安全性与完整性控制;监视、分析、调整数据库性能;数据库的重组。

习 题 11

一、单选题

1. 数据管理技术发展阶段中,文件系统阶段与人工管理阶段的主要区别是文件系统(　　)。

    A. 数据共享性强　　　　　　　　　　B. 数据可长期保存

    C. 采用一定的数据结构　　　　　　　D. 数据独立性好

2. 在数据库技术中,实体—联系模型是一种(　　)。

    A. 概念数据模型　　　　　　　　　　B. 结构数据模型

    C. 物理数据模型　　　　　　　　　　D. 逻辑数据模型

3. 下述关于数据库系统的叙述中正确的是(　　)。

    A. 数据库系统减少了数据冗余

    B. 数据库系统避免了一切冗余

    C. 数据库系统中数据的一致性是指数据类型一致

    D. 数据库系统比文件系统能管理更多的数据

4. 数据库系统的核心是(　　)。

    A. 数据库　　　　　　B. 数据库管理系统　　　　C. 数据模型　　　　D. 软件工具

5. 有一个关系:学生(学号,姓名,系别),规定学号的值域是8个数字组成的字符串,这一规则属于(　　)。

    A. 实体完整性约束　　　　　　　　　B. 参照完整性约束

    C. 用户自定义完整性约束　　　　　　D. 关键字完整性约束

6. 在下面的两个关系中,学号和班级号分别为学生关系和班级关系的主键(或称主码),则外键是(　　)。

    学生(学号,姓名,班级号,成绩)

    班级(班级号,班级名,班级人数,平均成绩)

    A. 学生关系的"学号"　　　　　　　　B. 班级关系的"班级号"

    C. 学生关系的"班级号"　　　　　　　D. 班级关系的"班级名"

7. 关系数据模型通常由三部分组成,它们是(　　)。

　　A. 数据结构,数据通信,关系操作　　　　B. 数据结构,数据操作,数据完整性约束

　　C. 数据通信,数据操作,数据完整性约束　　D. 数据结构,数据通信,数据完整性约束

8. 关系表中的每一横行称为一个(　　　)。

　　A. 元组　　　　　　　　B. 字段　　　　　　　　C. 属性　　　　　　　　D. 码

9. 按条件 f 对关系 R 进行选择,其关系代数表达式是(　　　)。

　　A. $R|\times|R$　　　　　　B. $R\times R$　　　　　　C. $\sigma_f(R)$　　　　　　D. $\pi_f(R)$

10. 关系数据库管理系统能实现专门的关系运算包括(　　　)。

　　A. 排序、索引、统计　　　　　　　　　　B. 选择、投影、连接

　　C. 关联、更新、排序　　　　　　　　　　D. 显示、打印、制表

11. 关系数据库中,实现实体之间的联系是通过表与表之间的(　　　)。

　　A. 公共索引　　　　　　B. 公共存储　　　　　　C. 公共元组　　　　　　D. 公共属性

12. 数据库设计包括两个方面的设计内容,它们是(　　　)。

　　A. 概念设计和逻辑设计　　　　　　　　B. 模式设计和内模式设计

　　C. 内模式设计和物理设计　　　　　　　D. 结构性设计和行为特性设计

13. 将 E-R 图转换到关系模式时,实体与联系都可以表示成(　　　)。

　　A. 属性　　　　　　　　B. 关系　　　　　　　　C. 键　　　　　　　　　D. 域

14. 数据管理技术的发展是与计算机技术及其应用的发展联系在一起的,经历了由低级到高级的发展。分布式数据库、面向对象数据库等新型数据库属于哪一个发展阶段?(　　　)

　　A. 人工管理阶段　　　　　　　　　　　B. 文件系统阶段

　　C. 数据库系统阶段　　　　　　　　　　D. 高级数据库技术阶段

15. 为了防止一个用户的工作不适当地影响另一个用户,应该采取(　　　)。

　　A. 完整性控制　　　　B. 安全性控制　　　　C. 并发控制　　　　D. 访问控制

二、填空题

1. 在数据库的三级模式体系结构中,外模式与模式之间的映像(外模式/模式),实现了数据库_____独立性。

2. 数据库系统中实现各种数据管理功能的核心软件成为_____。

3. 数据库恢复通常基于数据备份和_____。

4. 关系模型的完整性规则是对关系的某种约束条件,包括实体完整性、_____和自定义完整性。

5. 在关系模型中,把数据看成一个二维表,每一个二维表成为一个_____。

6. 数据库应用系统的设计应该具有数据设计和_____功能,对数据进行收集、存储、加工、抽取和传播等。

第 12 章　软件工程基础

软件工程是计算机软件的一个重要分支,主要应掌握软件工程的基本原理以及软件设计与测试方法。

12.1　软件工程基本概念

12.1.1　软件

软件(software)是计算机软件是包括程序、数据及相关文档的完整集合。软件的特点包括:

(1) 软件是一种逻辑实体;

(2) 软件的生产与硬件不同,它没有明显的制作过程;

(3) 软件在运行、使用期间不存在磨损、老化问题;

(4) 软件的开发、运行对计算机系统具有依赖性,受计算机系统的限制,这导致了软件移植的问题;

(5) 软件复杂性高,成本昂贵;

(6) 软件开发涉及诸多的社会因素。

软件按功能分为应用软件、系统软件、支撑软件(或工具软件)。

12.1.2　软件危机

软件危机泛指在计算机软件的开发和维护中所遇到的一系列严重问题。具体地说,在软件开发和维护过程中,软件危机主要表现在以下几个方面:

(1) 软件需求的增长得不到满足;

(2) 软件的开发成本和进度无法控制;

(3) 软件质量难以保证;

(4) 软件不可维护或维护程度非常低;

(5) 软件的成本不断提高;

(6) 软件开发生产率的提高赶不上硬件的发展和应用需求的增长。

总之,可以将软件危机归结为成本、质量、生产率等问题。

12.1.3　软件工程

软件工程是指把软件产品看作是一个工程产品来处理,包括应用于计算机软件的定义、开发和维护的一整套方法、工具、文档、实践标准和工序。

软件工程包括软件开发技术和软件工程管理两方面内容。

软件工程包括方法、工具和过程三个要素。

软件工程过程是把软件转化为输出的一组彼此相关的资源和活动,包含 4 种基本活动:

(1) P——软件规格说明;

(2) D——软件开发;

(3) C——软件确认;

(4) A——软件演进。

把需求计划、可行性研究、工程审核、质量监督等工程化的概念引入软件生产当中,以期达到工程项目的三个基本要素:进度、经费和质量的目标。同时,软件工程也注重研究不同于其他工业产品生产的一些独特特性,并针对软件的特点提出了许多有别于一般工业工程技术的一些技术方法。代表性的有结构化的方法、面向对象方法和软件开发模型及软件开发过程等。

并且从经济学上说,因为软件的高额的维护费用远比开发费用要高,所以开发软件不能只考虑开发期间的费用,还应考虑整个生命周期内的全部费用。因此,软件生命周期的概念就变得特别重要。

12.2　软件开发模型

用不同的方式将软件生存周期中所有开发活动组织起来,形成不同的软件开发模型。常见的软件开发模型有瀑布模型、螺旋模型和喷泉模型等。瀑布模型给出了软件生存周期各阶段的固定顺序,上一阶段完成后才能进入下一阶段。各阶段结束后,都要进行严格的评审。

比如生命周期的每一个周期都有确定的任务,并产生一定规格的文档(资料),提交给下一个周期作为继续工作的依据。按照软件的生命周期,软件的开发不再只单单强调"编码",而是概括了软件开发的全过程。软件工程要求每一周期工作的开始只能必须是建立在前一个周期结果"正确"前提上的延续;因此,每一周期都是按"活动-结果-审核-再活动-直至结果正确"循环往复进展的。

软件生命周期又称为软件生存周期或系统开发生命周期,是软件的产生直到报废的生命周期,周期内有问题定义、可行性分析、总体描述、系统设计、编码、调试和测试、验收与运行、维护升级到废弃等阶段,这种按时间分程的思想方法是软件工程中的一种思想原则,即按部就班、逐步推进,每个阶段都要有定义、工作、审查、形成文档以供交流或备查,以提高软件的质量。但随着新的面向对象的设计方法和技术的成熟,软件生命周期设计方法的指导意义正在逐步减少。

如图 12.1 所示,还可以将软件生命周期分为软件定义、软件开发及软件运行维护三个阶段。

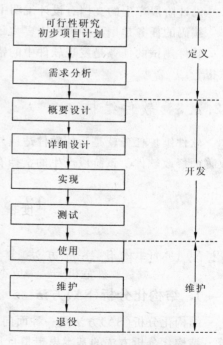

图 12.1　软件生命周期

12.2.1 软件定义阶段

软件定义阶段主要解决软件要"做什么"的问题,也就是要确定软件的处理对象、软件与外界的接口、软件的功能、软件的性能、软件的界面以及有关的约束和限制。

软件定义阶段通常可分成系统分析、软件项目计划和需求分析等阶段。

系统分阶析的任务是确定待开发软件的总体要求和适用范围,以及与之有关的硬件和支撑软件的要求,该阶段所生产的文档可合并在软件项目计划阶段的文档(项目计划书)中。

软件项目计划的任务是确定待开发软件的目标,对其进行可行性分析,并对资源分配、进度安排等做出合理的计划,该阶段所产生的文档有可行性分析报告和项目计划书。

需求分析的任务是确定待开发软件的功能、性能、数据和界面等要求,从而确定系统的逻辑模型。该阶段产生的文档是需求规格说明书。

12.2.2 软件开发阶段

软件开发阶段主要解决软件"怎么做"的问题,包括数据结构和软件结构的设计、算法设计、编写程序和测试,最后得到可交付使用的软件。软件开发阶段通常可分成软件设计、编码、软件测试等阶段。

软件设计通常还可分成概要设计和详细设计。

概要设计的任务是模块分解,确定软件结构、模块的功能和模块的接口,以及全部数据结构的设计。详细设计的任务是设计每个模块的实现细节和局部数据结构。

设计阶段产生的文档有设计说明书,它也可分为概要设计说明书和详细设计说明书。

编码的任务是用某种程序语言为每个模块编写程序,产生的文档有程序清单。

软件测试的任务是发现软件中的错误,并加以纠正,产生的文档有软件测试计划和软件测试报告。

12.2.3 软件维护

软件维护任务就是为使软件适应外界环境的变化,进一步实现软件功能的扩充和质量的改善而修改软件。该阶段产生的文档有维护计划和维护报告。

12.3 软件设计基础

12.3.1 结构化分析方法

1. 结构化分析(SA)方法

结构化分析(SA)方法是一种面向数据流的需求分析方法,它适用于分析大型数据处理系统。结构化分析方法的基本思想是自顶向下逐层分解,把一个问题分解成若干个小问题,每个小问题再分解成若干个更小的问题,经过多次逐层分解,每个最低层的问题都是足够简单、容易解决的,这个过程就是分解的过程。SA 方法的分析结果由数据流图 DFD、数据词典和加工逻辑说明几个部分组成。

2. 结构化分析方法的常用工具

常用工具包括数据流图(DFD)、数据字典(DD)、判断树、判断表。这里主要介绍数据流图和数据字典。

数据流图(data flow diagram,DFD)是描述数据处理的工具,是需求理解的逻辑模型的图形表示,它直接支持系统的功能建模。

数据流图从数据传递和加工的角度,来刻画数据流从输入到输出的移动变换过程,其主要图形元素及说明见表 12.1。

表 12.1 数据流图中主要图形元素及说明

图形	说明
⬭	加工(转换):输入数据经加工产生输出
→	数据流:沿箭头方向传送数据,一般在旁边标注数据流名
═	存储文件:表示处理过程中存放各种数据的文件
▭	数据的源点/终点:表示系统和环境的接口,属系统之外的实体

数据字典是结构化分析方法的核心,是对所有与系统相关的数据元素的一个有组织的列表,以及明确的、严格的定义,使得用户和系统分析员对于输入、输出、存储成分和中间计算结果有共同的理解。通常数据字典包含的信息有名称、别名、何处使用/如何使用、内容描述、补充信息等。数据字典中有数据流、数据项、数据存储和数据加工 4 种类型的条目。

12.3.2 结构化设计方法

1. 结构化设计(SD)方法

结构化设计(SD)方法是一种面向数据流的软件设计方法,它可以与 SA 方法衔接,SD 方法采用结构图(SC)来描述程序的结构。结构图的基本成分由模块、调用和输入/输出数据组成。在需求分析阶段,用 SA 方法产生了数据流图。面向数据流的设计能方便地将 DFD 转换成程序结构图,DFD 中从系统的输入数据到系统的输出数据流的一连串连续变换将形成一条信息流。DFD 的信息流大体可分为两种类型,一种是变换流,另一种是事务流。

(1)变换型。变换型是指信息沿输入进入系统,同时由外部形式变换成内部形式,进入系统的信息通过变换中心,经加工处理以后再沿输出通路变换成外部形式离开软件系统。变换型数据处理问题的工作过程大致分为三步,即取得数据、变换数据和输出数据。

(2)事务型。在很多软件应用中,存在某种作业数据流,它可以引发一个或多个处理,这些处理能够完成该作业要求的功能,这种数据流就叫做事务。

SD 方法的设计步骤:①复查并精化数据流图;②确定 DFD 的信息流类型;③根据信息流类型分别将变换流或事务流转换成程序结构图;④根据软件设计的原则对程序结构图作为改进。

2. 结构化程序设计(SP)

结构化程序设计(SP)采用自顶向下逐步求精的设计方法和单入口单出口的控制结构。自顶向下逐步求精的设计方法符合抽象和分解的原则,人们解决复杂问题时常用的方法。SA方法和SD方法也采用了自顶向下、逐步求精的方法,在详细设计时也同样如此。

在设计一个模块的实现算法时,先考虑整体后考虑局部,先抽象后具体,通地逐步细化,最后得到详细的实现算法。单入口单出口的控制结构,使程序的静态和动态结构执行过程一致,使程序具有良好的结构。

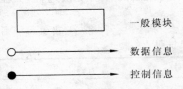

一般模块

数据信息

控制信息

图 12.2　结构图的基本图

常用的软件结构设计工具是结构图(structure chart, SC),也称程序结构图。使用结构图描述软件系统的层次和分块结构关系,它反映了整个系统的功能实现以及模块与模块之间的联系与通讯,是未来程序中的控制层次体系。

结构图是描述软件结构的图形工具。结构图的基本图符如图 12.2 所示。

模块用一个矩形表示,矩形内注明模块的功能和名字;箭头表示模块间的调用关系。在结构图中还可以用带注释的箭头表示模块调用过程中来回传递的信息。如果希望进一步标明传递的信息是数据还是控制信息,则可用带实心圆的箭头表示传递的是控制信息,用带空心圆的箭心表示传递的是数据。

根据结构化设计思想,结构图构成的基本形式如图 12.3 所示。

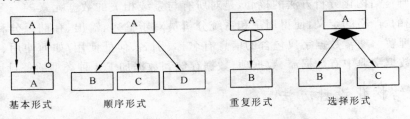

基本形式　　　　顺序形式　　　　重复形式　　　　选择形式

图 12.3　结构图构成的基本形式

12.3.3　面向数据结构的设计方法

这类方法以数据结构作为设计基础,根据输入/输出数据结构导出程序的结构。Jackson方法是一种典型的面向数据结构的设计方法。尽管程序中实际使用中的数据结构有许多种,但这些数据结构中数据元素间的逻辑关系只有顺序、选择和重复三类。Jackson方法的设计步骤如下:

(1)分析并确定输入和输出数据的逻辑结构,并用 Jackson 图表示;

(2)找出输入数据结构与输出数据结构间有对应关系的数据单元;

(3)从描述数据结构的 Jackson 图导出描述程序结构的 Jackson 图。

在详细设计阶段主要要用到的工具有以下一些:

(1)图形工具,程序流程图,N-S 图(盒图)、PAD 图(问题分析图)及 HIPO 图(软件层次结构图)。

(2)表格工具,判定表。

（3）语言工具，PDL（伪码）。

（4）Jackson 程序设计方法。

12.3.4　软件设计的原则

1．抽象的原则

软件工程中从软件定义到软件开发要经历多个阶段，在这个过程中每前进一步都可视为对软件设计的抽象层次的一次细化。抽象的最低层次就是实现该软件的源程序代码。在进行模块化设计时也可以有多个抽象层次，最高抽象层次的模块用概括的方式叙述题的解法，较低抽象层次的模块是对较高抽象层次模块问题解法描述的细化。过程抽象和数据抽象是常用的两种主要抽象手段。

2．模块化的原则

模块化是指将一个待开发的软件分解或成若干个小的简单的部分模块，每个模块可独立地开发、测试，最后组装成完整的软件。

3．信息隐蔽的原则

信息隐蔽是开发整体程序结构时使用的法则，即将每个程序的成分隐蔽或封装在一个单一的设计模块中，定义每一人模块时尽可能少地显露其内部的处理。信息隐蔽原则对提高软件的可修改性、可测试性和可移植性都有重要的作用。

4．模块独立的原则

模块独立是指每个模块完成一个相对独立的特定子功能，并且与其他模块之间的联系比较简单。衡量模块独立程度标准有耦合和内聚两个，耦合是指模块之间联系的紧密程度，耦合度越高，则模块的独立性越差。内聚是指模块内部各元素之间联系的紧密程度，内聚度越低，模块的独立性越差。模块独立要求每个模块都是高内聚低耦合的。

12.4　编码与调试

12.4.1　编码

编码阶段的任务就是根据详细的设计说明书编写程序。要编写高质量的程序，应注意选择合适的程序设计语言，明确源程序的质量要求，养成良好的程序设计风格。

12.4.2　调试

程序调试（debug）的任务是诊断和修改程序中的错误。调试活动是由对程序中错误的定性或定位和排错两部分组成。

它与测试不同，软件测试是尽可能多地发现软件中的错误。它是先要发现软件的错误，然后借助于一定的调试工具去执行找出软件错误的具体位置。软件测试贯穿整个软件生命期，调试主要在开发阶段。

12.5　软　件　测　试

软件测试的工作量约占软件开发总工作量的 40% 以上,其目的是尽可能多地发现软件产品(主要是指程序)中的错误和缺陷。

12.5.1　白盒测试与黑盒测试

测试的关键是测试用例的设计,设计方法可分成白盒测试与黑盒测试两类。

1. 白盒测试

白盒测试把程序看成是装在一只透明的盒子里,测试者完全了解程序的结构和处理过程。白盒测试根据程序的内部逻辑来设计测试用例,检查程序中的逻辑通路是否都按预定的要求正确地工作。

2. 黑盒测试

黑盒测试把程序看成是装在一只不透明的盒子里,测试者完全不了解(或不考虑)程序的结构和处理过程。黑盒测试根据规格说明书规定的功能来设计测试用例,检查程序的功能是否符合规格说明的要求。

12.5.2　测试的实施

软件测试的主要步骤有单元测试、集成测试和确认测试。

单元测试也称模块测试,通常单元测试可放在编码阶段,主要用来发现编码和详细设计中产生的错误,一般采用白盒测试。

集成测试也称组装测试,它是对由各模块组装而成的模块进行测试,主要检查模块间的接口和通信。集成测试主要用来发现设计阶段产生的错误,通常采用黑盒测试。

确认测试的任务是检查软件的功能、性能和其他特征是否与用户的需求一致,它是以需求规格说明书作为依据的测试,通常采用黑盒测度。

大多数软件生产者使用一种 Alpha 测试和 Beta 测试的过程,来揭露仅由最终用户才能发现的错误。

Alpha 测试是在开发者的现场由客户来实施的,被测试的软件是在开发者从用户的角度进行常规设置的环境下运行的。

Beta 测试是在一个或多个客户的现场由该软件的最终用户实施的。与 Alpaha 测试不同的是,进行 Beta 测试时开发者通常是不在场的。

软件测试是保证软件质量的重要手段,其主要过程涵盖了整个软件生命周期的过程,包括需求定义阶段的需求测试、编码阶段的单元测试、集成测试以及其后的确认测试、系统测试,验证软件是否合格、能否交付用户使用等。

12.6 软件质量保证

12.6.1 软件的质量

软件产品是一种特殊的逻辑产品,它的"制造"过程基本等同于"设计"过程,显然不能生搬硬套硬件产品的质量管理方法来管理软件产品的质量,需要建立专门针对软件产品的质量管理方法。

质量就是"反映实体满足明确和隐含需要的能力的特性总和"。而软件质量是指对用户在功能和性能方面需求的满足、对规定的标准和规范的遵循以及正规软件某些公认的应该具有的本质。

软件质量是比较主观的,不同的人有不同的看法,对不同的人有不同的影响。而这不同的客户包括:最终用户,客户验收的测试员,客户交流的主管,客户管理者,开发公司。

对于用户来说的软件质量是指软件的性能,软件的易用性、健壮性、兼容性、安全性以及配套的软件文档等。

12.6.2 软件质量保证

软件质量保证是指为保证软件系统或软件产品最大限度地满足用户要求而进行的有计划、有组织的活动,其目的是生产高质量的软件。有多种软件质量模型来描述软件质量特性,著名的有 ISO/IEC 9126 软件质量模型和 Mc Call 软件质量模型。

软件质量保证环节包括的主要工作有:应用技术方法、进行正规的技术评审、测试软件、标准的实施、控制变动、度量、记录保存和报告。

12.7 软件开发工具与软件开发环境

软件开发工具与软件开发环境的使用,提高了软件的开发效率、维护效率和软件质量。

12.7.1 软件开发工具

用来辅助软件开发、运行、维护、管理和支持等过程中的活动的软件称为软件工具,通常也称为 CASE 工具。软件工具大都包含了检测机制,能及时发现一些错误,对提高软件的质量起着重要的作用。与此同时,软件开发的各种方法也必须得到相应的软件工具的支持,否则方法就很难有效地实施。

12.7.2 软件开发环境

软件开发环境则把一组相关的工具集成在环境中,环境机制提供数据集成、控制集成和界面集成等机制。数据集成机制为工具提供统一的数据界面;控制集成机制实现工具间的通信和协同工作;界面集成机制使这些工具具有统一的界面风格,从而为软件开发、维护、管理等过程中的各项活动提供连续的、一致的全方位支持。

计算机辅助软件工程(CASE)是当前软件开发环境中富有特色的研究工作和发展方向。CASE 将各种软件工具、开发机器和一个存放过程信息的中心数据库组合起来,形成软件工程环境。一个良好的软件工程环境将最大限度地降低软件开发的技术难度并使软件开发的质量得到保证。

12.8　软件的维护

软件维护是软件生存周期中非常重要的一个阶段。但是它的重要性往往被人们忽视。有人把维护比喻为一座冰山,显露出来的部分不多,大量的问题都是隐藏的。平均而言,大型软件的维护成本是开发成本的 4 倍左右。国外许多软件开发组织把 60% 以上的人力用于维护已投入运行的软件。这个比例随着软件数量增多和使用寿命延长,还在继续上升。学习软件工程学的主要目的之一就是研究如何减少软件维护的工作量,降低维护成本。

12.8.1　软件维护概述

1. 投入运行的软件需要变更的主要原因

投入运行的软件需要变更的主要原因有:①软件的原有功能和性能可能不再适应用户的要求;②软件的工作环境改变了(例如,增加了新的外部设备等),软件也要做相应的变更;③软件运行中发现错误,需要修改。

由这些原因而引发的维护活动可以归纳为 4 种类型。

(1) 校正性维护。把诊断、校正软件错误的过程称之为校正性维护。

(2) 适应性维护。由于计算机技术的发展,外部设备和其他系统元素经常变更,为适应环境的变更而修改软件的活动称之为适应性维护。

(3) 完善性维护。在使用系统过程中为满足用户提出的新功能、性能要求而进行的维护。

(4) 预防性维护。为进一步改进可维护性、可靠性而进行的维护活动。

2. 软件维护的特点

1) 结构化维护和非结构化维护的特性

(1) 非结构化维护。用手工方式开发的软件,只有源代码,这种软件的维护是一种非结构化维护。非结构化维护是从读代码开始,由于缺少必要的文档资料,所以很难搞清软件结构、全程数据结构、系统接口等系统内部的内涵;因为缺少原始资料的可比性,很难估量对源代码所做修改的后果;因为没有测试记录,不能进行回归测试。

(2) 结构化维护。用工程化方法开发的软件有一个完整的软件配置。维护活动是从评价设计文档开始,确定该软件的主要结构性能;估量所要求的变更的影响及可能的结果;确定实施计划和方案;修改原设计;进行复审;开发新的代码;用测试说明书进行回归测试;最后修改软件配置,再次发布该软件的新版本。

2) 维护的代价

软件维护的代价包括有形和无形两个部分。有形代价就是维护成本的统计;无形代价包括：①当看起来合理的有关变更要求不能及时满足时，引起用户的不满；②由于维护时的改动，在软件中引入潜在的故障，从而降低了软件的质量；③当必须把软件开发工程师调去从事维护工作时，对开发工作造成的影响。

12.8.2　软件维护问题

软件维护的绝大多数问题与软件定义和软件开发阶段所采用的设计方法、指导思想、技术手段、开发工具等有直接的关系，同时与维护工作的性质也有一定的关系。

主要问题有以下一些：

（1）理解别人写的程序通常非常困难，而且困难程度随着软件配置成分的减少而迅速增加。如果仅有源代码而没有相关的文档，问题会更加严重；

（2）严格按规范化方法开发的软件系统一般不需要大的维护活动，而需要维护的软件系统却往往因为没有必需的文档或文档残缺不全，使得维护活动进展非常艰难；

（3）当需要对软件进行维护时，很难指望熟悉软件系统的原开发人员能全力以赴地亲临现场参与维护活动；

（4）绝大多数软件在设计时没有考虑将来的修改；

（5）软件维护不是一项吸引人的工作。最出色的、成功的维护也只不过是保证他人开发的系统能正常运行，而且维护别人开发的软件经常受挫，使得维护人员无成就感。

12.9　软件工程管理

为使软件项目开发成功，必须对软件开发项目的工作范围、可能遇到的风险、需要的资源、要实现的任务、经历的里程碑、花费的工作量，以及进度的安排等做到心中有数。而软件项目管理可以提供这些信息。

软件工程管理的主要任务如下：

（1）软件可行性分析。即从技术上、经济上和社会上等方面对软件开发项目进行估算，避免盲目投资，减少损失。

（2）软件项目的成本估算。从理论到具体的模型在开发前估算软件项目的成本，减少盲目工作。

（3）软件生产率。通过对影响软件生产率的五种因素（人、问题、过程、产品和资源）进行分析，在软件开发时，更好地进行软件资源配置。

（4）软件项目质量管理。软件项目的质量管理也是软件项目开发的重要内容，对于影响软件质量的因素和质量的度量都是质量管理的基本内容。

（5）软件计划。开发软件项目的计划涉及实施项目的各个环节，带有全局的性质。计划的合理性和准确性往往关系着项目的成败。

（6）软件开发人员管理。软件开发的主体是软件开发人员，对软件开发人员的管理十分重要，它直接关系到如何发挥最大的工作效率和软件项目是否开发成功。

习　题　12

一、单选题

1. 下面描述中,正确的是(　　　)。
   A. 程序就是软件　　　　　　　　　　　B. 软件开发不受计算机系统的限制
   C. 软件既是逻辑实体,也是物理实体　　D. 软件是程序、数据与相关文档的集合

2. 在软件生命周期中,能准确地确定软件系统必须做什么和必须具备哪些功能的阶段是(　　　)。
   A. 概要设计　　　　B. 详细设计　　　　C. 可行性分析　　　　D. 需求分析

3. 从工程管理角度,软件设计一般分为两步完成,它们是(　　　)。
   A. 概要设计与详细设计　　　　　　　　B. 数据设计与接口设计
   C. 软件结构设计与数据设计　　　　　　D. 过程设计与数据设计

4. 下面不属于软件工程的三个要素的是(　　　)。
   A. 工具　　　　　　B. 过程　　　　　　C. 环境　　　　　　D. 方法

5. 检查软件产品是否符合需求定义的过程称为(　　　)。
   A. 集成测试　　　　B. 确认测试　　　　C. 验证测试　　　　D. 验收测试

6. 数据流图用于抽象描述一个软件的逻辑模型,数据流图由一些特定的图组成,下面不属于数据流图合法图符的是(　　　)。
   A. 控制流　　　　　B. 加工　　　　　　C. 数据存储　　　　D. 源

7. 下列叙述中,正确的是(　　　)。
   A. 软件测试应该由程序开发者来完成　　B. 程序经调试后一般不需要再测试
   C. 软件维护只包括对程序代码的维护　　D. 以上三种说法都不对

8. 软件调试的目的是(　　　)。
   A. 发现错误　　　　　　　　　　　　　B. 更正错误
   C. 改善软件性能　　　　　　　　　　　D. 验证软件的正确性

9. 下面不属于软件设计原则的是(　　　)。
   A. 抽象　　　　　　B. 模块化　　　　　C. 自底向上　　　　D. 信息隐蔽

10. 程序流程图(PFD)中的箭头代表的是(　　　)。
    A. 数据流　　　　　B. 控制流　　　　　C. 调用关系　　　　D. 组成关系

11. 下列工具中为需求分析常用工具的是(　　　)。
    A. PAD　　　　　　B. PFD　　　　　　C. N－S　　　　　　D. DFD

12. 在结构化方法中,软件功能分解属于下列软件开发中的阶段是(　　　)。
    A. 详细设计　　　　B. 需求分析　　　　C. 总体设计　　　　D. 编程调试

13. 软件调试的目的是(　　　)。
    A. 发现错误　　　B. 改正错误　　　C. 改善软件的性能　　　D. 挖掘软件的潜能

14. 软件需求分析阶段的工作,可以分为 4 个方面:需求获取、需求分析、编写需求规格说明书,以及(　　　)。

　　A. 阶段性报告　　　B. 需求评审　　　　　C. 总结　　　　　　　　D. 都不正确

15. 为了提高测试的效率,应该(　　　)。

　　A. 随机地选取测试数据

　　B. 取一切可能的输入数据作为测试数据

　　C. 在完成编码以后制定软件的测试计划

　　D. 选择发现错误可能性大的数据作为测试数据

二、填空题

1. 成本效益分析的目的是从_____角度评价开发一个项目是否可行。

2. 在结构化分析使用的数据流图中,利用_____对其中的图形元素进行确切解释。

3. 使用白盒测试方法时,确定测试数据应根据程序的_____和指定的覆盖标准。

4. Jackson 方法是一种面向_____的结构化方法。

5. 软件工程研究的内容主要包括_____技术和软件工程管理。

6. 数据流图的类型有_____和事务型。

7. 软件开发环境是全面支持软件开发全过程的_____集合。